本书系2017年度国家社会科学基金一般项目《中国古代农业文献编撰研究》（项目编号：17BTQ050）及2021年度国家社会科学基金重大项目《中国古农书的搜集、整理与研究》（项目编号：21&ZD332）阶段性成果之一

中国古代农书编辑实践研究

莫鹏燕　著

中国社会科学出版社

图书在版编目（CIP）数据

中国古代农书编辑实践研究／莫鹏燕著．—北京：中国社会科学出版社，2023.2
ISBN 978－7－5227－1330－4

Ⅰ.①中…　Ⅱ.①莫…　Ⅲ.①农学—古籍—编写—研究—中国　Ⅳ.①S－092
②G256.1

中国国家版本馆 CIP 数据核字(2023)第 022371 号

出 版 人　赵剑英
责任编辑　孔继萍
责任校对　季　静
责任印制　郝美娜

出　　版　中国社会科学出版社
社　　址　北京鼓楼西大街甲 158 号
邮　　编　100720
网　　址　http://www.csspw.cn
发 行 部　010－84083685
门 市 部　010－84029450
经　　销　新华书店及其他书店

印　　刷　北京君升印刷有限公司
装　　订　廊坊市广阳区广增装订厂
版　　次　2023 年 2 月第 1 版
印　　次　2023 年 2 月第 1 次印刷

开　　本　710×1000　1/16
印　　张　15.75
插　　页　2
字　　数　248 千字
定　　价　98.00 元

前　言

中国古代农书是中国传统农学的载体。作为中国古代农学的重要组成部分，必然有其独特的发展历史与特点。在人类文明发展的初期，虽还处于结绳记事的远古洪荒年代，然原始农业就已产生，并通过人们世代口传身授的方式对所积累下的农业生产知识进行有意识的总结与传播。及至战国时期，长时间的农业生产经验的积累终于催生出了最早的农学著作。自战国时期始，至清末鸦片战争（1840）前后，这长达两千多年的发展过程中，中国古代农书素以数量众多、内容极为丰富的特点著称于世。从编辑学的角度分析某一类型的图书产生与编辑实践过程，过去极少涉猎农书领域。在倡导绿色农业、“三农”问题备受重视的今天，对中国古代农书的编辑实践进行系统研究，就具有十分重要的意义了。

本书按照中国古代农书发展的不同历史阶段，从编辑学视角对各阶段进行综合分析研究，不仅丰富了编辑学的研究内容，使之更加落细、落实，而且对农业图书文化的传播与推广、对中国古代农业科技知识的继承与发展都具有十分重要的现实意义。现阶段，对中国古代农书编辑实践进行系统研究的极少，这是编辑学研究领域尚未涉足的，也是中国古代农书研究的一个新领域和新视角，具有一定的学术价值和实践价值。本书从编辑学的角度，对古代农书的编辑宗旨、编辑体例、编辑方法进行深度挖掘，总结整理出古代农书编辑实践活动的总体脉络和特点，以期对现代农书编辑和农业生产活动起到一定的指导和借鉴意义。本书的研究内容主要有以下几个方面：

（1）中国古代农书发展阶段的划分

中国古代农书作为中国传统农学发展的重要组成部分，是对中国传统农学的系统性总结，自然有其自身发展的规律与特点。因此，依据其自身发展的规律与特点，本书在第一部分将中国古代农书的发展分成四个阶段，即萌芽与形成阶段（先秦时期）、发展并日臻成熟阶段（秦汉魏晋南北朝时期）、向南方普及阶段（隋唐两宋时期）以及由传统农书的高峰时期向现代农书转型阶段（元明清时期）。

（2）中国古代农书各发展阶段的社会历史背景分析

详细分析四个发展阶段古代农书编辑的社会背景，中国古代农书的编辑必然受当时社会政治、经济、农业技术与政策、文化和科技等条件的制约。因此，必须把其编辑实践发展放到既定的历史背景里加以考量，如此才能看到它的发展脉络、编辑水平及其在历史发展中所起到的作用。

（3）中国古代农书各发展阶段的编辑实践

编辑思想产生于编辑实践，并指导编辑实践向前发展，因此研究编辑实践活动，就必然要研究编辑活动中所蕴含的编辑思想。所以中国古代农书的编辑体例、编辑方法、资料收集、文献征引、语言特色、写作方法等编辑实践活动，以及古代农书的编辑宗旨、编辑指导思想等内容，都必然是本书的研究重点。

（4）各发展阶段代表性农书的编辑研究

中国古代农书在各发展阶段都有其代表性著作，它们基本上都可以代表该历史阶段农书编辑实践的基本特征，是该时期农学发展的典型代表。因此，本书还将对各发展阶段的代表性农书的编辑内容、编辑宗旨、编辑指导思想、编辑体裁结构、文献征引、历史影响及对外传播等内容进行系统研究。

（5）中国古代农书编辑实践的发展总结

通过以上内容的系统爬梳，总结出中国古代农书编辑实践的发展脉络，并对其进行数据分析整理。包括：对重农思想为编辑宗旨的概括总结；对“三才”思想为编辑指导思想的归纳；对大型综合性农书的结构体系的发展与文献征引等内容进行系统汇编整理。

PREFACE

Ancient agricultural books, the carrier of traditional Chinese agricultural science, are an important part of agricultural science. They have their own history and characteristics in the process of development. In primitive times with no written records, the primitive agricultural production knowledge is handed down by verbal instruction and personal examples. It is not until the Warring States Period that the first agricultural work comes into being. During over 2,000 years from the Warring States Period to the Opium War (1840) in the late Qing Dynasty, ancient Chinese agricultural books are renowned for their great number as well as profound and rich content. This thesis plans to delve deep into the editing purpose, editing styles and editing methods of the ancient agricultural books from the perspective of redactology and summarizes the overall context and characteristics of their editing activities and editing ideas in hope of providing some guidance and reference for the editing of modern agricultural books and agricultural production activities. The research is mainly carried out from the following aspects:

(1) Four Stages of the Development of Ancient Agricultural Books

Ancient agricultural books, the carrier of traditional Chinese agricultural science, are not only an important part of traditional Chinese agricultural science but also a systematic summary of traditional agricultural science. Therefore, they naturally have their own rules and characteristics of development. Based on them, in the first part of this thesis, the development of ancient Chinese agricultural books are divided into four stages, namely the budding and forming stage (the Pre-Qin Period), the stage of development and increasing maturity (the Qin, Han, Wei, Jin and Southern and Northern Dynasties), southward popularization stage (the Sui, Tang and Song Dynasties) and the stage of transition from peak to modern agricultural books (the Yuan, Ming and Qing Dynasties) .

(2) Analysis of the Social and Historical Backgrounds of the Ancient Agricultural Books in Each Stage

The social backgrounds under which ancient agricultural booksare edited in four different development stages are analyzed in details, because their editing will certainly be restricted by conditions including the politics, economy, agricultural techniques and strategies, culture, and science and technology in the society at that time. Therefore, the development of their editing practices should be viewed in a given historical context. Only in this way can their development, editing level and the role they played in historical development be seen.

(3) Editing Practices of Ancient Agricultural Books in Each Stage

Editing ideas originates from editing practices and guides editing practices to move forward. Therefore, in order to study editing practices, it is inevitable to study the editing ideas contained in editing practices. So in this thesis, redactological knowledge such as the editing purpose, the editing guiding thought, the editing styles, editing methods, material collection, literature reference and writing methods of the ancient agricultural books will inevitably be one of the major research areas.

(4) Research on the Compilation of the Representative Agricultural Books in Each Stage

Chinese ancient agricultural books have their own representatives in each stage, which can basically represent the basic characteristics of their editing practices in this stage. They summarize systematically the agricultural development in this stage. Therefore, this thesis will also focus on studying the editing practices of the representative agricultural books in each stage.

(5) Summary of the Origin of the EditingPractice in Ancient Agricultural Books

From the above systematic examination, it concludes the research priority of this thesis, namely, the origin from which the editing practice developed in ancient agricultural books. Besides, the writer will make analysis based on the data, including the entire development process during which physiocracy concept is regarded as the editing principle, and the development guided by the editing idea of "sancai" (a doctrine of 3 factors: heaven, earth and humanity), as well as the development of the structural system of large-scale comprehensive agricultural books collated with the content such as the literature cited.

目　　录

第一章

绪　论

人类的历史如果从2013年南非发现的纳勒迪人算起，大约已有300万年的历史，而农业起源于距今1万余年前，虽然，人类农业的历史，充其量只占人类历史的0.5%，可就是这0.5%，却是人类发展史上的一个极其重要的转折点和里程碑。因为经济是一切人类社会活动发展的基础，而农业生产至今仍是经济发展的一个重要指标，更不用说是在人类文明发展的起步阶段，农业在当时基本上就是整个人类经济发展的支柱。如果没有农业的起源，人类可能至今仍然在森林或洞穴过着茹毛饮血的生活，人类社会就无法向文明时代迈进，更不可能创造出今时今日的大千世界。

一部人类文明的发展史充分说明，任何一个民族想要生存与发展，都需要有强大的农业做后盾。其农业生产一旦中断，文化和传统也一定随之消亡，而一个民族文化传统的覆灭，也就标志着该民族消失于历史长河之中。历史上的尼罗河文明、两河流域文明①、印度河恒河文明、爱琴海文明的衰亡，与其农业生产的中断有着直接或间接的关系。作为世界五大文明发祥地之一的中华文明没有像其他四大文明那样出现重大的文化断层，始终薪火相传、绵延不绝，主要得益于中国传统农业长期、稳步、持续的发展。中国传统农业之所以能持续发展，主要是在农业生产上有一个先进、丰富、完备的技术知识体系作支撑，而这个体系的载体就是中国古代农书。中国古代农书不仅为执政者提供了农政思想参考，

① 两河流域文明又称美索不达米亚文明。是指底格里斯河和幼发拉底河之间的美索不达米亚平原所发展出来的文明，系世界五大文明发祥地之一。主要由苏美尔、阿卡德、巴比伦、亚述等文明组成。

也为广大百姓提供了生产技术指导，对我国传统农业起到了指航引路和加快发展的作用。我国古代农业之所以能长期领先于世界，与古代农书的形成和发展是分不开的。两千多年来，古代农书直接指导各地农业生产，为我国传统农业持续稳定的发展做出了突出而重大的贡献。

中国古代农书是中国传统农学的载体。作为中国古代农学的重要组成部分，必然有其独特的发展历史与特点。在人类文明发展的初期，虽还处于结绳记事的远古洪荒年代，然原始农业就已产生，并通过人们世代口传身授的方式对所积累下的农业生产知识进行有意识的总结与传播。及至战国时期，长时期的农业生产经验的积累终于催生出了最早的农学著作。自班氏《艺文志》始，在中国历代浩如烟海的典籍目录中，均设有“农家”一类。但直至20世纪二三十年代后，农书目录才作为独立专业目录出现。自战国时期始，至清末鸦片战争（1840年）前后，这长达两千多年的发展过程中，中国古代农书素以数量众多、内容极为丰富的特点著称于世。根据王毓瑚编著的《中国农学书录》① 统计，中国古代农书有500余种；据日本天野元之助著的《中国古农书考》② 统计，中国古代农书有300余种；据《中国农业百科全书》（农业历史卷）对新中国成立以来关于中国古代农书研究成果的统计，中国古代农书共计705种。③

中国古代农书浩如烟海，内容丰富，具有从多学科、多角度研究的价值。本书拟从编辑学的角度，对中国古代农书的编辑宗旨、编辑体例、编辑方法进行深度挖掘，总结整理出中国古代农书编辑实践发展的总体脉络和特点，以期对现代农书编辑和农业生产活动起到一定的指导和借鉴意义。

第一节 研究意义

一 理论意义

（1）从编辑学角度解读中国古代农业图书文化。中国古代农书的研

① 1957年由中华书局初版，后1964年由农业出版社出版增补版。

② 1975年由日本龙溪书舍出版，1992年由农业出版社出版中译本。

③ 熊帝兵：《中国古代农家文化研究》，博士学位论文，南京农业大学，2010年。

究以往主要是对传统农业科学技术的专业化分析总结，其重点在于对农业科技知识的分析与阐述。本书是从编辑学的角度，来审视农书编辑过程中所蕴含的文化意蕴与文化价值，为过去论著中所鲜见。（2）从横向丰富和充实了中国编辑史的研究内容。中国编辑史大都是按照历史朝代的演进，纵向系统地归纳、分析各朝代、各类型图书和作者的编辑实践活动，具有非常高的学术价值。本书是从图书的一个类别——农学图书入手，按照古代农书发展的特点，对不同阶段的农书编辑实践进行总结与提炼，是对中国编辑史的丰富和有益补充。

二　现实意义

（一）对现代农业生产活动具有指导意义。如古代农书中所蕴含的“天、地、人”三才思想，对现代生态农业、集约型农业发展以及农业的可持续发展都具有重要的参考价值。又如，古代农书的编辑体例如月令体、通书，对现代农业科普、特别是对农业技术推广具有很强的借鉴意义。

（二）对现代农业书籍编辑工作具有借鉴意义。古代农书的编辑方法如征引文献的广博与严谨、图文并茂的形象化写作方法对现代农业图书编辑具有宝贵的借鉴意义。“采捃经传、验之行事、询之老成”的编辑方法也是现代农业图书编辑者所要借鉴的宝贵财富。

第二节　研究目标

本书从编辑学视角出发，结合农学、历史学、哲学、文献学等学科知识，对研究内容进行系统分析后，梳理出中国古代农书编辑实践发展的主要脉络，使我们能更加深刻地理解中华民族优秀农书编辑文化的同时，对现代农业科技图书编辑出版工作也具有重要的指导作用。

第三节　文献综述

一　论著方面

关于中国古代农书的研究主要是从农书目录、考、校、注释、白话翻译以及辑佚等几个方面展开的。

（一）对古代农书目录的研究

从班氏著《艺文志》始，“农家”一类几乎均为各大型公私目录所设立。至20世纪二三十年代，才作为独立的专科目录出现。迄今为止，可查阅到的最早农书简目为民国时期毛雝与万国鼎编著并由金陵大学于1924年出版的《中国农书目录汇编》。新中国成立后，由北京图书馆主编并由全国25家图书馆参编的《中国古农书联合目录》于1959年出版。但由于受当时各种条件的限制，收录的古代农书数量十分有限。直到改革开放后的1985年，才出现了收录全面、影响巨大、由农业出版社出版的农书目录——《中国农学遗产文献综录》。该书由犁播主编，其特点为：不仅收录古代农书原著，并把与之相关的研究论著一并收录。中国农业历史学会与中国农业博物馆共同主编，全国各农史研究机构、中国农业科学院文献信息中心及黑龙江省图书馆等8个单位共同参编的《农业古籍联合目录》于1990年问世了。其所收录的农书较之前更为丰富，但在版本著录方面欠详尽。①

题要目录方面的研究，内容比较丰富，海峡两岸及邻国日本都有较好的著作出现。早在1927年，陆费主编的《中国农书提要》便由当时的中华农学会出版发行了。但是其缺点也十分明显，《中国农书提要》只不过是将《四库全书总目提要》中的农家一类单独列出，而无新的建树。迄今为止，被学术界所公认最系统全面研究农书目录方面的著作分别为以注重分析介绍农书内容著称的《中国农学书录》和以注重农书版本比较研究的《中国古农书考》。前者由王毓瑚编著并于1957年由中华书局初版（1964年由农业出版社增补出版），收录古农书500余种；后者是由天野元之助所著，于1975年由日本龙溪书舍出版（1992年农业出版社出版中译本），收录古农书300余种。二者各有侧重，互相补充，互为印证。② 提要目录方面最新的研究成果是《中国农业百科全书》（农业历史卷），该书于1995年问世，它在新中国成立以后各农学专家研究成果的基础上，总结出了《中国古代农书》的详细目录，该书目囊括了中国古

① 彭世奖：《略论中国古代农书》，《中国农史》1993年第12卷第2期。

② 彭世奖：《略论中国古代农书》，《中国农史》1993年第12卷第2期。

代农书705种。[①]

（二）古代农书考、校、注释和白话翻译方面的研究

古代农书的考、校、注释方面的研究主要有夏纬瑛的《〈吕氏春秋〉上农等四篇校释》[②]《夏小正经文校释》[③]《管子地员篇校释》[④]；万国鼎的《氾胜之书辑释》[⑤]；石声汉的《齐民要术今释》[⑥]《农桑辑要校注》[⑦]《氾胜之书今释》[⑧]《四民月令校注》[⑨]；缪启愉的《齐民要术校释》[⑩]《四时纂要校释》[⑪]《四民月令辑释》[⑫]；陈恒力的《补农书校释》[⑬]；王毓瑚的《先秦农家言四篇别释》[⑭]和马宗申的《授时通考校注》[⑮]等一大批质量颇佳、享誉海内外的中国古代农书校释本。其中陈恒力的《补农书校释》[⑯]和王毓瑚的《先秦农家言四篇别释》[⑰]在对古农书进行白话翻译方面，做出了突出贡献，他们均在其著作中添加“今译”或“语译”的内容。

（三）古代农书辑佚方面的研究

辑佚工作是关乎中华传统农业文化存亡绝续的文化传承工作。对中国古代农书的抢救性发掘始于宋而盛于清。迄今为止，中国古代农书的

---

① 熊帝兵：《中国古代农家文化研究》，博士学位论文，南京农业大学，2010年。

② 夏纬瑛：《〈吕氏春秋〉上农等四篇校释》，农业出版社1961年版。

③ 夏纬瑛：《夏小正经文校释》，农业出版社1981年版。

④ 夏纬瑛：《管子地员篇校释》，中华书局1958年版。

⑤ （西汉）氾胜之：《氾胜之书辑释》，万国鼎辑释，农业出版社1952年版。

⑥ （北魏）贾思勰：《齐民要术今释》，石声汉校释，科学出版社1957年版。

⑦ （元）大司农司：《农桑辑要校注》，石声汉校注，农业出版社1982年版。

⑧ 石声汉：《氾胜之书今释》，科学出版社1956年版。

⑨ （东汉）崔寔：《四民月令校注》，石声汉校注，中华书局2015年版。

⑩ （北魏）贾思勰：《齐民要术校释》，缪启愉校释，农业出版社1982年版。

⑪ （唐）韩鄂：《四时纂要校释》，缪启愉校释，农业出版社1981年版。

⑫ （东汉）崔寔：《四民月令辑释》，缪启愉辑释，农业出版社1981年版。

⑬ （清）张履祥辑补：《补农书校释》，陈恒力校释，王达参校增订，农业出版社1983年版。

⑭ 王毓瑚：《先秦农家言四篇别释》，农业出版社1981年版。

⑮ （清）鄂尔泰、张廷玉等：《授时通考校注》，马宗申校注，姜羲安参校，农业出版社1991年版。

⑯ （清）张履祥辑补：《补农书校释》，陈恒力校释，王达参校增订，农业出版社1983年版。

⑰ 王毓瑚：《先秦农家言四篇别释》，农业出版社1981年版。

辑佚本主要有《神农》《野老》《尹都尉》《菜癸》《宰氏》《汜胜之书》《四民月令》以及《南方草物状》等数十种。这些辑佚本对古代农学文献的整理及农史研究工作意义深远。然尚有众多古代农书隐匿于浩如烟海的典籍中，有待吾辈后人发掘并辑佚成书。[①]

二 论文方面

笔者以“中国古代农书编辑实践”为主题进行检索，在中国学术文献网络出版总库（中国知网）中没有查询到相关的文献。再以更广范畴的“中国古代农书”为主题进行检索，共检索到论文15篇，主要是关于中国古代农书整理的综合论述，中国古代农书编目、现代价值、分类著录、校勘考略以及对国外（主要是日本）的影响等，没有一篇是关于古代农书“编辑”研究的。又以“古代农书”为主题进行检索，共查到论文67篇，除了以上内容外，还有研究古代农书历史、农业技术、原理、思想、农业词汇、农事信仰、作者生平和从语言学视角研究古代农书等，其中有4篇和编辑学相关，分别是胡行华的《经学方法与古代农书的编纂——以〈齐民要术〉为例》，袁定坤的博士论文《明清科技图书编辑出版研究》（其中一章提到了明清时期农书的编辑出版研究），陆宜新的《〈齐民要术〉的编辑特色》和金薇薇的《试论陈子龙的编辑思想及文化传承》。最后，以“农书”为主题进行检索，共检索论文1173篇，其中农业基础科学、中国古代史以及图书情报与数字图书馆是研究中国古代农书最多的3个学科，分别有335篇、88篇和73篇；编辑出版方面关于中国古代农书的研究有37篇，但除去《中国出版年鉴》刊登的农书出版情况报道的内容外，和古代农书编辑相关的仍只能检索到上面提到过的那4篇论文。

笔者通过对史料的爬梳，发现近代以来关于中国古代农书的研究视角几乎都集中于农学、农史方面，并涌现出如万国鼎、石声汉、王毓瑚、夏纬瑛、胡道静、缪启愉、马宗申等对中国古代农书研究做出卓越贡献的学者。从社会学、民俗学、文献学等多学科视角对中国古代农书研究的极少。从编辑学视角出发，对中国古代农书进行研究的成果几乎为零，

---

① 彭世奖：《略论中国古代农书》，《中国农史》1993年第12卷第2期。

但实际上古代农书在编辑出版过程中所蕴含的思想价值并不比其他学科逊色。具体来说，现阶段有关中国古代农书的研究主要围绕以下几个方面展开。

（一）从农学、农史方面研究中国古代农书

1. 中国古代农书的整体性分析与研究

刘毓瑔在《读书月报》发表的《我国古代的农书》[①] 一文中对历代农书进行了简要介绍，并详细分析了其历史价值。

彭世奖在《中国农史》发表的《略论中国古代农书》[②] 一文中，把中国古代农书发展的历史划分为四个发展阶段，分别为中国古代农书的初创时期、在北方发展时期、向南方普及时期、从高峰走向衰落时期。并论述了中国古代农书从出现到充分发展及衰落的历程和规律，分析其类型，探讨其特色，同时介绍了古代农书整理研究的历史和现状，并对今后的整理研究工作提出了意见和建议。

郭文韬在《中国农史》发表的《试论中国农书的现代价值》[③] 一文中，首先，用唯物辩证观点阐述了传统农业与现代农业的辩证关系；其次，介绍了日本政要关于合作研究"中国古农书"的建议，其中对中国古农书的现代价值作了充分的肯定；再次，引用日本农林水产技术会议事务局企画调查课组织各方面农业专家编辑的《关于中国古农书中环境保全型农业技术的调查》（执务参考资料），说明日本农业行政部门对"中国古农书"中所载环保型农业技术的重视；最后，分析了国际上现代"常规农业"的弊端，及对"替代农业"的探索，说明具有持续农业特征的有机农业、生态农业、生物农业同"中国古农书"中所总结的环保型农业科技的相似性。从理论和实践上论证了"中国古农书"的现代价值。

2. 特定历史阶段的古代农书整体性研究

闵宗殿、李三谋在《古今农业》发表的《明清农书概述》[④] 一文中，简要分析了明清时期出现的农书数量，以及这些农书对当时农业产生的

---

① 刘毓瑔：《我国古代的农书》，《读书月报》1956 年第 9 期。

② 彭世奖：《略论中国古代农书》，《中国农史》1993 年第 12 卷第 2 期。

③ 郭文韬：《试论中国古农书的现代价值》，《中国农史》2000 年第 19 卷第 2 期。

④ 闵宗殿、李三谋：《明清农书概述》，《古今农业》2004 年第 2 期。

影响。

邱志诚在《中国农史》发表的《宋代农书考论》[①] 一文中指出：宋代农书达 140 多种，内容涵盖气象、农具、水利、粮食及经济作物、园艺、蚕桑、虫害防治、畜牧兽医等各个方面。并且分析认为，宋代农书数量激增既是宋代农业生产发展的产物，也是宋代农业生产发展的具体表现。宋代农书作者社会身份差异较大且以官员为主。

冯风在《中国农史》发表的《明清陕西农书及其农学成就》[②] 一文中分析：明清时期，古老农区陕西的农书撰著在陕西及中国农学史上占有重要地位。文章以地区社会经济、农业生产、学术文化的发展变化为背景，论述了明清时期陕西农书的种类、内容、特点及繁盛原因；并从农学思想、耕作栽培、地下水资源开发、农业机械、蚕桑诸方面，概括和肯定了陕西明清农学的主要成就。

3. 单篇文献写作背景、技术内容、经济思想、版本流传等方面的分析

万国鼎在《南京农学院学报》发表的《齐民要术所记农业技术及其在中国农业技术史上的地位》[③] 一文中，简要介绍了作者贾思勰的生平、《齐民要术》的创作手法以及该书的整体纲目，之后又从农业技术层面如土壤肥料、耕作制度与作物轮栽、作物品种与选种育种、作物播种法、园艺等几个方面对该书进行了分析、研究，具有很高的学术研究价值。

陈晓利、王子彦在《科学技术哲学研究》发表的《论徐光启〈农政全书〉中的农业生态哲学思想》[④] 一文中，分析了《农政全书》中蕴含的丰富生态哲学思想。这种哲学思想主要体现在农作物与水、温度、土壤等环境限制因子关系的阐释，农业生态系统的物种内以及物种间的竞争与共生关系的分析以及如何充分利用和保护水、土地、生物等环境资源观念方面。通过对《农政全书》中生态哲学思想的分析，进一步发掘出中国传统农书中关于有机农业的有价值信息，从而建构和完善我国生

---

① 邱志诚：《宋代农书考论》，《中国农史》2010 年第 3 期。

② 冯风：《明清陕西农书及其农学成就》，《中国农史》1990 年第 4 期。

③ 万国鼎：《〈齐民要术〉所记农业技术及其在中国农业技术史上的地位》，《南京农学学报》1956 年第 1 期。

④ 陈晓利、王子彦：《论徐光启〈农政全书〉中的农业生态哲学思想》，《科学技术哲学研究》2012 年第 29 卷第 5 期。

态哲学以及可持续农业的科学理论。

陈宏喜在《西安电子科技大学学报》（社会科学版）发表的《浅议〈农政全书〉成书之社会环境》[①] 一文中，通过对《农政全书》这部农学巨著内容及成书过程的考察，认为贯穿中国封建社会的重农传统是《农政全书》得以问世的最主要的社会环境因素。

4. 同一类型古代农书的整体性分析

王晓燕在《安徽农业科学》发表的《古代月令体农书渊源考》[②] 一文中，通过对中国古代月令体农书进行概念界定，对中国古代各个时期具有代表性的月令体农书进行分析比较，总结出其发展规律，在有利于读者认识到月令体农书对中国传统农业发展影响的基础上，也为现代农业科技的迅猛发展提供了有益的参考。

王潮生在《农业历史研究》发表的《明清时期的几种耕织图》[③] 一文中，认为中国古代耕织图以形式多样、内容丰富著称。耕织图以图文并茂的形式对当时以男耕女织为主要表现形式、以农桑并举为主要农业生产内容的小农经济生产、生活形态进行了生动的描绘。耕织图本身既可视为一种颇为精美的艺术品，同时又为农业历史的研究提供了珍贵的参考资料。作者通过对古代典籍收录耕织图的情况进行分析研究，发现最早且系统成套的耕织图绘制于宋代，其中最为著名的当属南宋楼璹绘制的《耕织图》，虽原图未能流传至今，但对后世耕织图的绘制却产生了巨大的影响。文章对明清时期以楼璹《耕织图》为蓝本绘制、摹刻的流行于当时的多种耕织图作了简要概述，并对它们的艺术创作手法进行了简明的剖析。

（二）从目录学、文献学、语言学、民俗学等多方面研究中国古代农书

1. 从目录学视角研究中国古代农书

袁新芳在《安徽农业科学》发表的《古代农书目录学渊源考》[④] 一

---

① 陈宏喜：《浅议〈农政全书〉成书之社会环境》，《西安电子科技大学学报》（社会科学版）1999 年第 2 期。

② 王晓燕：《古代月令体农书渊源考》，《安徽农业科学》2011 第 39 卷第 32 期。

③ 王潮生：《明清时期的几种耕织图》，《农业考古》1989 年第 1 期。

④ 袁新芳：《古代农书目录学渊源考》，《安徽农业科学》2011 年第 39 卷第 23 期。

文中，结合历代目录学家对古代农书编目的认识、官修史志书目子部农家类著录的演变轨迹，以及现代农书与古代农书的整理情况，指出作为子部的二级类目农家类不仅需要细分子目、详加著录，更需要专科目录，从而既符合目录学的历史发展趋势，又能够为后人搜求、研究古代农学文献提供大量珍贵的资料。

张玲在《农业图书情报学刊》发表的《中国古代农书的编目发展源流》[①] 一文中，认为中国是一个文明古国，自古以农立国，有着悠久的重农传统，因而农业较为发达，农学著作非常丰富。反映到目录学上，历代目录学家对农书都十分重视，不仅单独为其设类，有的还细分子目，详加著录，从而为后人搜求、研究古代农学文献提供了大量珍贵的资料。同时指出，自20世纪以来，已有不少学者致力于古代农书的挖掘、整理工作，在农学史研究方面取得了不少成就。毛雝、王毓瑚、胡道静、犁播及日本天野元之助等广泛收集古代农书的书目和篇目，先后编纂出版了几部农学文献专科目录。笔者认为，这篇文章是在前人研究的基础上，从目录学史的角度，对中国古代各种书目中农书的归类及著录情况所作的深入分析和总结。

2. 从文献学视角研究中国古代农书

康丽娜在其硕士学位论文《秦汉农学文献研究》[②] 中对秦汉时期农学古籍进行了系统考证，爬梳整理出秦汉时期农学著作的源流与该时期农学古籍散落的状况，详细分析了《氾胜之书》与《四民月令》在文献学领域的价值；同时把秦汉时期与农业相关的古籍文献进行了分类并加以整理，把体现该时期生态环境、农田水利建设以及体现农民生产、生活智慧的农谚等资料进行了全面的分析总结，从而使秦汉时期农业的整体状况跃然于纸上。在此基础上，又对秦汉时期有关农业的文献与先秦时期、隋唐宋元时期的农业文献进行了分析比较，凸显了秦汉时期的农学在整个农学发展史中的地位。

3. 从语言学视角研究中国古代农书

曾令香在其博士学位论文《元代农书农业词汇研究》[③] 中分析认为，

---

① 张玲：《中国古代农书的编目发展源流》，《农业图书情报学刊》2008年第20卷第8期。

② 康丽娜：《秦汉农学文献研究》，硕士学位论文，河南大学，2009年。

③ 曾令香：《元代农书农业词汇研究》，博士学位论文，山东师范大学，2012年。

元代三大农书《农桑辑要》、王祯的《农书》和《农桑衣食撮要》采用通俗易懂的语言写成，反映了元代及元以前的农业发展和社会状况，是语言研究的重要语料。该论文以元代三大农书为语料，力图通过对其中农业词汇的研究，在共时描写的基础上，追溯其历时发展演变，从而勾勒出汉语农业词汇系统的基本面貌。

4. 从民俗学视角研究中国古代农书

方蓬在《青岛农业大学学报》（社会科学版）上发表的《从中国古代农书看农事信仰》[①] 一文中指出，农业是人们赖以生存的物质基础。中国是一个有着上千年农业文明的国家，中国古代农书中记载着诸多农事信仰活动。农事信仰的背后始终贯穿着先民对天、地、人三者关系的理解。从祈农到种植宜忌等可以窥见先民在农事活动中驱疫避邪、祈丰纳吉的心理。

5. 从校勘学视角研究中国古代农书

李凌杰在《农业考古》发表的《中国古代农书校勘考略》[②] 一文，从校勘学的视角出发，对我国历代专家学者对古代五大综合性农书《齐民要术》《农桑辑要》、王祯的《农书》《农政全书》和《授时通考》的注释、校注、今释等内容进行了系统的整理与归纳。

笔者认为，专家学者对古农书的校勘，为后人的深入研究提供了大量精确、翔实的材料，有力地推动了后世考订和辑佚农业古籍资料，有利于中国传统农学的持续、健康、深入发展，同时也为其他学科，从自身学科研究视角出发，展开对古农书的研究提供了大量有价值的材料。

（三）从编辑学视角研究中国古代农书

1. 中国古代农书编辑个案研究

胡行华在《河北农业大学学报》（农林教育版）发表的《经学方法与古代农书的编纂——以〈齐民要术〉为例》[③] 一文中对《齐民要术》

① 方蓬：《从中国古代农书看农事信仰》，《青岛农业大学学报》（社会科学版）2011 年第 29 卷第 1 期。

② 李凌杰：《中国古代农书校勘考略》，《农业考古》2009 年第 6 期。

③ 胡行华：《经学方法与古代农书的编纂——以〈齐民要术〉为例》，《河北农业大学学报》（农林教育版）2006 年第 8 卷第 4 期。

的研究方法进行了总结。该论文认为，作为中国古代最有影响的农学巨著——《齐民要术》的研究方法，深受传统儒家经学方法的影响，其采用的“采捃经传和验之行事”的方法同儒家的经学方法——既崇尚经典又重视实际考证的儒家经学传统是一致的；并且指出《齐民要术》之后几部大型综合性农书的研究方法与儒家经学方法之间也存在类似的一致性，而《齐民要术》本身对这些农书的影响亦是儒家经学方法影响作用的体现。因此，对儒家经学方法的运用成为《齐民要术》及其之后我国古代大型综合性农书一脉相承的研究传统，古代农书在研究方法上体现出明显的儒学化特征。

陆宜新在《商丘师范学院学报》发表的《〈齐民要术〉的编辑特色》[①] 一文，从内容分类、内容语言、文献收集、文献征引注释、编辑方法、编辑目的、编辑态度等编辑学视角进行研究，认为古代科技农书《齐民要术》归类细致合理，叙述通俗易懂，注重理论与实践的结合，编写方法详略得当，其成就在农书编辑史上具有重要地位。

姜吉林在《兰台世界》发表的《徐光启与农政全书的编辑》[②] 一文，分析了《农政全书》的编辑过程，它内容完备、编辑思想明确（“农政”思想贯穿始终）。作者徐光启博采众家之长，对大量材料进行了分类汇辑，且加入了自己的不少评注。《农政全书》不仅是中国的一部伟大农业百科全书，在古代农书编辑史上，也是一部总结性的、集大成式的杰作。

2. 特定历史阶段的中国古代农书编辑研究

袁定坤在其博士学位论文《明清科技图书编辑出版研究》[③] 中的第二章第二节探讨了明清农学图书的编辑出版，文中指出了以《农政全书》为代表的明清农学图书的编辑出版开始摆脱传统农书陈陈相因的模式，从内容上突破“精耕细作”的主题，注入了近代农学的新思想、新技术以及农学理论研究的新方法。明清时期地方性小农书和专业性农书大量涌现，表明明清时期知识分子著书立说的价值选择由空谈性理的经学向

---

① 陆宜新：《〈齐民要术〉的编撰特色》，《商丘师范学院学报》2004 年第 20 卷第 1 期。

② 姜吉林：《徐光启与〈农政全书〉的编辑》，《兰台世界》2010 年第 8 期。

③ 袁定坤：《明清科技图书编撰出版研究》，博士学位论文，华中师范大学，2009 年。

厚生利用[①]的实学转变。但该论文对于古代农书的编辑情况只限于农书概况介绍，而相关的编辑体例、编辑宗旨、文献征引注释等编辑内容则很少涉猎。

3. 中国农书编者思想的个案研究

金薇薇在《黑龙江教育学院学报》发表的文章《试论陈子龙的编辑思想及文化传承》[②]中，介绍了陈子龙主编的《皇明经世文编》和《农政全书》是中国优秀文化遗产中灿烂的瑰宝，从“经世致用”“实业救国”的报国理想中反映出陈子龙的编辑思想、编辑方法，反映了陈子龙对历史文献和科学研究的尊重，以编辑主体学者化与政治化合二为一的角色特征实现了对中国优秀文化遗产的传承。

通过查阅、梳理中国古代农书文献资料，笔者认为：（1）万国鼎、石声汉、王毓瑚、夏纬瑛、胡道静、缪启愉、马宗申等卓有贡献的农业领域的学者与近年来致力于农书研究的专家学者的大量研究成果和农书的校注、辑佚、注释成果，为笔者提供了大量丰富、有价值的参考文献和重要的文献基础。（2）其他学科从新的视角对古代农书展开的研究，为笔者开阔了思路，提供了可借鉴的研究方法。（3）从编辑学视角研究中国古代农书是一个新的领域。仅有的几篇论文，只是农书编辑个案研究和明清阶段农书编辑的概况介绍。从编辑思想视角研究中国古代农书，仅有一篇。但实际上，农书在编辑出版过程中所蕴含的文化价值并不比其他学科逊色，对古代农书的编辑宗旨、编辑体裁、文献收集、文献征引、内容编排、语言特色、图文结构等的研究，不仅有利于传承古代优秀的农业图书文化成果，而且有利于指导现代农业图书的编辑出版工作。本书按照古代农书发展的不同历史阶段，从编辑学视角对中国古代农书进行系统的研究，为古代农书的研究开拓了新的领域和视角，具有较高的学术价值和实践价值。以古代农书为基点，将中国古代农书的编辑实践活动进行整体研究，这也从一个方面丰富和充实了中国编辑史的研究内容。

---

① 指富裕民生物尽其用。语出《书·大禹谟》：“正德，利用，厚生，惟和。”

② 金薇薇：《试论陈子龙的编辑思想及文化传承》，《黑龙江教育学院学报》2008 年第 27 卷第 7 期。

第四节 概念界定

一 农业科学和农业技术

科学是关于自然、社会和思维的知识体系，是实践经验的结晶。关于科学的区分，“就是根据科学对象所具有的特殊矛盾性。因此，对于某一现象的领域所特有的某一种矛盾的研究，就构成了某一科学的对象”①。农业科学是研究农业发展的自然规律和经济规律的科学，因涉及农业环境、作物和畜牧生产、农业工程和农业经济等多种科学而具有综合性。林业科学和水产科学有时也包括在广义的农业科学范畴之内。② 具体到传统农业科学，就是人类在农业生产中对自然现象以及与农业生产相关的所有事物的性质、特点及他们之间相互联系的规律性认识的具体反映，并且以农业经验的形态存在于世代农者的思想认识当中。

农业科学与农业技术既有区别又密不可分。自从人类有了农业生产，农业技术就与之相伴而生，农业技术是农业科学的物化形态，它在农业生产过程中既可以直接表现为物的形态存在，也可以表现为生产过程中的一种方法程序。具体到传统农业上，最初农业技术只是人类农业生产经验的总结，并不系统和完善，随着生产技术的不断提高，农业技术被系统化，逐渐形成了完整和科学的知识体系，农业科学也就产生了。

二 农业及其阶段的划分

农业有狭义和广义之分，狭义的农业只包括大田农作物的生产以及农桑、农林、农牧等相关产业，广义的农业还包括渔业及相关农产品加工业等。在我国漫长的封建社会里，以自然经济为基础的小农经济一直占统治地位，以农业生产与小手工业密切结合为其主要生产方式，因此，我国传统农业的概念必然是广义上的农业。农史研究者一般把农业划分为原始农业、传统农业和现代农业三个基本历史阶段。

原始农业是人类从采集经济向种植经济转变过程中所经历的一种近

---

① 毛泽东：《矛盾论》，《毛泽东选集》第1卷，人民出版社1991年版，第752页。

② 吴次芳、宋戈：《土地利用学》，科学出版社2009年版，第11页。

似自然状态的农业，属于农业发展的最初阶段。其标志是使用简陋的石制工具，采用粗放的刀耕火种的耕作方法，实行以简单协作为主的集体劳动，以期获取有限的生活资料。

传统农业是在自然经济条件下，使用畜力牵引和人工操作金属农具，依靠祖辈积累下来的耕作方法与传统经验，以自给自足的手工劳动方式为主的农业。以铁犁牛耕的广泛使用为标志，传统农业经历了由粗放经营向精耕细作转变的过程。由于传统农业的技术状况、对生产要素的需求与供给长期处于基本稳定均衡状态，所以传统农业具有低能耗、低污染等特征。

近代以来，特别是19世纪中叶以后，随着西方自然科学的不断发展，化学、生物学、土壤学、生理学、遗传学、昆虫学、微生物学以及气象学等实验科学的研究成果逐渐被应用于农业，使农学研究从传统的经验积累向现代的科学实验转变。1840年，有"有机化学之父""肥料工业之父"之称的尤斯图斯·冯·李比希发表了其经典著作《有机化学在农业和生理学上的应用》，标志着现代农业科学体系的初步形成。

本书以中国古代农书为研究对象，以传统农业为研究时限，原始农业及现代农业不在本书的研究范围之内。

三　中国古代农书

（一）农书的定义

农业科学是人类在农业生产中对自然现象以及与农业生产相关的所有事物的性质、特点及他们之间相互联系的规律性认识的具体反映，并且以农业经验的形态存在于世代农者的思想认识当中。随着农业生产对社会发展的基础性作用不断提升，农业科学必将为研究者所重视，并以文字的形式加以概述，使其系统化、具体化，成为完整、科学的知识体系的出版物，即农书。

（二）中国古代农书的概念

中国古代农书一般是指中国传统农业阶段有关农业生产的科学著作。具体来讲是指中国农业自告别以刀耕火种为主要标志的原始农业阶段始，至受到以近代西方实验科学为基础的现代农学影响前，数千年间以世代积累下来的耕作方法与传统经验为研究对象，总结而成的与农业有关的科学著作。中国早在传统农业阶段的战国时代，在当时百家争鸣的社会条件影响下，就已经出现了研究农业生产理论和实践的农家一派，他们著书立说，编辑了《神农》《野老》等农学著作，虽早已散佚，然班氏《艺文志》子部中还是为其单列了农家一类，这是农书著录的起点。此后，历代断代史中常有“艺文志”或“经籍志”，这些“志”和各家书目中的“子部”都有农家一类。及至宋代，随着社会生产力的快速发展，商品经济的繁荣，雕版印刷技术进入全盛时代，中国古代农书的经典之作如《齐民要术》《四时纂要》等均被刊刻普及；同时，由于活字印刷技术的发明，专科类农学著作、花竹等谱录类农学著作大量涌现，为中国古代农书注入了新鲜血液，成为古代农书又一新的组成部分。

（三）中国古代农书的研究范围（时间起止）

中国农业出现于一万年以前，有关中国古代先民从事农业生产的文字记述已有近五千年的历史，但直到进入传统农业阶段的战国时代（公元前475—前221），建立在直观经验基础上较为系统的农学知识体系才逐步形成，作为其载体的中国古代农书也随之产生。所以，本书对古代农书的研究上限定于战国时代，后经秦汉、魏晋、唐宋、元明直至清代中叶，由于传统农业对技术状况、生产要素的需求与供给长期处于基本稳定均衡状态，少有巨大变化。因此，中国传统农业一直依照自己固有的方向发展。直至19世纪初，在西方近代自然科学的冲击下，中国社会的各个方面乃至各种生产技术的细节上都受到了巨大影响，农业生产也随之发生了剧烈的变化。尤其是鸦片战争以后，西方以实验科学为基础的现代农业对中国传统农业固有的发展方式带来了毁灭性的冲击，中国传统农业的典型代表——大型综合性农书的编辑完全中断，中国的传统农业就此终结。中国进入了由传统农业向现代农业的转型时期。综上所述，本书的研究下限定在鸦片战争后十年的清道光年间，即1850年前后。

（四）中国古代农书的类型

1. 按照内容和性质可划分为“整体性”农书、“专业性”农书以及耕织图与劝农文（如图1.1所示）。

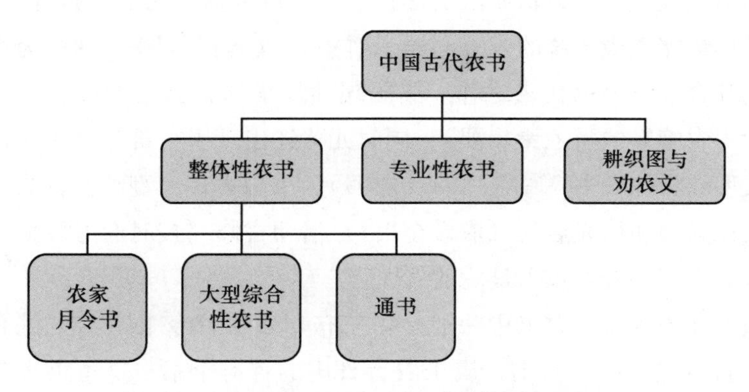

图1.1 古代农书的分类（按照内容与性质划分）

（1）“整体性”农书

“整体性”农书一般是根据指导较大规模农业生产所得经验写成的农学著作，是相对于“专业性”农书而言的，内容宽泛，是几乎无所不包的知识整体，是中国古代农书的主干。在其发展过程中，又逐渐演变成为三个主要类型，分别是农家月令书、大型综合性农书和通书性质的农书。

农家月令书从重视农时这个传统思想出发，以月令、时令及岁时纪为蓝本，用时系事体例把烦琐的农事活动加以系统归纳、总结，使之井然有序。《大戴礼记》中的《夏小正》与《小戴礼记》中的《月令》都可视为月令体裁农书的先驱之作，比较成熟的月令体裁农书当推东汉崔寔的《四民月令》。自汉朝以降，月令体农书持续发展、从未中断，无论形式、内容都有较大发展。及至元代出现的《农桑衣食撮要》已发展为体系十分完备的农家月令书。明清时期，农家月令书大量涌现，其中以《便民图纂》与《农圃便览》最佳。其特点是以时间为基准，对作物生产过程缺乏系统和连续性记述，因此，其对农业技术性知识的记述显得较分散、薄弱。

综合性农书是对各种农业技术知识的系统记录，资料丰富、总结全面、适用范围广，堪称指导当时农业生产的全局之作，其规模有大有小。特别是大型综合性农书，它们是中国古代农书的主干部分，同时也是一个时代农学水平的集中反映。因此，此类农书大都受到统治者的重视，一般是由朝廷组织人编辑或由负责农事的官员根据自己的实践经验撰写。现存最早最完整最系统的农业科学著作——《齐民要术》可视为中国古代大型综合性农书的代表之作。中国现存最早的官修大型综合性农书为元代大司农编辑的《农桑辑要》，同时元代还出现了一部兼顾中国南北农业的大型综合性农书——王祯的《农书》。中国古代大型综合性农书的集大成之作为明朝徐光启的《农政全书》。清朝官修《授时通考》则是中国古代官修大型综合性农书最后的辉煌。

通书在中国古代农书中一般是指兼有“农家月令书”与“综合性农书”各自特点的一类农书，属于农者日用的百科全书。这类书大都出自民间，一般作者不详，其编辑原则为“述而不作”。通俗来讲，就是用来指导农业生产的便民小册子，文字通俗易懂，叙述方法直观，以普通老百姓为读者对象，传授生产和生活技术知识，实用性强，能解决生产和生活中的具体问题，附有图像，有的还编成押韵的歌词俚曲，朗朗上口，容易理解。此类农书的最大价值就在于其所记录、总结的生产实践知识完全来自民间，出自生产第一线，这些知识内容往往不见于那些广为后世传颂的农家经典之中，因此是对经典的有益补充。但是，由于此类通书出自民间（特别是早期的通书），内容中往往夹杂有丛辰、占卜、祈禳、压胜等带有迷信色彩的“杂质”，需要甄别，去粗取精。例如元朝的《居家必用事类全集》[①] 等。

（2）“专业性”农书

相较于无所不包的“整体性”农书，“专业性”农书仅是就农业生产的某一部门或农作物的某一种类进行系统、理论的总结与研究。其主要包括天时耕作专著、各种专谱（以花卉专谱数量为最）、果树书、茶书、蚕桑专著、畜牧兽医专著、农器专著、野菜专著、治蝗书及其他谱录等。根据王毓瑚先生编著的《中国农学书录》[②] 来看，最早出现的“专业性”农书主要集中在相马、医马、相六畜、养鱼等方面；另外，由于宫廷对花木的需求，随之又出现了一系列花卉庭园方面的专著；及至唐代，由

① 王毓瑚：《关于中国农书·〈中国农学书录〉附录》，农业出版社1964年版，第347页。

② 王毓瑚：《关于中国农书·〈中国农学书录〉附录》，农业出版社1964年版，第15—18页。

于魏晋时期的“衣冠南渡”①，长江中下游地区得到了初步开发，农业生产水平迅速提升，适应南方水田的新型农具大量涌现，栽桑养蚕技术在长江中下游流域非常发达；同时茶叶已经成为当时重要的商品，饮茶之风渐盛，所以这一时期出现了大量有关农器、种茶和养蚕等方面的专著；宋代，农业生产分工越加精细，农业生产专业化程度更高，所以此时期专业类农书的种类和数量都有大幅提高，出现了如蔬菜专著、果树专著、竹木专著、水产专著等；到了明清时期，“专业性”农书如雨后春笋般大量涌现，种类更多，内容更为丰富，除了对前代“专业性”农书的继承与发展，还出现了为救荒专用的野菜专著和治蝗书等。

（3）耕织图与劝农文

耕织图和劝农文是宋代农学著作出现的两种新形式，分别以图像和短小文告形式来介绍农业科技知识，便于农业推广之用。②

耕织图实际上是一种以图阐文的劝农文，它把农业生产中一些关键性的环节用图像的形式，并配以诗词歌谣，完整地表达出来，目的也在于重农、劝农。早在战国时代的青铜刻纹以及汉代和魏晋时期的壁画中，就有反映农业生产和农业技术及农村生活场景的图像描绘。宋代开始出现系统绘制的耕织图，以南宋楼璹绘制的耕图 21 篇、织图 24 篇为代表，虽原图已佚，但对后世影响巨大，各种摹本更是流传甚广。明朝时期的《便民图纂》就是以《便民纂》和楼璹的《耕织图》两部分所组成的。

宋朝是中国古代城市商品经济迅速发展及城市人口急剧增加的时代，执政者就特别需要重视发展农业生产，以扩大政府的财源来作为城市商品经济迅速发展的有力支撑。劝课农桑成为考察地方官政绩的一项重要标准，“户口增、田野辟、赋役平”是对地方官政绩优劣的评价标准。在这种历史背景下，直接针对当地农业生产情况与特点且文句简练、篇幅短小、便于政府以文告形式传播的劝农文便应运而生了。最著名的是南宋朱熹任地方官时发布的《劝农文》，其中提出了一系列农业方面的技术

---

① “衣冠南渡”一般是指魏晋时期由于北方少数民族南下，在黄河流域建立政权，使得中原王朝的“士人”被迫向长江流域大规模南迁。这一现象为长江中下游地区带来了先进的农业生产技术与丰富的劳动力。

② 董恺忱、范楚玉：《中国科学技术史·农学卷》，科学出版社 2000 年版，第 16 页。

措施，较为切实可行，为当地农民广为传颂。

2. 按照编者主体不同，分为官修农书和私修农书

官修农书即中国古代统治者从“农者天下之大本”出发，组织编辑并由官方颁行用以指导全国农业生产的农书。具有征集材料广泛、集体撰写、适用地区范围较广等特点。唐宋两朝均有出现，现存最早的官修农书是元初颁行的《农桑辑要》，用以指导黄河流域的农业生产。中国传统农业的最后一部官修农书为清代的《授时通考》。

私修农书即中国古代直接指导农业生产的官员或直接从事生产具有一定文化的“野老”[①] 根据其直接或间接的农业生产经验所独自撰写的农学著作，既有像王祯的《农书》、《农政全书》那样全国性的大型综合性农书，也有像陈旉的《农书》那样区域性较强的大型地方性农书。农家月令、通书及小型地方性农书大都出自私人手笔，也属于私修农书范畴，具有内容精确、详尽但涉及范围有限、推广范围小的特点。

3. 按照地域划分，分为全国性（或广大地区）农书和地方性即小地区农书

全国性（或广大地区）农书就是指直接而全面地反映当时或之前农业技术水平的农学著作，具有系统性强、适用范围广等特点。一般可以对全国农业生产或至少对某一大范围地区农业生产具有较强的指导作用。大型综合性农书大多属于全国性农书。

地方性农书是指只针对某一地域或某一小范围地区农业生产技术特点，只对该地区农业生产起指导作用的农学著作，具有适用范围狭小、篇幅一般较小（个别也有篇幅较大者）但针对性较强、内容精确等特点。地方性农书大都出自那些“平生读书，不求仕进”[②]、具有经世致用实学思想、居住于乡间兼事农耕、半耕半读的知识分子之手。以南宋初陈旉的《农书》为代表作。

四　编辑概念的界定

作为编辑学研究对象的“编辑”当是动词性名词“编辑活动”或

---

① 《汉书·艺文志》应劭注说：“年老居田野，相民耕种，故号野老。”

② 曾雄生：《中国农学史（修订本）》，福建人民出版社 2012 年版，第 308 页。

编辑工作，即收集材料、整理加工、以利传播的一项社会活动。然而，编辑活动历史绵长，而贯穿其中的编辑概念的含义前后流变也很大。因此，要较为准确地理解编辑概念，必须从编辑活动的历史研究中，从整体抽象出其本质的规律的东西来，不同历史时期形成的编辑概念也是不同的。

（一）收藏编辑

编辑活动的第一个发展阶段是“编创文章”时期。此时期文章是独立成篇的文献典册。比如，甲骨文献，汉谟拉比法典，等等。《商书・多士》中说：“惟殷先人，有册有典。”这里的册和典，实际上就是有文字记录的甲骨文献等。这说明，在商代已经有人从事编辑整理简册的工作。不过，没有专人从事，而主要由史官以及巫师等古代文化官兼做，大多述而不作，偏重整理考订，选存文献史料。所以，这一时期的编辑活动被称为“收藏编辑”。此时期的“编辑”概念为：人们从事收集文献材料、分类编序，使之便于贮藏和流传后世的社会文化活动。

这一时期编辑活动的最大特点是编辑活动的主体意识不明确，编辑手段较为粗糙简单。换言之，是“辑”的活动大于“编”的创造。工作主要是文献的收辑与编序。

（二）著述编辑

编辑活动的第二个分期是“编创图书”时期。如，孔子“发凡起例，分类立体，删选定本，审订‘六经’”；司马迁在《报任安书》中记载：“网罗天下放失旧闻，略考其事，综其终始，稽其成败兴坏之纪，上计轩辕，下至于兹，为十表，本纪十二，书八章，世家三十，列传七十，凡百三十篇”，即他所谓的“以究天人之际，通古今之变，成一家之言”的《史记》。

这一时期编辑活动的显著特点是编著合一，即编辑活动蕴含于个人著述活动的过程之中。我们把其称为“著述编辑”。“著述编辑”是著述活动与编辑活动的统一，是著述主体自觉运用编辑手段进行文化创构的活动。

（三）出版编辑

出版编辑实际上是从编辑革命时期开始的。伴随着出版方式和出版规模的变革以及出版生产力的进步，人们原来结成的文化生产关系有所改变。一部分成为从事物质劳动的出版管理生产经营活动者；一部分则成为从事精神活动的编辑创意、符号审选与媒介组构者。前者逐渐成为出版家，后者是编辑和作家。

也就是说，从这一时期开始，编辑独立了，职业化了，从著述活动中分离出来了。我们把这种编辑活动称为“出版编辑”。与著述编辑不同的是，前者偏重作品的文化结构价值，即学术或审美意义；后者偏重于作品的社会传播价值，即出版效益。

（四）现实发展中的编辑

从近代报纸出现开始，编辑概念的内涵变得更加丰富。独立的、职业的编创活动不仅出现于出版社的文化生产中，还出现于报纸、期刊、广播、影视、网络等的精神文化生产传播中。在这些新兴的大众传播媒介中，编辑的职业和姓名都堂而皇之地宣布于众，成为名副其实的一种职业范畴。

通过以上分析，我们可以看出，编辑概念确实在不断发展变化，在不同时期有不同的内涵。正是由于这种流变，编辑概念在界定时才显得让人无所适从，才歧异纷争，才扑朔迷离。而本书研究的古代农书的编辑实践活动，实际上是属于“著述编辑”范畴，也就是说，中国古代农书的著述与编辑是合二为一的，农书的编辑活动蕴含于农书著述主体的创作之中。

第五节　研究方法

本书以历史唯物主义为指导，以编辑学理论为依托，从编辑学的视角对中国古代农书进行系统梳理。同时运用历史文献资料收集法，系统收集有关文献资料，充分吸收前人研究成果，广泛占有原始资料，以史论结合的方法对本书进行研究。首先，运用归纳法，从历史发展的纵向出发，归纳和总结中国古代农书各发展阶段的编辑宗旨、编辑指导思想、编辑体例、内容结构、文献征引等编辑实践活动，随之梳理归纳出中国古代农书编辑实践的总体脉络和特点。其次，运用历史学的文献分析法，通过对中国古代农书的精读，特别是能够反映其编辑实践活动的章节，结合古籍中所载的细节，分析古代农书的编辑体例、编辑方法、资料收集、文献征引、语言特色等有关编辑学的内容。最后，依据其他学科的研究视角与研究思路，充分借鉴农学、历史学、哲学、文献学等学科的研究方法，从编辑学视角对中国古代农书进行深入系统的研究。

第二章

中国古代农书发展阶段的划分及其依据

第一节 中国古代农书发展阶段的划分依据

中国古代农书是中国传统农业阶段[①]农业实践和农业科技成果的载体，区分农书发展阶段与中国农学史的阶段划分标准有共性，故本书在农学史各发展阶段基础上，划分了古代农书的不同发展阶段。

中国农学史有其自身内在的发展规律，它的发生发展虽与社会经济、政治、文化相联系，但与中国通史的分期时段并不完全一致。目前，已出版的中国农学史、农业经济史和农业科学技术史等著作，大致采取两种分法：一是依照中国历史朝代划分农学史；另一种是按学科自身发展的情况进行划分。中国农学史如采用前者，虽然可以将历史上的中国农学发展成就加以论述，但难以反映出农学发展的阶段性，不能揭示出各个发展阶段的性质、特征和水平。因此，本书采用后一种分法。关于中国古代农书发展的各阶段，从农业技术总的特征和技术体系完善的程度两方面来考虑，本书分为萌芽与形成阶段、发展并日臻成熟阶段、向南方普及阶段和由传统农书高峰向现代农书转型阶段共四个阶段。

---

① 中国传统农业阶段是指中国原始农业与现代农业之间的一段长达2000多年之久的，以铁犁牛耕、精耕细作技术为主要标志的农业发展阶段。该阶段始于春秋战国，截止于1840年鸦片战争。

第二节　中国古代农书发展的四个阶段

一　萌芽与形成阶段——春秋战国时期

中国是世界上主要的农业起源地之一，我国农业可追溯的历史有上万年之久，且中国农业的起源是多中心并举，在发展过程中通过不断地多元交汇形成了博大精深、气势恢宏的农业体系。无论在深度和广度上，世界其他国家都是无可比拟的。

农业自诞生之日起就产生了与之相应的具体操作方法和技能即农业技术，但作为指导农业操作原理和知识体系的农业科学，却较农业技术的产生年代晚得多。中国传统农业科学的形成大致出现在社会大动荡、社会生产关系大变革的春秋战国时期（公元前770—前221）。中国农业已由木石并用时代进入铁犁牛耕初步推广时代。此时期农家及作为农业科学载体的农书和有关农学文献已经出现，中国农业所特有的精耕细作技术系统初成，传统土壤学、农业气象学都已基本建立起来，以“三才”为核心的农学思想也已形成，这都是中国传统农业萌芽与形成阶段的重要标志，同时也是中国古代农书萌芽与形成的奠基阶段。

春秋战国时期是诸侯争霸、社会大动荡的时期，同时也是社会生产力得到迅速提升的时期，出现了如春秋时期齐国的管仲，战国时期魏国的李悝、吴国的吴起、秦国的商鞅等一大批有远见卓识的思想家和政治家，他们从富国强兵的目的出发，先后提出了重农思想和重农政策；社会大变革的春秋战国时期，身处社会变革的各个阶层都从本阶层的思想认识出发，提出自己对社会变革的主张和看法，思想文化空前活跃，出现了百家争鸣的局面，“为神农之言”的农家学派也是其中之一。

二　发展并日臻成熟阶段——秦汉魏晋南北朝时期

此时期是中国传统农业继续发展并臻于成熟的时期，黄河流域旱地精耕细作体系基本形成，反映到农书的发展上就是以《氾胜之书》《四民月令》《齐民要术》为代表的一批传统农学经典大量涌现。该时期又可分为大一统的秦汉时期和战乱频仍的魏晋南北朝时期两个不同的历史阶段。公元前221年，“秦王扫六合”，结束了春秋战国以来诸侯争霸的长期分裂割据局面，建立了中国历史上第一个统一的专制主义中央集权的国家。汉承秦制，秦朝所建立的一整套政治经济制度被继承下来的同时又得到了巩固和发展。统一的中央集权大帝国使得统治者有能力和时间进行大规模农田水利建设，也使得铁犁牛耕得到普遍推广，从而促进农业生产迅速地恢复和发展，北方的精耕细作技术逐步趋于成熟。在此背景下，作为传统农业主要载体的农书较先秦时期的农学著作有了长足进步，主要表现为农业技术的基础扩大[①]、内容丰富、体系更加完备。这一时期总结和推广农业生产知识与经验的农书大量涌现。如《氾胜之书》《四民月令》《董安国》《蔡葵》《尹都尉》等，但大都失传（只有《氾胜之书》和《四民月令》有较可靠的辑佚本）。《氾胜之书》是汉代农书的代表之作，该书的出现标志着黄河流域旱地耕作技术日趋成熟。《四民月令》则是农家月令体裁农书首创的标志之作。月令体农书最早是以政府按月安排其政务同时指导农业生产的手册性质的官方月令，《四民月令》是参照《礼记・月令》的形式写成，其内容只是对各种生产和社会活动提供指导性意见，与《礼记・月令》这种官方月令体裁（带有强制性国家政令性质）农书不同，“四民”就是以民家为本，以家庭为单位按“月令”（即以一年十二个月的时令为基础，后又细化为二十四节气）形式安排各种农事活动。

魏晋南北朝时期（220—589）[②] 是中国历史上第一次大分裂的动荡时期，先后经历了三国鼎立、西晋“八王之乱”“永嘉之乱”，黄河流域出现了五胡十六国的乱局，从而引起“衣冠南渡”南北朝对峙的局面，农业生产遭到了一定的破坏。但是各个割据势力从自身生存的目的出发，大力发展农业生产，农业生产力并没有倒退，农业生产工具仍在继续进步，黄河流域在春秋战国时期初成的精耕细作传统并没有因为战乱而中断。同时，由于北方黄河流域战乱，大批中原人口迁入江南地区，使江南得到初步开发。伴随着动乱而来的民族大融合促进了各地区各民族农业文化的交流，农业生产的内容更加丰富了。因此，此时期农书的编写

---

① 先秦时期农书所载的农业技术原理原则是以耒耜操作为基础的，此时期则是建立在牛耕技术的基础上。

② 笔者认为：魏晋南北朝的结束时间应该定在隋统一全国之时，即公元589年。

工作更加活跃，特别是出现了《齐民要术》这部系统总结6世纪以前黄河流域农牧业生产经验（北方旱农以精耕细作技术为主）的经典农学著作，它是我国现存最早、最完整、最系统的古代农业科学著作，同时也是世界上早期农学名著之一。《齐民要术》是中国农学史上的一座里程碑，为后世农学著作的编辑提供了有力的借鉴。此时期由于北方游牧民族大举入主中原，战争频发，军马成为紧俏的战略物资，出现了大量相马、医马等方面的农学著作。如《治马经图》《相马经》《治马经目》《疗马方》等。

三　向南方普及阶段——隋唐两宋时期

该时期是中国农学全面发展的时期，也是中国历史上经济发展最快的时期，在黄河流域以北方旱地精耕细作为主要内容的农学体系已臻于成熟。隋朝及唐朝前期继承了北魏的均田制[①]，在北魏租调制的基础上推行租庸调制[②]。均田制使广大无地农民获得了国家授予的土地，租庸调制保证了农民的生产时间，一定程度上减轻了人民的负担，从而使农业生产得到迅速的恢复和发展。唐朝中期历时八年的“安史之乱”（755—763）使得黄河流域农业生产再次遭到严重破坏，引起了中国历史上第二次大规模人口南迁，导致整个中国的经济重心逐渐从黄河流域向江南地区转移。以抗旱保墒为核心的北方旱地耕作体系已经无法解决南方水田农业所面临的问题，因此，南方水田精耕细作技术体系得到迅猛发展，并逐步趋于成熟，这也是隋唐两宋时期中国农学的一大显著特点。伴随着南方水田耕作体系的形成，隋唐两宋时期的农学著作大量涌现，其数量是此前一千多年农书数量总和的4—5倍以上，其研究对象主要是以南方水田农业为主，出现了介绍江南地区所使用的主要农具的构造与功能

---

① 均田制为北魏至唐朝中期所推行的土地制度，即国家把政府所掌握的无主荒地按人丁分配给农民，有永业田与口分田之分，永业田可传之子孙，口分田在授田者死后被国家收回，可进行土地二次分配。

② 租庸调制是隋唐时期以均田制为依托，在北魏租调制的基础上发展而来的一种国家赋税制度。北魏时期规定农民向国家缴纳谷物即为“租”，缴纳的布帛即为“调”，同时还要定期为国家服徭役。隋朝时以“庸”代“役”的制度开始推行，但有年龄限制，规定“民年五十，免役收庸，纳绢代役”。唐朝时，租庸调制正式确立，“免役收庸”已无年龄限制。

的《耒耜经》，以及以南方水田为主兼顾旱谷、桑蚕为主要内容的南方综合性农书。其中陈旉《农书》是南方综合性农书中的代表之作；为了满足商品经济的发展和城市经济的繁荣（主要是指两宋时期），以桑蚕、茶、花、果为主要研究内容的专业性农书明显增多，如郑熊的《广中荔枝谱》、韩彦直的《橘录》、蔡襄的《荔枝谱》、秦观的《蚕书》和陈景沂的《全芳备祖》等；月令体农书继续发展，内容更加丰富，见于唐宋史志著录的月令体农书，有27种以上，充分反映出当时人们对月令体农书的重视，以唐代《四时纂要》最为著名；宋代还出现了以精美绘图为主，配以农事诗歌的新型农书——《耕织图》，影响后世最为深远的是南宋楼璹的《耕织图》，其中包括耕图21篇、织图24篇。

印刷术的发明使农书得以更为广泛地流传，所起的作用也更大。统治者从“民惟邦本，本固邦宁”的目的出发，利用当时最发达的传播手段——印刷术来进行劝农工作，北宋天禧四年（1020），宋真宗下诏将《齐民要术》和《四时纂要》予以刊刻，并授予地方官员，命其宣传推广，这就是现存最早的农书刻本（北宋崇文院本）。[①]

四　由传统农书高峰期向现代农书转型阶段——元明清时期

元明清三代基本处于政治、经济、文化大一统时期，社会相对稳定，农业生产迅速发展，是我国传统农业发展的高峰时期。由于元、清两代均为少数民族入主中原，促使南北方各民族之间的农业生产技术更广泛地交流、融合、共同发展。由于明朝后期原产南美的玉米、甘薯等高产农作物的引入与推广，粮食亩产得到大幅提升，加之清康熙年间“滋生人丁，永不加赋”以及其后雍正年间“摊丁入亩”赋税政策的实施，使得自秦汉以来中国土地对人口的承载量上限（6000万人）被打破，中国人口在清康熙初年只有2100万人，到康熙五十九年（1720）人口已经过亿人，清乾隆二十年（1755）人口突破2亿人，至清道光年间中国人口已达4.1亿人，人地矛盾凸显。无论是统治者还是农民为了解决衣食问题，必将想方设法提高土地的利用效率。明清时期，由于商品经济的不

① 《齐民要术》至今仍存有第五、第八两卷，现藏于日本京都博物馆内（国内仅有影印本）。

断发展，中国出现了资本主义萌芽，农业部门内部的分工更细，以茶叶、蚕桑等为代表的经济作物发展迅速，在江南和沿海地区形成了集中产区。这一时期的农书编辑无论在数量上还是质量上都已达到前所未有的高峰。究其原因主要有以下几个方面：首先，长时期的社会稳定以及外来高产农作物的引进使得人口激增，解决衣食问题成为当务之急，编写农书以促进生产，成为时代要求；其次，两千多年农业科学技术的积累使得中国传统农业已进入全面发展时期，同时，新引进的农作物及其种植技术不断涌现，为农书的编写工作提供了丰富的素材；再次，随着“经世致用”之学的盛行，使得大量知识分子把农业生产作为“修齐治平”的根本而倍加重视；最后，由于清初实行的民族压迫政策及之后的文字狱，大量汉族知识分子退居林下，扩大了农书编辑主体的来源。加之印刷技术更为先进，印书较之前更为便捷，农书的刊印也得以普及。

元明清时期的农学著作，不仅在数量、种类或质量上都达到了前所未有的高度，并且特点十分鲜明。其一，大型综合性农书不论官撰或是私修，其研究范围都囊括了北方旱地农业与南方水田农业，成为真正意义上的全国性农书。如中国历史上第一部真正意义上兼论南北的全国性农书，即王祯的《农书》；对历代农业政策和农业科学技术进行系统总结的大型综合性农书——《农政全书》以及清代官修、文献汇编式大型综合性农书《授时通考》等。其二，大量涌现出根据某一地区农业生产特点、实用性强、易于推广的地方性小农书，既有为官一方甚至已达显要者的劝课农桑之作，如清嘉庆年间，江苏按察史李彦章在其任内编辑论述江南早稻生产的《江南催耕课稻篇》；也有失意士人留心农事愿为乡里效尽微力的论著，如崇祯末年由涟川沈氏撰著专论太湖地区农业的《沈氏农书》，经清初著名理学大家、隐士张履祥加以校定并撰文补其不足作《补农书》；还有经营地主垂示宗族及后人的家训，如清咸丰年间陕西三原农家杨秀源著，反映当地农事情况的《农言著实》；另有晋中地区寿阳籍清代文人祁寯藻根据山西寿阳农事情况以“农谚”形式编著的《马首农言》等，这些篇幅不大、语言通俗的地方性小农书对指导当地农业生产，都具有十分重要的意义。其三，专业性农书分类更加完备精细，内容更为丰富多彩。此时期专业性农书主要分为天时耕作专著、各种图谱专著、桑蚕专书、野菜专著与治蝗书、兽医专著五大类。其中由于蚕丝出口贸易的迅猛发展，蚕桑专书大量出现，有180余种；各种图谱尤以花卉著作为最，明末清初的特殊社会历史背景使得具有“采菊东篱下”情结的失意汉族士大夫大量出现，种菊成为当时归隐之士的一种精神寄托，菊花图谱大量出现也就顺理成章了；野菜和治蝗专书的出现，反映了元明清时期蝗灾严重，饥荒频繁的社会现实。

元明清时期虽是中国传统农业发展的高峰时期，然而自16世纪起随着资本主义曙光照耀下的欧洲强势崛起，中国长达数千年领先于世界的科学技术受到了来自西方近代科学的强烈冲击，至明朝中后期西方与中国在科学技术上的水平已经十分接近了，西学东渐之风渐盛。就农业而言，此时期中国传统农书集大成者——《农政全书》已开始运用近代科学分析的方法，研究农业生产上的某些问题，徐光启在《农政全书》中大量收录其与熊三拔（Sabatino de Ursis）合译的《泰西水法》中的内容，充分说明徐光启已经认识到近代西方的农田水利知识已有优于中国的趋势。中国传统农学已经开始受到了来自西方实验科学研究方法的影响。至19世纪初，在西方近代自然科学的冲击下，中国传统农业生产发生了剧烈的变化，特别是鸦片战争以后，西方以实验科学为基础的现代农业对中国传统农业固有的发展方式带来了毁灭性的冲击，农学研究从传统的经验积累逐步向现代的科学实验转变，中国古代农书对农业生产的指导作用逐渐削弱，中国传统农业的典型代表——大型综合性农书的编辑自《授时通考》后完全中断，中国的传统农业逐步向现代农业转变，中国古代农书也由高峰走向衰败并向现代农书的转型。

第三章

中国古代农书萌芽与形成阶段的编辑实践

春秋战国时期是我国古代农书编辑的萌芽与形成阶段。我国的农业发展历史有上万年之久，具体农业耕作方法即农业技术与农业相伴而生。然而农业操作原理与其知识体系的形成却较具体农业技术的产生晚很多，作为农业知识体系载体的农书产生得更晚。中国农业的发源地虽是多中心并举，但发展程度却不尽相同。黄河流域作为我国农业发展最早、发展程度最高的地区，其农业是在春秋战国时期才发展起来的，工具由木石并用发展到铁犁牛耕。传统的土壤学、农业气象学以及农业精耕细作技术体系，也是经过长时间的积累在春秋战国时期初步形成。诸子百家著作当中出现的专述农业科技知识的论文，虽还不能称其为农书，但它们已经构成农业知识体系载体的雏形，为后世农书的出现奠定了基础。因此，春秋战国时期可以界定为中国古代农书的萌芽与形成阶段。

第一节　萌芽与形成阶段古代农书编辑的社会条件

一　礼崩乐坏，诸侯争霸，士阶层崛起

春秋战国时期是中国传统社会一次大变革时期，西周以来所形成的各种制度都逐步地被打破并且最终瓦解。王室东迁，诸侯不朝，礼崩乐坏，“礼乐征伐自天子出”[①] 的时代一去不返了；宗族“礼法”也随之松

---

① 郭穆庸：《四书经纬》，九州出版社 2010 年版，第 552 页。

动以至瓦解，出现了诸侯争霸的局面。“学在官府”的原有格局被打破，文化下移现象的出现，使得更多的平民有了受教育的机会，他们和没落贵族一起融入了“士”阶层之中，“士”阶层得到了崛起壮大，在社会生活中有了更多的发言权。

春秋战国时期大国争霸，诸侯混战，一些有雄图大略的国君王侯为了成就自己的“霸业宏图”，打破原有宗法制度下选拔人才的严格限制，使得大批庶人中的佼佼者得到破格重用进入“士”阶层；动乱时世大批贵族子弟失去了往日的荣光，没有了祖荫的庇护，只得依靠自己的心智与口舌安身立命，从而沦落到“士”的行列中去，成为“士”阶层的重要组成部分；原本在礼乐制度下的“士”阶层，随着原有制度的松弛与瓦解，他们的社会地位也得到了改变，既摆脱了宗族礼法的枷锁获得了基本的人身自由，同时也失去了原有的生活保障，只能凭借自己的平生所学去谋生。

正是由于原有的礼乐宗法制度遭到破坏，作为独立知识分子的“士”阶层不断壮大。他们凭借自身所学，以期使自己所依附的君王在残酷的诸侯争霸、兼并战争中获得胜利。要达到此目的必须富国强兵。而在中国几千年的传统社会中农业生产一直是整个社会生产力的支柱产业，农业的发达与否其实就是衡量一个诸侯国是否强大的重要标志，因此“士”阶层中无论其持何种政治理念，都会对农业生产十分重视。他们中的一部分人会主动地收集前代关于农业生产的文献资料并与当时农业生产相结合，主动对农业生产进行系统的总结，而原来只有官府掌管农事的官员才会从事这些工作，“士”阶层的加入明显扩大了农学著作的编辑主体。

二 诸子并起，学派林立，百家争鸣

春秋战国时期，王室衰微，宗法制趋于瓦解，“学在官府”的旧局面被打破，原藏于宫廷的图书典籍散落民间，使之成为平民也可接触到的读物，“天子失官，学在四夷”[①]。“官学”的没落直接导致“私学”的兴

① 白寿彝等：《中国通史第 3 卷 · 上古时代（下册）》，上海人民出版社 2013 年版，第 915 页。

起，“私学”的快速发展打破了贵族对文化教育的垄断，大批平民子弟有了受教育的机会，文化下移现象不可阻挡。正如章太炎所说：“老聃仲尼而上，学皆在官，老聃仲尼而下，学皆在家人。”[①] 崛起的“士”阶层，面对自身所处的社会大变革，都纷纷提出个人的建议和主张，著书立说成为当时文化的时代风向。一时间诸子并起，学派林立，出现了百家争鸣的局面。中国历史进入了第一次文化高峰时期。

春秋战国时期的诸子百家被西汉刘歆归为儒、墨、道、名、法、阴阳、农、纵横、杂、小说十家。[②] 可见“为神农之言”的农家学派已经是当时一个十分著名的学派，农家学派是先秦时期在社会经济生活当中最为关注农业生产的学派。

《汉书·艺文志·诸子略》将农家列为九流之一，并称：“农家者流，盖出于农稷之官。播百谷，劝耕桑，以足衣食，故八政一曰食，二曰货。”[③] 即指农家学派出自古代掌管农业的官员。他们劝导人民耕田种桑，使衣食充足。所以古代最重要的八件政事，第一就是吃饭问题，第二就是货物问题。孔子曰：“‘所重民食’，此其所长也。及鄙者为之，以为无所事圣王，欲使君臣并耕，悖上下之序。”[④] 孔子虽然认为农家学派主张君臣并耕是有违君臣之礼的，但同时也肯定了他们解决人民温饱问题的政治主张。可见“所重民食”是农家学派的主要特点。农家学派在总结农业生产经验的基础上，认为应当奖励农业生产，推行耕战政策。其对农业生产经验的系统总结与其朴素辩证法思想在《管子·地员》《吕氏春秋·士容》等文献中都有详细记载和反映。

三　铁器的普遍使用和牛耕的推广

随着铁器的普遍使用和牛耕的推广，劳动生产率得到大大提高，促进了土地的私有，使“井田制”这种国家土地所有制走到其历史的尽头，并逐渐退出了历史舞台。春秋时期，鲁国的“初税亩”、齐国的“相地而

① 姜聿华、宫齐：《中国文化述论》，广东教育出版社 2014 年版，第 99 页。
② （东汉）班固：《汉书艺文志序》，马晓斌译注，中州古籍出版社 1990 年版，第 1 页。
③ （东汉）班固：《汉书》，团结出版社 1996 年版，第 326 页。
④ 曾雄生：《中国农学史（修订本）》，福建人民出版社 2012 年版，第 100 页。

衰征”就是国家不论公田还是私田一律按照土地的多少与好坏收取赋税，这样一来也就等于变相地默认了土地的私有。土地私有得到了承认，反过来又大大提升了土地私有者的劳动积极性，从而进一步对劳动生产率的提升起到了促进作用。黄河流域精耕细作的农业生产体系初步形成，以铁犁牛耕为标志的新的农业生产工具、生产方式以及农业生产的内容得到极大丰富；同时劳动生产率的提升，为脑力劳动者与体力劳动者完全分离——这种更高层次的劳动分工，提供了足够的物质基础，使这些“不耕而食”的劳心者得到了社会的承认，使他们有足够的精力从事脑力劳动。就如荀子所说：“农以力尽田，贾以察尽财，百工以巧尽械器，士大夫以上至于公侯莫不以仁厚知能尽官职，夫是之谓至平。”① 在此情况下，专门从事脑力劳动的“劳心者”与日益扩大的农业生产内容的结合已经成为历史发展的需要与必然结果，“劳心者”中的一部分人为了更好地提升社会劳动生产效率，主动地去研究总结铁器、牛耕等新出现的农业工具与技术，铁器牛耕更为普遍地运用于农业生产实践当中，从而使农书的研究范围得到扩展。

四　开阡陌、废井田

铁器的普遍使用和牛耕的出现以及农业技术的不断提高，使得劳动生产率大大提升，生产力得到了较快的发展。西周以来分封的国家公有土地“井田”已经不再能满足人们的需要。人们有更多的余力开发“井田”以外的土地——“私田”。“私田”的出现并不断的扩大使人们对要向国家缴纳贡赋的“井田”失去了兴趣，直接影响到了国家的税收。为了改变这一局面，春秋时期，相继出现了土地所有制由国有向私有转变的变革措施，即历史上著名的鲁国“初税亩”和齐国的“相地而衰征”，这就在事实上承认了土地私有。到了战国时期，特别是秦国的商鞅变法“为田开阡陌封疆”②，以法律的形式确立了土地私有，彻底废除了“井田制”。使得人民的劳动积极性得到了大幅度提升，生产力较之前有了很大提高。

---

① 杨金廷、范文华：《荀子史话》，人民出版社 2014 年版，第 211 页。

② （西汉）司马迁：《史记》，时代华文书局 2014 年版，第 148 页。

五　北方精耕细作技术的初现

根据《中国农业百科全书·农业历史卷》[①]对“精耕细作”的定义：“用以概括历史悠久的中国农业，在耕作栽培方面的优良传统，如轮作、复种、间作套种、三宜耕作、耕耨结合，加强管理等。”精耕细作内容丰富，底蕴深厚，内涵博大精深。中国农业生产有上万年的历史，发展到春秋战国时代人们为了提高产量，除了在工具上加以改进外，同时对过往的农业的直观经验加以系统的总结，北方精耕细作技术得到了初步发展。特别是“垄作法”的出现，使土地肥力得到了很好的保持，为西汉赵过推广“代田法”奠定了基础。更为重要的是，耕作方式的不断创新与发展，保证了土壤的肥力，人们生活方式也由刀耕火种的四处迁徙、寻找沃土转变为以保证固定土地的土壤肥力为主要任务的定居农业生产、生活方式，精耕细作技术体系的形成为我国小农社会的成形奠定了基础。

六　各种水利工程的兴建

战国时期已由春秋时期的争霸战争变为诸侯之间的兼并战争，土地私有制度逐步确立，中央集权在战国七雄中（尤其是秦国）都得到了加强，使得这些诸侯国有能力修建大规模的水利工程。如楚国的期思陂（古芍陂）、魏国漳水十二渠、秦国的都江堰与郑国渠等相继建成，特别是秦国蜀郡守李冰父子修建的都江堰使得成都平原成为水旱从人、沃野千里的“天府之国”；郑国渠的修建本是韩国“疲秦”之策，然而渠成之日使得“关中为沃野，无凶年，秦以富强，卒并诸侯”[②]。这些水利灌溉工程的兴建，客观上扩展了耕地面积，而且粮食单位面积产量得到了大幅度提升。

第二节　萌芽与形成阶段古代农书编辑实践的特点

中国古代农书的初创时期，先秦农家学派写出了中国历史上第一批

---

① 《中国农业百科全书·农业历史卷》，中国农业出版社1995年版。

② 惠富平：《中国传统农业生态文化》，中国农业科学技术出版社2014年版，第198页。

农学著作。据《汉书·艺文志》记载，《神农》和《野老》为“六国时”书籍，由于年代久远，此二书已佚。当今存世的先秦时期农业文献，多散见于先秦诸子的个别篇章中，如《周礼·大司徒》《尚书·禹贡》《大戴礼记·夏小正》《小戴礼记·月令》《管子·地员》，最具代表性的农业文献是《吕氏春秋·士容》中《上农》等四篇。

一 异源同流的农家学派

根据《汉书·艺文志》中的论述“农家者流，盖出自农稷之官。播百谷，劝农桑，以足衣食。故有八政：一曰食，二曰货。孔子曰：‘所重民食’，此其所长也。及鄙者为之，以为无所事圣王，欲使君臣并耕，悖上下之序”[①]，可知先秦时期的农家学派分为两支，分别为掌管农事的后稷之官的“官方农学”和强调“君臣并耕”的“鄙者农学”。

掌管官方农学的农稷之官起源甚早，根据传说，五帝时代的尧已任命羲和“历象日月星辰，敬授人时”；舜继尧位后，也曾任命周人的始祖弃为后稷，掌管农业，“帝曰：弃，黎民阻饥，汝后稷，播时百谷”[②]。后稷作为掌管农业的专职官吏，一直延续至西周。春秋以前实行世卿世禄制，农稷之官世世代代都掌管国家的农业生产，积累了不少有关农业的资料文件；这些资料文件在春秋战国王室衰微、灭国继踵、王官失守的大背景下，流落民间，成为后来农学著作编辑的主要参考资料来源。《后稷》农书就是其代表作，虽今已佚，但据农学家考证，《吕氏春秋·士容》中《上农》等四篇多取材于它。农稷之官的后人也随之流入民间，成为士阶层的一员，由于他们世代掌管农业生产，有一定的农业知识积累，他们中的一些人融入“为神农之言”的鄙者农学这一农家学派的分支中去。

农家学派的另一支就是强调“君臣并耕”的“鄙者农学”。他们与上面所述之“官方农学”分属农家的两个流派。他们主张：“贤者与民并耕而食，饔飧而治。”[③] 这一流派的代表是被孟子称为“为神农之言者”的

① （东汉）班固：《汉书》，团结出版社 1996 年版，第 326 页。
② （春秋）孔子等：《四书五经全解》，明德译注，中国华侨出版社 2013 年版，第 146 页。
③ （战国）孟子：《孟子》，东篱子译注，时代华文书局 2014 年版，第 86 页。

许行。他们在亲自参加农业生产劳动的过程中，对农业科学技术有所总结，在继承流落民间“官方农学”的文献资料的基础上，结合当时的农业生产实践，对“官方农学”的文献又有了发展创新。《汉书·艺文志》中所载六国时农书，《神农》20篇、《野老》17篇，据史料记载就是他们所著。

无论带有官方农学性质的农家一派还是带有“鄙者农学”色彩的农家一派，他们的学说均包括两方面的内容：对当时社会的政治主张和系统的农业科学技术原理。农家学派的著作是我国最早的古代农书。这些农书或农学文献的出现，使传统的农业科学技术第一次有了系统性的文字总结，从而成为中国传统农学形成的重要标志之一。

二　资料收集源于上古农书

《上农》等四篇的内容资料收集与选材依据源于上古农书，由《四库全书总目·钦定授时通考提要》的记述“《管子》《吕氏春秋》所陈种植之法，并文句典奥，与其他篇不类。盖古者必有专书，故诸子得引之。今已佚不可见矣”①，可知古人已有见及此。

当今学术界对《上农》等四篇是如何收集与选材的，存在两种不同的看法：一种认为“大致取材于《后稷》农书”；另一种认为是“出自吕氏门客中的农家，或为神农之言者的一个小组，集体创作成果”。但有一点可以肯定：一是《后稷》农书曾经存在过，只不过今已佚不可见；二是《上农》等四篇至少有一部分、甚至大部分取材于它。但并非完全照抄，而是经过了添补。

《汉书·艺文志》中所载的《神农》与《野老》今虽已佚，但极有可能是战国时期“鄙者农学”一派根据其农业生产经验所著，然其必定是在参考上古官方农学文献资料的基础上进行的再创作。

三　“农战强国、资政重本”的重农编辑宗旨

农业是关乎国家命脉的物质基础，因此，春秋战国时期各个学派无论在政治思想方面有多大的分歧，但在重视农业方面都是少有的高度一

① （清）纪昀：《四库全书总目提要》，河北人民出版社2000年版，第2587页。

致，都把农业视为富国强兵之本，天下安危之所系。在“一夫不耕，或受之饥；一女不织，或受之寒”① 的战国时代，秦国统治者为了达到富国强兵，从而在诸侯兼并战争中占据主动，实行了重农抑商、奖励耕织的政策。在这一国家大政方针的刺激下，人们为了从“奖励耕织”政策中获益更多，想方设法提高粮食产量，这就促使他们不遗余力地在农业生产实践中总结农业生产技术，并使之专业化、系统化，客观上使农业成为了一门独立的学科。作为农业科学载体的农书也就应运而生了。

秦国正是依靠商鞅变法，实行奖励耕织的政策，从而成为虎视宇内的头号强国，其重农意识更是远超其他关东六国。战国末年秦相吕不韦组织门客编纂的《吕氏春秋》中有很多强调重农思想的篇章。古代农学著作数量众多、内容丰富，就农书编辑主体来看，大体分为两类，他们或在朝为官，或于野为民，但无论他们在朝还是于野，其著作均是从资政重本的目的出发。二者相较，官修农书的资政重本动机更为明显。近代农史领域的泰斗石声汉先生曾经总结说：“以农业生产和农业劳动者，作为国防上人力物力的来源，在我们中国是‘古已有之’的‘农本思想’——先秦诸子的著述中，已可以看出它的存在；现存的大小各种农书，从6世纪的《齐民要术》起，直到14世纪的王祯《农书》，都一直有这种中心思想贯穿着。”石声汉先生通过多年潜心研究归纳出了自6世纪至14世纪的农学家撰写农书的目的均是为了“资政重本”。然而，笔者通过对6世纪前的农学著作的爬梳发现，6世纪前的农学家们编辑农书的宗旨同样也是以农本思想为核心的。农业是衣食之本，是保障人民生存的最基本手段，古代农学家以农业为研究对象，故持“食为政首”的主张。农学家们或引前人学说，或自己立论，反复论证农业与衣食的关系以及重要性。

《吕氏春秋》中的“上农”就是“尚农”“重农”之意，该篇开宗明义地指出，“古先圣王之所以导其民者，先务于农”②，以古圣贤王使百姓致力于农业为例，讲述农业可使百姓安土重迁，只有这样才能达到奖励

---

① 白寿彝等：《中国通史第3卷·上古时代（下册）》，上海人民出版社2013年版，第540页。

② 夏纬瑛：《〈吕氏春秋〉上农等四篇校释》，中华书局1956年版，第1页。

耕织的目的，平时安心务农，战时也可保家卫国。其内容从思想到语言都酷似法家奖励耕织的农业政策，即其重农思想首先是从利于巩固中央集权专制统治的政治目的来考虑的：

> 古先圣王之所以导其民者，先务于农。民农非徒为地利也，贵其志也。民农则朴，朴则易用，易用则边境安，主位尊。民农则重，重则少私义，少私义则公法立，力专一。民农则其产复，其产复则重徙，重徙则死其处而无二虑。民舍本而事末则不令，不令则不可以守，不可以战。①

后通过讲述上自天子下自士大夫都要亲自从事农业，为百姓做出表率，彰显出统治者致力于耕织，把其作为教化根本的重农思想：

> 后稷曰："所以务耕织者，以为本教也。"是故天子亲率诸侯耕帝籍田，大夫士皆有功业。是故当时之务，农不见于国，以教民尊地产也。

同时其重农思想还表现为告诫统治者及百姓不能耽误农时、按时劳作：

> 故当时之务，不兴土功，不作师徒，庶人不冠弁、娶妻、嫁女、享祀，不酒醴聚众；农不上闻，不敢私藉於庸：为害於时也。然后制野禁。苟非同姓，农不出御，女不外嫁，以安农也。②

后世农学家对农为衣食之本、财富之源多有阐述。从生存意义来看，在满足人民最基本的生存需要方面，没有其他行业能够像农业一样发挥极为重要的作用。因此，古代曾产生过众多关于农业与衣食之本的论述。《管子·轻重甲》载"一夫不耕，民或为之饥；一女不织，民或为之

---

① （战国）吕不韦：《吕氏春秋》（下），陆玖译注，中华书局2011年版，第960—961页。
② （战国）吕不韦：《吕氏春秋》（下），陆玖译注，中华书局2011年版，第963页。

寒”[①]，揭示了重农最表层的也是最深层的原因——提供百姓赖以生存的衣食，满足百姓生存的第一需要。

四 “时至而作，竭时而止”的“三才”编辑指导思想

所谓“三才”，即指天、地、人，三者被中国古人认为是组成宇宙万物的三大基本要素。李根蟠教授曾在其论文中指出：天时、地利、人和，严格意义上说，三者均为农业语言，中国古代农学中所蕴含的“三才”理论历史悠久，是中国古代劳动者在农业生产中所积累的农业实践经验的结晶。[②] 王利华教授也在其论著中提出了：“三才”理论是在中国古代农业生产实践的基础上产生的。[③]

春秋战国时期，农书编辑的指导思想就是以中国传统哲学思想中的“上揆之天，下验之地，中审之人”[④] 的“三才”思想为根本依据。“天、地、人”的“三才”思想，如一根红线把《任地》《辩土》《审时》三篇农学论文贯穿起来，形成一个完整的农业科学体系，其思想核心与总纲就是论述“天、地、人”三者关系。首次对“三才”思想进行经典概述的文章是《吕氏春秋·审时》篇：“夫稼，为之者人也，生之者地也，养之者天也。”[⑤] 在《审时》篇中通过对禾、黍、稻、麻、菽、麦等农作物与农时关系的论述，说明了“得时之稼兴，失时之稼约”的“三才”思想。在《上农》等四篇农学论文中，提出了“人天关系”和“人地关系”在农业生产中所起的重要作用：“天下时，地生财，不与民谋。”[⑥] 由于中国自古有“畏天”的传统，因此“三才”思想中的人与天的关系，就体现出人在天（自然）的面前，天生处于被动地位，认为天是不可逆的。反映到农业生产领域，就处处强调天对农事活动具有强大的支配力与制约作用，这就是提出“时至而作，竭时而止”的具体原因。[⑦]《吕氏

---

① 赵守正：《管子译注（下册）》，广西人民出版社 1982 年版，第 345 页。

② 李根蟠：《农业实践与“三才”理论的形成》，《农业考古》1997 年第 1 期。

③ 王利华：《“三才”理论：中国古代社会建设的思想纲领》，《天津社会科学》2008 年第 6 期。

④ （战国）吕不韦：《吕氏春秋（插图本）》，凤凰出版社 2013 年版，第 182 页。

⑤ （战国）吕不韦：《吕氏春秋》（下），陆玖译注，中华书局 2011 年版，第 963 页。

⑥ 夏纬瑛：《〈吕氏春秋〉上农等四篇校释》，中华书局 1956 年版，第 57 页。

⑦ 夏纬瑛：《〈吕氏春秋〉上农等四篇校释》，农业出版社 1956 年版，第 55 页。

春秋·士容》中《上农》等四篇处处体现了恪守农时这一主题，指出“不知事者，时未至而逆之，时既往而慕之，当时而薄之，使其民而郑（却）之。民既郑（却），乃以良时慕，此从事之下也”[①]。如此强调时令在农业生产中的重要性，充分反映出当时的人们出于对天的敬畏，以至于有一种对“天”（自然）与生俱来的依赖感。

与对天的过分依赖不同，《吕氏春秋·士容》中《上农》等四篇中所体现的“三才”思想中人与地的关系上则具有非常强的主观能动性。具体到如何提高生产力的层面，《任地》篇中就有引用后稷的话“子能以窒为突乎？子能藏其恶而揖之以阴乎？子能使吾土靖而甽浴土乎？子能使吾土保湿安地而处乎？”[②] 借后稷之口，阐明了只有发挥人的能动作用改造土壤肥力，才能提高农业生产力。以后稷的言论为例证，从而提出了“耕之大方”的基本原则。改善和提高土壤肥力就可视为改变了人地关系，从而实现土地产出量的最大化。“三才”思想符合中国传统农业的根本性质和人的主观能动性在农业生产领域的发挥，因此，它是中国传统农业的核心指导思想之一，也是中国古代农书编辑的指导思想之一。

综上所述，自《吕氏春秋·士容》中《上农》等四篇始，农学中的“三才”思想便已基本确立，并以此指导后世农书体系与内容的编辑，对后世农书的编辑产生了较大影响，同时后世农学家在农书编辑过程中，又不断对“三才”思想的内涵予以丰富与发展。

第三节　萌芽与形成阶段代表性农学文献的编辑

前秦时期是中国古代农书的初创时期，产生了中国历史上第一批农学著作[③]，可惜今均已无考，然而中国自古以农立国，在先秦诸子的著作中均有对农业方面的文献记载，它们虽不能说是农业专著，但还是可以从中看出当时农业发展的脉络。同时这些记载农业技术的典籍对后世农

---

① 夏纬瑛：《〈吕氏春秋〉上农等四篇校释》，中华书局1956年版，第60页。
② 夏纬瑛：《〈吕氏春秋〉上农等四篇校释》，中华书局1956年版，第29—32页。
③ 即指《汉书·艺文志》中所载的《神农》《野老》等六国时成书的农学著作。

书的编辑提供了资料的来源与编辑的方法。从这些重要的农学文献中不难看出，无论是农时体系还是土壤学体系都已有了初步的探索，特别是《吕氏春秋·士容》中《上农》等四篇无论从篇章结构还是编辑内容都已形成了较为完备的体系，是中国古代农书初创时期的杰出代表。

一 农时学理论的载体——月令体文献

（一）月令体文献出现的理论基础——农时理论和农时系统的建立

黄河流域是中华文明的起源地之一，同时也是中国传统农学的第一个摇篮。它地处北温带，四季分明，农作物多为一年生植物，其生长周期与该地区气候的年周期规律大体一致。因此，中国古代农学的农时意识尤为强烈，这与我国所处的自然条件的特殊性有着十分密切的关系。在人们尚无法改变自然界大气候的条件下，农事活动的程序必将取决于气候变化的时序性。春耕、夏耘、秋收、冬藏早就成为中国传统农业生产的常识。对“时”或“天时”的认识与掌握，成为中国传统农学中无可替代的重要组成部分，甚至往往被置于最重要的地位。这种对“天时”的必要认识与掌握被农学家称为“农时学”。

（二）月令体文献的性质与内容编排

前秦时期的月令体文献都属于官方月令，是政府按月安排其政务的指导性手册。但农业是关系国计民生的大事，实际上这些文献也是以农业为中心主要用于指导农业生产的。因此，从某种意义上讲它们均属于月令体裁的农书。以《夏小正》《礼记·月令》《吕氏春秋·十二纪》为主要代表，其中《夏小正》为中国古代最早的历书。

《夏小正》是我国现存最早的文献之一，应为战国早期儒生所作，也是现存最早采用夏时的历书。“夏”即夏商周的“夏”，也指夏族。“小”者，大之反。“正”是有正义、有行动的意思，引申是有政治之意。因此其意思即是指“夏的小正”，就是指夏朝的小事。但农学家夏纬瑛却认为“《夏小正》中所罗列的事情多是有关生产的大事，是大正，不该是小正”[①]。《夏小正》是由“经”和“传”两部分组成的，它在内容编排上是按月划分的，分别记载了每一个月的气象、物候、星象，特别是有关

---

① 夏纬瑛：《夏小正经文校释》，农业出版社 1981 年版，第 2 页。

农业生产的大事："正月启蛰；雁北乡；雉震呴；鱼陟负冰；农纬厥耒；囿有见韭；……二月往耰黍禅；初俊羔；绥多女士；丁亥万用入学；祭鲔；荣堇；采蘩；……三月参则伏；摄桑；委杨；……十有二月鸣弋；元驹贲；纳卵蒜；虞人入梁；陨麋角。"① 通过以上内容，我们不难看出《夏小正》是以时记事，及时行事，就是按照一定的时间，进行农业生产的政事，主要包括渔、猎、农、牧以及相关的其他农业生产事务。

《礼记·月令》是载于《小戴礼记》中的，它和《吕氏春秋·十二纪》的内容几乎是完全相同的，以阴阳五行学说为依据，阐明四季十二月（划分为孟春、仲春、季春、孟夏、仲夏、季夏、孟秋、仲秋、季秋、孟冬、仲冬、季冬）的星象、物候、节气及和农业相关的政事，在每月中说明统治者的行动和国家政事应该如何施行，这十二个月实际是一年的施政纲领，是阴阳明堂思想较早、较有系统的记载：

> 孟春之月，日在营室，昏参中，旦尾中。其日甲乙，其帝大皞，其神句芒，其虫鳞，其音角，律中大蔟。其数八，其味酸，其臭膻，其祀户，祭先脾……②
>
> 仲春之月，日在奎，昏弧中，旦建星中。其日甲乙，其帝大皞，其神句芒，其虫鳞，其音角，律中夹钟。其数八，其味酸，其臭膻，其祀户，祭先脾……③
>
> 季春之月，日在胃，昏七星中，旦牵牛中。其日甲乙，其帝大皞，其神句芒，其虫鳞，其音角，中姑洗。其数八，其味酸，其臭膻，其祀户，祭先脾……④

它们在内容编排上与《夏小正》一脉相承，但却有明显进步，无论是对物候、星象还是农业生产的记载都更为详尽和系统，并且包括了二十四节气的大部分内容，为以后的二十四节气和七十二物候的划分奠定

---

① 夏纬瑛：《夏小正经文校释》，农业出版社 1981 年版，第 70—72 页。

② （战国）吕不韦：《吕氏春秋（下）》，陆玖译注，中华书局 2011 年版，第 1 页。

③ （战国）吕不韦：《吕氏春秋（下）》，陆玖译注，中华书局 2011 年版，第 32 页。

④ （战国）吕不韦：《吕氏春秋（下）》，陆玖译注，中华书局 2011 年版，第 64 页。

了基础。

二 最早的月令体文献——《夏小正》

《夏小正》是我国现存最早的一部记录农事的历书，主要分别记载了每一个月的气象、物候、星象、政事，尤其是生产方面的大事，农事活动中的农耕、渔猎、蚕桑、养马等，它由《经》和《传》两部分组成，全篇有 400 余字，收录于西汉戴德汇编的《大戴礼记》等 47 篇。《隋书·经籍志》在《大戴礼记》十三卷外，又别出《夏小正》一卷，始有《夏小正》的专本。《夏小正》文句简奥不亚于甲骨文，其语言形式和语法现象较传世的商周文献更原始，古人曾评价“文句简奥，实三代之书”。正文以二字、三字或四字为一完整句子。因流传时间久远，现存版本可能存在残缺和错误，学术界对其年代的争议也久经不绝，但不可否认的是，《夏小正》是研究先秦社会发展状况、农业发展水平及天文历法、物候等的重要资料性文献，也是研究古代天文历法、物候学和训诂学的珍贵史料。本书拟从编辑学视角，对《夏小正》的编辑宗旨、编辑指导思想、编辑方法、类分体系以及传播与影响进行研究，以期对“三农”问题备受重视的今天有些许的指导意义。

（一）“以农为本、资政重本、劝课农桑”的重农编辑宗旨

我国是一个农业文明古国，农业是关乎国家命脉的物质基础，是衣食之本，在原始农业的发展时期，农业的发展关乎天下存亡、社会兴衰、朝代更替，农业理所当然成为百业之首。在传说中的“三皇”时代有一国家同义语——“社稷”与农业生产有关：社，指土地之神，同时也把祭土地的地方、日子和礼都称为社；稷，指五谷之神中特指原隰之祇，即能生长五谷的土地神祇，这是农业之神，由此中华先民对农业的重视便可见一斑了。历朝历代的统治者对农业无不重视。“农，天下之本也。黄金珠玉饥不可食，寒不可衣。”汉景帝的这句话充分反映了统治者对农业的重视程度。

夏王朝的建立者禹，“恶衣服而致美于黻冕，卑宫室而尽力乎沟恤”①。韩非子在其名篇《五蠹》中曾言：“禹之王天下也，身执耒锸以

① 郭会坡：《论语前十篇述真》，上海社会科学院出版社 2020 年版，第 221 页。

为民先，股无胈，胫不生毛，虽臣虏之劳不过于此也。”[①] 说明禹之能够得天下，正是他带领民众平治水土、发展农业生产的结果。也说明了古先圣王之所以导其民，先务于农是一种极为普遍的现象，君王之尊完全维系于务农之诚。[②]

农业是衣食之本，是保障人民生存的最基本手段，古代农学家以农业为研究对象，故持“食为政首”的主张。[③]《夏小正》为官修农书，资政重本、劝课农桑的意义尤为强烈。“农委厥耒。纬，束也。束其耒云尔者，用是见君之亦有耒也。”上至天子亦有耒，天子躬耕籍田，以示重农，从而揭开了一年生产活动的序幕，为百姓作出表率，把其教化为根本的重农思想。“初服于公田。古有公田焉者。古者先服公田，而后服其田也。”古代是有公田的，古时的制度是先在公田里工作，而后，才能在自己的田里工作。百姓在公田工作，进行有大量劳动力参与的集体工作，形成一个大型的劳动共同体，在高度组织化的情况下进行艰苦的耕耘。而组织起这样的农业共同体的人就是贵族首领。在当时百姓对农业认识并不高的情况下，贵族需要观测农时、相地辨种、排班制表、组织耕耘、指导技术……一言以蔽之，便是劝课农桑。

（二）天地人物和谐统一的编辑指导思想

《夏小正》是我国农业科学技术史最古老的文献，在这部古老的文献中，蕴含着中国古代早期的整体思维方法的雏形，它字里行间展示着中华民族杰出的生存智慧和特有的思维方式，时至今日，《夏小正》依然值得我们去思索学习。

《夏小正》把一年划分为12个月，以月令的方式把一至十二月的物候、天象、气候、农事活动作为一个整体来考察，没有将人的活动和自然界的活动割裂开来，而是将二者视为一个有机协调的统一体。这样就形成了天地人物和谐与统一的思想。为了更加清晰地表述《夏小正》中天地人物和谐与统一的农业生产系统思想特制表3.1《夏小正》农时[④]：

---

① 冯友兰著，薛晓源绘：《中国哲学史（上）手绘插图版》，中国画报出版社2020年版，第346页。

② 范卫平：《我国古代“重农抑商”传统的文化成因》，《湖南商学院学报》2009年第4期。

③ 莫鹏燕：《中国古代农书编辑实践研究》，博士学位论文，武汉大学，2016年。

④ 郭文韬：《试论〈夏小正〉及其天地人物的和谐与统一》，《古代文明辑刊》2002年第1期。

表3.1 《夏小正》农时

月份	天象	气象	物候	农事
正月	鞠则见；初昏参中；斗柄悬在下	时有俊风；寒日涤冻涂	启蛰；雁北乡；雉震响；鱼陟负冰；囿有见韭；田鼠出；獭献鱼；鹰则为柳稊；梅、杏、杝桃则华；缇缟鸡桴粥	农纬厥耒；农率均田；采芸
二月			祭鲔；昆小虫抵蚳；玄鸟降；燕乃睇；有鸣仓庚；荣芸；时有见稊	往耰黍，禅；采蘩；剥鳝
三月	参则伏	越有小旱	螜则鸣；田鼠化为鴽；拂桐芭；鸣鸠	摄桑；委杨；采识；妾子始蚕；祈麦实
四月	昴则见；初昏南门正	越有大旱	鸣札；囿有见杏；鸣蜮；王萯秀；秀幽	取荼；执陟攻驹；
五月	参则见；时有养日；初昏大火中		浮游有殷；鴂则鸣；良蜩鸣；鸠为鹰；唐蜩鸣	启灌蓝蓼；煮梅；蓄兰；颁马；叔麻；种黍
六月	初昏斗柄正在上		鹰始挚	煮桃
七月	初昏织女正东乡；斗柄悬在下则旦	时有霖雨	秀藿苇；狸子肇肆；湟潦生苹；爽死荓秀；寒蝉鸣	灌荼
八月	辰则伏；参中则旦		粟零；群鸟翔；鹿从；鴽为鼠	剥瓜；玄校；剥枣
九月	内火；辰系于日		遰鸿雁；陟玄鸟；熊、罴、貊、貉、鼪、鼬则穴；荣鞠	树麦；王始裘
十月	初昏南门见；时有养夜；织女正北乡则旦		豺祭兽；黑鸟浴；玄雉入于淮，为蜃	
十一月			陨麋角	王狩
十二月			鸣弋；玄驹贲	虞人入梁

从表 3.1 可以看出，中华民族早在 4000 年前，在处理天地人物的关系时，就已经懂得按照自然界运动的客观规律来调节自己的各种活动，自觉地顺从天时、以时系事，将自己的活动纳入整个自然界的活动中去，这在中国古有的“畏天”传统的背景下，是非常难能可贵的。

（三）源于实践、爰及歌谣、编辑语言古朴工整

《夏小正》按月来划分，分别记载了每个月的气象、物候、星象以及农业生产方面的大事，包罗万象，这无不是作者通过切身观察和实践得到的经验，于是编辑成书，以示后人，指导农业生产。

《夏小正》全文押韵，其中的一些谚语性质的句子，又见于《诗》《易》，可以看出是在俚谚歌谣的基础上形成的仪式韵语。

作为夏代以来颁布月令农时的仪式诵词，其编辑语言形式仍保留有原始性的痕迹：

第一，其句式方面，多以二言、三言、四言为主，显得比较古朴。尤其是多达 25 句的主谓倒句，在商、周文献中十分罕见，经一些学者的对比研究，认为这种句式来自夏代，证明《夏小正》的语言十分古老。如正月的“缇缟”，“缟”为草名，即莎随、青莎草。“缇”为动词，意谓“发芽”。此句谓语动词在前，意谓“发芽莎草”。王聘珍问曰：“先言缇而后言缟者何？缇见者也。”是说先见其发芽而后识其为青莎。这是符合早期人们认识事物先从其具体特征入手的思维方式的。再如三月的“拂桐芭”，《月令》作“桐始华”。“拂”即“华”，就是开花。此句亦为主谓倒句。类似例子甚多，不繁举。这类句式零星见于《商书》《易》《诗》等文献，绝不见于较晚之。①

第二，用韵方面，分段来看，或韵或否，用韵处亦不规则，比较随意。但整体来看是韵语，全文大体上以幽部字遥韵。韵字如“韭”“鸠”“粥（入）”“学”“收”“鸠”“秀”“鸟”“兽”“狩”等。②

第三，词汇古老。其中一些涉及时令、气候、天象、物候的词，属

---

① 韩高年：《上古授时仪式与仪式韵文——论〈夏小正〉的性质、时代及演变》，《文献》2004 年第 4 期。

② 韩高年：《上古授时仪式与仪式韵文——论〈夏小正〉的性质、时代及演变》，《文献》2004 年第 4 期。

于上古所特有。如九月之“啬人”，据李学勤先生考证，即是“啬夫”，又见于《夏书》：“辰不集于房，瞽奏鼓，啬夫驰，庶人走”（《左传》昭公二十七年引，又见《尚书·胤征》），知其来源甚早。

（四）月令为纲、以时系事的类分体系

以月令体裁写作农书是中国传统农学的点睛之笔，它以时系事的体例，把纷繁复杂的农事活动加以排比，使之井然成序，可读性较高极为简便易行，因此优势所以月令体裁源远流长，在各个历史时期从未间断，历代文人争相用这种体例编辑农书。农业、畜牧业等生产活动需要历书，政务活动需要历书，祭祀活动也需要历书。《夏小正》正是根据这些需要安排生产、政事和祭祀的。生产以农桑为主，正月开始耕作，初治公田，次及私田。二月复种黍。三月采桑养蚕。五月，雌雄马驹分群放牧。八月收瓜、打枣，并把梅、桃果实制成干果。九月种麦。畜牧业有养马、养羊、养鹿等，渔业安排在十二月。祭祀以祈求农业丰收为主。由于此书内容有所散佚，政事仅见三条，难以窥其全豹。①

中国年鉴的雏形：年鉴是由历书发展而来的，《夏小正》是我国现存最早的月历之一，只是把一年分成十二个月，没有春、夏、秋、冬四季的概念，二分、二至及其他二十四节气的名称更不见于经文中。按月安排全年的生产、政务、祭祀等活动，具有指导生产、政务、宗教活动的功能，蕴含了原始年鉴的主要特征。即说明了早在两三千年前，中国早已出现了年鉴的雏形。

（五）传播与影响

我国是文明古国，历史悠久，传留下来的古文献浩如烟海，但这些文献绝大多数都是秦以后的。先秦以前传下来的古文献屈指可数，若要研究春秋战国前奴隶时代的农业史就只有《夏小正》最为可靠。

虽然当时生产力落后，但中国古代劳动人民凝结在农业生产技术之中的智慧熠熠生辉。《夏小正》中记载了田鼠出没的时间，反映出人们对鼠害的重视，危害农作物的啮齿类动物至今仍广泛分布在华北平原的田野上，它们在耕地上穴居，盗食谷物。消灭田间杂草的办法亦有记载：

---

① 管敏义：《从〈夏小正〉到〈吕氏春秋·十二纪〉——中国年鉴的雏形》，《宁波大学学报》2002 年第 2 期。

七月“时有霖雨”下紧接着说“灌荼”，这就是《周礼·稻人》中说的“夏以水殄草”。早期人们选择作为农田大概是在比较低温的地方：低湿地方，土壤肥沃，但是杂草，特别是荼（苦菜）滋长繁盛，很难除掉，人们在实践中找到了一个办法，就是在夏天炎热而又雨水多的时候，以水“灌荼”。夏季植物生长最旺盛，消耗养分最多，把它们在地面上的绿色部分刈割掉，停止其光合作用，再灌水加以浸泡。田中杂草经浸泡后全都死去，腐烂后并可作肥料。这种除草办法，近代有的地区农民还在使用。①

《夏小正》行事历三月项下载有“摄桑委扬，妾子始蚕，执养宫事”，且又在五月项下载有“启灌蓼蓝”四字，这古奥简短的16字，对关心蚕业历史的养蚕人而言，如获至宝，纠正了我们对我国早期蚕业史的时代性认识，它高度概括了当时的生产现状，这是一则含金量极高的史据，字数虽不多，可是它却反映了早期中国蚕文化伴随农耕文化共同前进中留下的一大印痕。可以说，它是记述了我国从远古原始农业过渡到传统农业进入农耕文明具有里程碑意义的史迹。

在《夏小正》的基础上，《逸周书·时训解》《吕览·十二纪》《礼记·月令》等历法不断产生且日趋完备，使我国成为世界上最早具备天文历法学的国家之一。由《夏小正》而来，逐渐完善的我国传统的农历，直到今天，仍然在人们生活和农业生产上发挥着重要作用。②

《夏小正》内容之丰富，亦为月令体裁农书的先驱之作，正如清代毕沅说的“小正之于天象、时制、人事、众物之情无不其纪，洵为一代之巨宪”。《夏小正》为开山之作，不仅为后世农书的出现奠定了基础，而且其蕴含的农业思想以及农业技术泽被后世、经久不衰。

冯友兰先生曾说：“中华民族的古老文化虽然已经过去了，但它也是将来中国新文化的一个来源，这不仅是过去的终点，也是将来的起点……我认为中国古典哲学的有些部分，对于人类精神境界的提高，对于人生中普遍问题的解决，是有所贡献的，这就有永久的价值。”《夏小正》编辑时期虽距今遥远，但其在农业方面的价值经久不衰、历久弥新，同时

---

① 夏纬瑛、范楚玉：《〈夏小正〉及其在农业史上的意义》，《中国史研究》1979年第3期。

② 李军靖：《〈夏小正〉探索》，《郑州大学学报》（哲学社会科学版）1986年第5期。

也诠释了中华民族向来都是智慧、勤劳的代名词。“农为邦本，食为民天”，人民与国家、人民与农业生产休戚与共。笔者通过对《夏小正》的拜读，更加深刻地感悟到中华民族优秀的农业传统文化。同时也深刻地领悟到：在当今探索具有中国特色可持续发展道路中，农业的可持续发展是国家走向繁荣富强的物质基础和保障。在现代化发展中，农业健康、稳定、有序的发展才是国家现代化发展的根本所在。

三 最早的官方月令体农书——《吕氏春秋·十二纪》

《吕氏春秋·十二纪》成书于秦始皇统一前夕，为官方月令的代表之作，作为中国年鉴的雏形按月安排全年的生产、政务、祭祀等活动。文章以道家思想为主，推天道以明人事，同时兼采他家长处。该书采取了多种编辑手法，以“上揆之天”建构，四时之序排列，主题分类，众论合一，使得文章论述有理有据，结构分明，对后世书籍的编纂影响深远。

吕不韦，姜姓，吕氏，名不韦，卫国濮阳（今河南省安阳市滑县）人。战国末年卫国商人、政治家、思想家，后为秦国丞相。主持编纂《吕氏春秋》（又名《吕览》），包含八览、六论、十二纪，汇合了先秦诸子各派学说，“兼儒墨，合名法”，史称“杂家”[①]。

（一）修身与治国并重的编辑宗旨

《吕氏春秋·十二纪》为官方月令代表之作，是政府按月安排其政务的指导性手册，适用范围较广。《吕氏春秋·十二纪》分为《春纪》《夏纪》《秋纪》《冬纪》。每纪都是15篇，共60篇。《春纪》主要讨论养生之道，《夏纪》论述教学道理及音乐理论，《秋纪》主要讨论军事问题，《冬纪》主要讨论人的品质问题。

在修身与治国的两大课题上，《吕氏春秋·十二纪》开卷便列示《本生》《重己》《贵生》《情欲》《先己》诸篇，言治身之道，强调“凡事之本，必先治身”[②]，要先正自身才能顺应世间，才能有所成就，力求达到修身与治国二者间的平衡。

---

① 李伟宏、张昱、周琪等：《奇人吕不韦》，《河南日报》2020年4月16日第16版。

② 陈鼓应：《从〈吕氏春秋〉看秦道家思想特点》，《中国哲学史》2001年第1期。

（二）兼收并蓄的编辑指导思想

首先，倡导道家“推天道以明人事，法天地以成人事”的思想：十二纪者，记十二月令也，效法“春生，夏长，秋收，冬藏”之自然规律来排列文章，充分体现出了道家一贯倡导的“推天道以明人事，法天地以成人事”的思想，即通过对天地、阴阳、四时运行变化规律的把握和效仿来设计和安排人类社会的制度和人事运行的法则，最终达到“行数，循理，平私”和“纪治乱存亡，知寿夭吉凶”的效果。①

其次，吸收并发展了老子的思想：在中国，老子的道，具有自然法的意义，自然法学说认为，人类社会的现存法律为人定的（包括制定法和习惯法），而超越于人定法之上的是自然法。所谓自然法，指存在于自然中的理性，具有普遍性和永恒性，表现了自然的和谐与完美。但是，老子仅仅强调了“道法自然”，并未细说。《吕氏春秋》则发展了老子的思想，通过十二纪，把人的行为与自然秩序一体化，在自然秩序中验证社会管理的正当性。②

最后，吸纳阴阳家“重四时大顺、天道大经”思想：《吕氏春秋·十二纪》对阴阳家思想多有吸纳。余嘉锡、陈奇猷认为：《吕氏春秋》中的《十二纪》，不仅“夏令多言乐，秋令多言兵”，似乎有阴阳家之义，即使是春、冬二纪，亦有“春令言生，冬令方死耳”之义。“今观《吕氏春秋》书，其《十二纪》，每纪间以他文四篇，大抵春令言生，夏令言长，秋令言杀，冬令言死，盖配合春生夏长秋收冬藏之义，正是司马谈所指阴阳家重四时大顺、天道大经之旨。其他各篇流露阴阳之说者，比比皆是。”当然，《吕氏春秋》也并不认同阴阳家一切听命于“天道”或“牵于禁忌，拘于小数，舍人事而任鬼神”，而是明确强调人的主观能动性，强调人的“修德行”“知义理”的重要性。③

（三）类分体系

第一，以“上揆之天”建构，论题集中，论证多样。“十二纪”按

① 许亮：《〈吕氏春秋〉中“和”的思想探析》，《国学期刊》2020年第1期。

② 刘文瑞：《〈吕氏春秋〉管理思想综览》，《管理学家》（实践版）2013年第1期。

③ 高华平：《〈吕氏春秋〉与先秦诸子思想的关系》，《中国社会科学报》2018年1月24日第6版。

“上揆之天”建构，是纲领性的政论书。从整体来看，《吕氏春秋》是在“法天地”的基础上来编辑的，而十二纪是象征“大圜”的天，所以，这一部分便使用十二月令作为组合材料的线索。“十二纪”阐明四季十二月（划分为孟春、仲春、季春、孟夏、仲夏、季夏、孟秋、仲秋、季秋、孟冬、仲冬、季冬）的星象、物候、节气及和农业相关的政事，在每月中说明统治者的行动和国家政事应该如何施行。从具体篇章看，吕书不少文章构思新奇，论题简明集中，论证角度多样，结构简明严整，多数情况下一篇只提出一个问题，阐明一个观点，有史有论，议例结合，一脉贯串，不枝不蔓，清晰条畅。① 如在《重己》篇认为看问题要看到本质，其中就举了“牵牛要牵牛鼻子”等事例来验证自己的观点。而人之根本是自己的生命与人性，只有重视自己的人才会小心，才会辨明是非而有所获。

第二，以四时之序排列，纵贯成线。“十二纪”根据四季十二个月排序，每“纪”第一篇都是先天象、地象，再君王行事要点，最后告诫违时必有灾难。这样构成纵贯线，指示一年中每个月份的政治管理重点。表述机械，但是结构较为严谨。只有“季夏纪”多了“中央土”一段，这当是为了解决“五行”配“阴阳”的问题加上去的，为特例。每“纪”后各附四篇，有标题，为与该“纪”相关的思想观点，是逐月政事的关节。如余嘉锡所说，“此所谓春生夏长秋收冬藏也，其因四时之序而配以人事，则古者天人之学也”②。一般所谓的每“纪”五篇，其实是每月一“纪”，另附四篇。四篇的标题形式与“某某纪”不统一，说明是相对独立成系统的。十二个月的“纪”是时间性的，“四”喻示四面，指空间，由此构成一个包罗一切的宇宙系统。显然，“十二纪”有一个完整的结构体系。③

第三，主题分类、众论合一。《吕氏春秋·十二纪》在体例方面另有一些能够集中体现其固有编辑思想的深层次的特点，即“主题分类、众论合一”。所谓“主题分类”，即是将所选材料根据主题的不同归类到不

---

① 王启才：《略论〈吕氏春秋〉的编辑特点》，《文献》2000 年第 3 期。

② 余嘉锡：《四库提要辨证》，湖南教育出版社 2009 年版，第 708 页。

③ 张涅：《〈吕氏春秋〉与〈吕览〉》，《光明日报》2020 年 3 月 28 日第 11 版。

同的编辑单元，使每一个编辑单元都围绕着同一个主题展开论述。《十二纪》主要是根据时令的不同，将不同主题的文章分别列于春、夏、秋、冬四纪之中①，每季又分孟、仲、季三纪，“十二纪”也就分别代表孟春以至季冬这十二个月份。每纪的纪首（即第一篇）为该月的月令，按五行相生的系统来安排论述的序列②，记述该月的季节、气数、天象、物候、农事、政令，并与相应五行、五方、五音、五色、五祀及天干等相配合。每篇月令后再配以四篇文章，所选文章大体遵循春生、夏长、秋收、冬藏的自然之义，对季节的推移与政权的兴废抱着相生相胜的看法。③

春天生育万物，联系到养生，故有《本生》《重己》《贵生》；最后《论人》《圆道》又由人道推及天道，由养生推及治国。夏天草木繁盛、成长壮大，联系到树人，故有《劝学》《尊师》；又由燕语莺啼联系到音乐，故有《大乐》《修乐》《适音》。秋季肃杀，故所选文章皆与对外用兵、对内施刑有关，如《荡兵》《振乱》《怀宠》《论威》。冬季凋零，故引申出丧葬之事，有《节丧》《安死》；又由岁寒知松柏之常青联系到人品的忠贞、俭廉，故有《忠廉》《士节》。以上种种，虽不免有牵强凑合之处，但整体上却是严格依照了“主题分类”的方法来安排材料，并巧妙地运用春夏秋冬的自然之义将不同材料组织在一起。一方面一年四季的主题各不相同，另一方面不同的主题却被共通之处联系在一起，即它们都是“治国之道”④。

第四，为中国年鉴的雏形。年鉴是从历书发展而来的，《吕氏春秋·十二纪》首篇是我国现存最早的月历之一，按月安排全年的生产、政务、祭祀等活动，它具有原始年鉴的主要特征，可以视为中国年鉴的雏形。其天象观察和物候记录十分详细，记载了一年中主要的节气和四季的气候变化，内容充实。再者，《十二纪》有了立春、春分（日夜分）、立夏、夏至（日长至）、立秋、白露（白露降）、秋分（日夜分），霜降（霜始

① 许亮：《〈吕氏春秋〉中“和”的思想探析》，《国学期刊》2020年第1期。

② 戴文葆：《历代编辑列传（二）》，《中国出版》1986年第2期。

③ 戴文葆：《历代编辑列传（二）》，《中国出版》1986年第2期。

④ 卢小文：《〈吕氏春秋〉编辑体例初探》，《魅力中国》2010年第6期。

降）、立冬、冬至（日短至）等节气，表明当《十二纪》按月安排生产、政事、祭祀。

按月安排全年的生产，具有指导生产的功能，相当于一部生产活动手册，这是原始年鉴具有的第一个特色；按月安排全年的政事，具有指导政务的功能，相当于一部政务活动手册，这是原始年鉴具有的第二个特色；按月安排全年的祭祀，具有指导祭祀的功能，相当于一部祭祀手册，这是原始年鉴具有的第三个特色；《十二纪》还将历法与相应的阴阳五行、五方、五音、五色、五祀及天于等相配合，构成一个形式严整的社会图式。这种既有合理性又带有神秘主义色彩的图式，是原始年鉴所具有的第四个特色；《十二纪》要求人们在从事各种活动时，“无变天之道，无绝地之理，无乱人之纪”，这里强调的是按时节行令，按自然法则办事，否则就要受到天的惩罚，其中虽然有天人感应的成分，但不无警示告诫意义，《十二纪》这种蕴含鉴往知来意味的预言，是原始年鉴所具有的第五个特色。①

（四）传播与影响

使初始四时变化与社会管理配套。十二纪（即月令）的来源，是上古人民生产生活经验的总结归纳。先秦的不同典籍，都对时令变化有不同角度的关注，然而，把四时变化与社会管理配套，以四时变化作为相应管理措施正当性的依据，是从《吕氏春秋》开始的。尽管西周时期人们就注意到了天象变化与人类活动的关系，然而当时人们更多的只是关注自然界的规律性或者法则性，而吕书侧重于阴阳五行逻辑体系这一体系在社会上的应用，它以阴阳五行学说构建了古代的国家与社会治理理论，以天人之合来寻求社会行为的正当依据。从此开始，人的行为不再是被动地顺应时令，而是主动地实现时令。②

结构严密，独一无二，影响后世。《吕氏春秋·十二纪》的编写有着严密的计划和预设，按照天、地、人三个层次的互相呼应确定主题，展开论述。正如《序意》所说：“凡十二纪者，所以纪治乱存亡也，所以知

① 管敏义：《从〈夏小正〉到〈吕氏春秋·十二纪〉》，《宁波大学学报》（中文科学版）2002 年第 2 期。

② 刘文瑞：《〈吕氏春秋〉管理思想综览》，《管理学家》（实践版）2013 年第 1 版。

寿夭吉凶也。上揆之天，下验之地，中审之人，若此则是非、可不可无所遁矣。”它试图归纳出治乱存亡的历史经验，形成寿夭吉凶原因的深层认识，解释并验证天地人之间的一切现象，使是与非、可与不可的道理呈现于人。《十二纪》的结构，是先秦诸子中独一无二的①，具有很高的学术价值。

李家骧先生称《十二纪》“成组之篇有的两篇连环，有的联袂而起，有的群篇集中，有的前行后继，有的互为表里，有的正反相成”，以至于全书表现出“处处成系统，系统套系统，配套分层的结合”② 的特点，《吕氏春秋·十二纪》的编纂结构特点，后人评价甚高，程千帆称其“……系统分明，而书之观念乃定。章进为篇，而更进为书，遂为先秦诸子书最完备之形式”③。它对后世书籍的编纂、对古代散文文体的表现形式贡献大，影响深远。④

为后世节气和物候的划分奠定基础。《吕氏春秋·十二纪》以阴阳五行学说为依据，阐明四季十二月的星象、物候、节气及和农业相关的政事，无论是对物候、星象还是农业生产的记载都更为详尽和系统，并且包括了二十四节气的大部分内容，为以后的二十四节气和七十二物候的划分奠定了基础。

四　最早的土壤学著作——《尚书·禹贡》

农为天下大本，农业生产以土地为依托，土地是农业生产要素中最为根本、最重要的一环，它是农业生产的基础，其重要性不言而喻。自古土地就是“万物之所由生，财富之所由出，农业之所依”⑤。“尽地利”成为农业生产的基本要求之一。我国很早就出现了土地与农业生产关系的明确论述，如《周易·离·彖辞》记载“百谷草木丽乎土”⑥；另外

---

① 刘文瑞：《〈吕氏春秋〉管理思想综览》，《管理学家》（实践版）2013 年第 1 版。

② 李家骧：《吕氏春秋通论》，岳麓书社 1995 年版，第 52 页。

③ 程千帆：《〈先唐文学源流论略〉之二》，《湖北大学学报》（哲学社会科学版）1981 年第 2 期。

④ 王启才：《略论〈吕氏春秋〉的编辑特点》，《文献》2000 年第 3 期。

⑤ 董恺忱、范楚玉：《中国科学技术史（农学卷）》，科学出版社 2000 年版，第 111 页。

⑥ 杨杰：《四书五经（二）》，北方文艺出版社 2010 年版，第 398 页。

《管子·水利》记载“地者，万物之本源，诸生之根菀也”[①]。在长期从事土地耕作的过程中，人们对土壤的认识由浅入深，并积累了许多关于土壤的专业知识，并最终构成了中国古代的土壤科学体系。如最早的土壤学著作——《尚书·禹贡》，它是《尚书》中的一篇，被收录到“虞夏书”，包括讲述区域地理与山川走向两个部分，其中与传统农学有关的为区域地理部分，对土壤植被、物产贡赋、土地等级划分都有比较科学的论述，是当时相当科学的土壤分类著作，虽不是专门的农学著作，但土壤学与农业地理内容十分丰富，被英国学者李约瑟誉为“可能是世界上最古老的土壤学著作”[②]。

《禹贡》托“禹”以成篇，是我国最早的一篇地理著作，全篇言语凝练巧妙，不到1200字，却详细讲述了大禹治水、规划九州，并记载山川的名称、方位及脉络，土壤的贫瘠优劣、质量等级，物产的分布、品种、用途等情况，以及各州贡赋的种类、进贡的路途等，歌颂了大禹治水的功业，介绍了五服制度并总结了大禹的功绩，被奉为“古今地理志之祖”[③]。剖析其呈现出的高度成熟的艺术技巧和丰富的地理思想以及传播影响，对当下农书系列的研究具有重要意义。[④]

（一）编辑宗旨

1. 言一统之构想，表统一之趋势

《禹贡》一文开篇言：“禹别九州，随山浚川，任土作贡。禹敷土，随山刊木，奠高大山川。”中间叙述大禹对九州的治理，制定五服制，结尾为“禹锡玄圭，告厥成功”。表面上是以治水为明线叙述地理疆域，但实质是以治国平天下为宗旨，即以“大一统”思想为精神内核。[⑤]

研究《禹贡》就避不开其所体现的大一统思想观念，李零先生曾说：“《禹贡》不管成书于何时，我以为它所反映的基本思想是夏、商、周三

① 唐任伍：《中外经济思想比较研究》，陕西人民出版社1996年版，第270页。

② 李约瑟、鲁桂珍：《中国古代的地植物学》，董恺忱、郑瑞戈译，《农业考古》1984年第1期。

③ （明）艾南英：《经义考——禹贡图注》，（台北）商务印书馆1983年版。

④ 孙娟：《〈禹贡〉篇章艺术及地理思想价值探析》，《山东农业大学学报》（社会科学版）2018年第3期。

⑤ 胡渭：《〈禹贡锥指〉〈文渊阁四库全书〉》第67册，（台北）商务印书馆1983年版。

代递相承用的‘天下’概念，即一种以地缘济血缘之不足，借职贡朝服作间接控御，‘柔能远迩’的地理大视野。”①

《禹贡》介绍每州之末，皆言其达于帝都之道，诸州虽然远近不同，但皆言其境内之水连于黄河，再由黄河达冀州之境，因为冀州三面环河，如此一来便于运输朝贡之便利，无形中形成了一种强烈的同心圆式的向心力，使人感到“中”的聚合力量，这也是《禹贡》体现天下大一统观念之所在。②

《禹贡》在叙述对九州的治理后写道：“五百里甸服：百里赋纳緫，二百里纳铚，三百里纳秸服，四百里粟，五百里米。五百里侯服：百里采，二百里男邦，三百里诸侯。五百里绥服：三百里揆文教，二百里奋武卫。五百里要服：三百里夷，二百里蔡。五百里荒服：三百里蛮，二百里流。”五服制描绘了一幅四海之内所有蛮夷之族都和谐而有序地来冀州朝贡的图景，传达了“怀柔远人”的思想以及华夷和谐共处的意愿。③

2. 关怀现实，注重民利，奠一统之根基

《禹贡》的内容不掺杂想象、不言鬼神，只言现实与人文。与《山经》所描绘的神人共处世界相比较，《禹贡》则完全是人文世界。胡渭总结《禹贡》十二要义，可谓包含了建立王朝国家的财政、军事、边防、华夷等诸多具有现实关怀的方面。比较《山经》与《禹贡》文本，可以发现，后者在内容上已经完全没有了神的影子，语言叙述平淡无奇，没有神奇怪异的描写。《禹贡》描绘的是一个纯粹的朴素的现实人文世界。“导山”部分，则更突出《禹贡》与《山经》之不同。《禹贡》所提及群山概况更接近现实，其总体分为“三条四列”。三条：“导岍”北条、“西倾”中条、“嶓冢”南条，四列：“导岍”为阴列、“西倾”为次阴列、“嶓冢”为次阳列、“岷山”为正阳列，“三条”为马融和王肃所说，“四列”为郑玄所说。但无论是“三条”还是“四列”，其都较为客观地反映了当时人们对于天下山脉体系的认知状况。这与《山经》以想象的理想性的五个方位来叙述群山的体例不同。《禹贡》之叙述更接近现实的

① 张振岳：《“〈禹贡〉可以观事”研究》，硕士学位论文，曲阜师范大学，2019年。

② 张振岳：《“〈禹贡〉可以观事”研究》，硕士学位论文，曲阜师范大学，2019年。

③ 慕平译注：《尚书》，中华书局2009年版，第75页。

真实状况。[①]

农业是封建社会发展的根基。《尚书·禹贡》所载贡赋分为九等，其划分与制定方法体现了古代农耕社会的重农、保民思想。贡赋的等级表明，国家对其的制定并非完全根据土地的等级和肥力，而是还要根据实际的农业生产情况。如所载兖州的情况是："厥田惟中下，厥赋贞，作十有三载乃同"，这表明兖州之田虽然是中下等，即九等中的第六等，但是兖州地处"河下流之冲，水激而湍悍，地平而土疏，被害尤剧"[②]，于是管理者根据"土旷人稀，生理鲜少"[③]的民情，在耕作了十三年之后才使之与其他各州适用相同的贡赋法则；所载青州的情况为："厥土白坟，海滨广斥。厥田惟上下，厥赋中上。"又如徐州则为："厥土赤埴坟，草木渐包。厥田惟上中，厥赋中中。"

（二）编辑方法

1. 明线纵贯

《禹贡》是中国地理志成熟的标志，全篇条陈九州所有土地、所生风气、所宜修治，作为贡赋之法，以告成功于上，使君王以此为取民之常例。全篇叙事谨严简练，不到一千二百字便涵括政、教、兵、财等社会秩序建构的一系列内容，可总结为：分地域、奠山川、修六府、赐土姓、奋武卫、讫声教、明道路及定贡赋等"十二要义"。此文所载事虽不一，实则以任土作贡为主线叙述。[④]

2. 炼字琢句，运用排比

《尚书》"辞尚体要"，文虽简约，义却宏范，遣词造句也简明严备。正如《禹贡说断》所言："经文之妙，非后世史官所可跂而望"，"犹之行水载、治、修之三字举于冀，而八州惟言其效……经文简严大抵如此，非深求其意莫能知也"[⑤]。

---

① 张振岳：《"〈禹贡〉可以观事"研究》，硕士学位论文，曲阜师范大学，2019年。

② （宋）蔡沈：《书集传》，凤凰出版社2010年版，第45页。

③ （宋）蔡沈：《书集传》，凤凰出版社2010年版，第45页。

④ 孙娟：《〈禹贡〉篇章艺术及地理思想价值探析》，《山东农业大学学报》（社会科学版）2018年第3期。

⑤ （宋）傅寅：《禹贡说断》，《文渊阁〈四库全书〉》第57册，（台北）商务印书馆1983年版，第95页。

《禹贡》用词精准而严密。逾，谈及“荆之贡道”[①]时云：“浮于江、沱、潜、汉，逾于洛，至于南河。”颜师古曰：“浮，以舟渡也。逾，越也。言渡四水而越洛，乃至南河也。南河在冀州南江。汉去洛远而不相通，越陆跨洛，故曰逾。”[②]此“逾”乃指明“下之所贡”之道路。程氏曰：“不径‘浮江、汉’，兼用沱、潜者，随其贡物所出之便，或由经流，或循枝派，期于便事而已。”[③]“溯汉之极，无水可浮，则陆行至洛，以期达河。”[④]此路线由水入陆，再经陆入水，终达于河（南北轴线），人为地规划了进贡的路线，显示了人文地理的向心结构。“逾”字在《尚书》中共现七次，有三次出于《禹贡》，除上条外，有“（梁）浮于潜，逾于沔”及“导岍及岐，至于荆山，逾于河”，可见在此文中，“逾于×”（×为水名）已成相对固定的表达形式。同样是荆贡此条，“浮”字亦应受到重视。“浮”字在《尚书》中出现十一次，八次出于本篇，形成“浮于×，达于×”的短语搭配。[⑤]

另外，《禹贡》以山川别州境，多四言句，参差不齐，错落有致，富于变化。各州下“厥土”“厥田”“厥赋”“厥贡”“厥篚”等句亦具排比之雏形，修辞手法的使用令其文采焕发。[⑥]

（三）类分体系

1. 我国最早的一部科学价值很高的地理著作

《禹贡》一书的性质，以往学者一般都诠释为贡赋之法。[⑦]自20世纪30年代以来，《禹贡》的性质才渐趋明朗。[⑧]史念海说“《禹贡》是我国

---

① （宋）程大昌：《禹贡论——禹贡山川地理图》卷下，《文渊阁〈四库全书〉》第56册，（台北）商务印书馆1983年版，第156页。

② （宋）毛晃：《禹贡指南》，《文渊阁〈四库全书〉》第56册，（台北）商务印书馆1983年版，第25页。

③ （宋）蔡沈：《书集传》，凤凰出版社2010年版，第52页。

④ （宋）傅寅：《丛书集成初编·禹贡说断1》，商务印书馆1983年版，第25页。

⑤ 孙娟：《〈禹贡〉篇章艺术及地理思想价值探析》，《山东农业大学学报》（社会科学版）2018年第3期。

⑥ 孙娟：《〈禹贡〉篇章艺术及地理思想价值探析》，《山东农业大学学报》（社会科学版）2018年第3期。

⑦ 《孔国安传·尚书》，上海古籍出版社2007年版。

⑧ 华林甫：《近年来〈禹贡〉研究述略》，《中国史研究动态》1989年第10期。

最早的地理名著"[①]，辛树帜说它是"三千年前的一部地理规划书""祖国最早的区域规划书"[②]，王成组说它是我国古文献一篇中具有系统性地理观念的作品[③]，李长傅认为"《禹贡》为我国最古之地理著作""是研究我国上古时期地理环境最重要的文献"[④]，靳生禾说它是"先秦最富科学性的地理记载"[⑤]。如今，《禹贡》是一部地理性质的书，学术界已取得一致的意见，故新《辞海》说它是"我国最早一部科学价值很高的地理著作"[⑥]。

2. 结构严谨、体系完整、内容翔实广泛

《禹贡》。先总叙其要义以张目，次分条加以详述；取用递进式结构，先九州后五服（或九服），先经济基础后上层建筑；以九州为经，以服制为纬；逻辑严密，思路清晰，语义连贯。[⑦]

《禹贡》记录的次序是：首叙禹奠山川、次叙九州、导山导水、再续水功，最后列五服，并总结治水功成。在九州中先说四至，次说山川、土壤、田赋、贡物、贡道、夷戎列于后。不仅逻辑性强，而且叙述的方法、内容相似。[⑧]

另外，与同时期地理文献相比，《禹贡》不像《山海经》那样掺杂神话色彩，也不像《尔雅・释地》《周礼・职方》那样仅仅罗列地名；相反，《禹贡》的内容翔实，所述山川河流地名物产皆有迹可循，而且结构严谨，体系完整，内容广泛。最可贵的是它不仅限于客观地理事物分布的描述，而且在辞例内容方面凭借一定的理性认识进行了有机的组织和升华。[⑨]

---

① 史念海：《〈河山集〉二集》，生活・读书・新知三联书店 1981 年版，第 391 页。

② 辛树帜：《〈禹贡新解〉（中国农史研究丛书）》，农业出版社 1964 年版，第 9 页。

③ 王成组：《中国地理学史》上册，商务印书馆 1982 年版，第 10 页。

④ 李长傅著，陈代光整理：《禹贡释地》，中州书画社 1983 年版，第 3 页。

⑤ 靳生禾：《中国历史地理文献概论》，山西人民出版社 1987 年版，第 30 页。

⑥ 华林甫：《近年来〈禹贡〉研究整体采用总分结构究述略》，《中国史研究动态》1989 年第 10 期。

⑦ 孙娟：《〈禹贡〉篇章艺术及地理思想价值探析》，《山东农业大学学报》（社会科学版）2018 年第 3 期。

⑧ 李技：《谈〈禹贡〉的地理学价值》，《唐山师范学院学报》1994 年第 2 期。

⑨ 李技：《谈〈禹贡〉的地理学价值》，《唐山师范学院学报》1994 年第 2 期。

（四）传播与影响

1. 影响后世地理著作与地理命名

经过历代学者的推崇、注疏以及解经扩展，《禹贡》之学积累颇丰，以至于其发展成为一门显学，是中国古代王朝地理学的灵魂所在。南宋郑樵曰："《禹贡》以地命州，不以州命地。故兖州可移，而济、河之兖州不可移。梁州可改，而华阳黑水之梁州不可改。是以为万世不易之书。"[①] 明代地理学家艾南英称："《禹贡》一书，古今地理志之祖。"[②]《禹贡》奠定了华夏之经典地谱，几乎后世所有地理叙述，皆需从《禹贡》始，自《禹贡》至当代，此种历史叙述方式，推动沿革地理学之发展，已为中国古代地理学之一大传统。[③] 于后世的地理著作尤其是正史地理志和地理总志书写及叙述体例中体现得尤为深刻。《禹贡》成为沿革地理学追溯之根源，当叙述某一地区时，皆先言此地属《禹贡》某域，再叙其政区沿革变迁、物产、风俗等。[④]

后世在命名地名时，亦深受《禹贡》影响。人文地理实体名称有九州州名、少数民族名和属国地名三类。[⑤]《禹贡》九州之名冀、兖、青、徐、扬、荆、豫、梁、雍，在西汉武帝时，曾取其七来命名刺史监察区，随着发展，州逐渐成为正式的一级政区，然随着后世政区级别的不断演化、细化，州又从最高一级政区降为统县政区，直至最后降为与县平级[⑥]，现如今仍有冀、兖、青、徐、扬、荆六个原来命名的地级市，豫、梁、雍三州则退出历史舞台，但是豫亦成为河南省的简称，冀成为河北省的简称，其依旧是渊源于《禹贡》九州之名。[⑦] 除此之外，《禹贡》中出现的山川、湖泊之名和少数民族名等，也有过被用来作为地名的历史

---

① （宋）郑樵：《通志》，《景印文渊阁四库全书》第三百七十三册，（台北）商务印书馆1983年版，第486页。

② （明）艾南英撰，王云五主编：《禹贡图注·序》，商务印书馆（出版时间不详），第1页。

③ 唐晓峰：《从混沌到秩序：中国上古地理思想史述论》，中华书局2010年版，第283页。

④ 张振岳：《"〈禹贡〉可以观事"研究》，硕士学位论文，曲阜师范大学，2019年。

⑤ 华林甫：《中国地名学源流》，人民出版社2010年版，第11页。

⑥ 华林甫：《中国地名学源流》，人民出版社2010年版，第12页。

⑦ 华林甫：《中国地名学源流》，人民出版社2010年版，第13页。

记载。①

2. 指导当世农业生产，便利后世农业研究

农为天下大本，农业生产以土地为依托，土地是农业生产要素中最为根本、最重要的一环，它是农业生产的基础，其重要性不言而喻。自古土地就是“万物之所由生，财富之所由出，农业之所依”，“尽地利”成为农业生产的基本要求之一。②《禹贡》的第一部分关于冀、兖、青、徐、扬、荆、豫、梁、雍九州的假想行政区域的划分，其实是根据山川区隔、气候分布标准划分的不同农业区域，具体叙述各个农业区域的土壤土质、桑蚕养殖以及农业赋税的等级，再从各州农业赋税的等级，具体说明各个农业区域的主要农产品的情况，经由历代学者持续不断的研究与注解，逐渐拓展、丰富了有关古代农业的诸多知识信息③，为农业生产提供着指导，也为后世研究古代农业生产提供了重要信息。

3. 西传促中西农业交流

《尚书·禹贡》蕴含着中国上古先民们在早期农耕实践中创造的文明与智慧，作为中国农业知识的最早记载，它不仅是中国的农业史研究中不可多得的史料，也被反复译介与西传。④ 19 世纪，英国来华的新教传教士麦都思译传《尚书》；20 世纪中期，瑞典著名汉学家高本汉英译《尚书》。当代中国快速发展，世界对中国之发展寻求根源等一系列举动都使得《禹贡》中蕴含的农业知识向西广泛传播。而且，随着不同时期西方人译者的译文与注释逐渐全面、准确地传入西方，作为中国古代农业的域外镜像，也为中西农业交流史、中国农业文献史等研究提供了理论与实践上的重要参考。⑤

《五帝本纪》曰：“惟禹之功为大，披九山、通九泽、决九河、定九州，各以其职来贡，不失厥宜，方五千里至于荒服。禹之以贡名篇是

---

① 张振岳：《“〈禹贡〉可以观事”研究》，硕士学位论文，曲阜师范大学，2019 年。

② 莫鹏燕：《中国古代农书编辑实践研究》，博士学位论文，武汉大学，2016 年。

③ 沈思芹、钱宗武：《〈尚书·禹贡〉所载中国古代农业知识的译介及其西传》，《中国农史》2020 年第 3 期。

④ 沈思芹、钱宗武：《〈尚书·禹贡〉所载中国古代农业知识的译介及其西传》，《中国农史》2020 年第 3 期。

⑤ 沈思芹、钱宗武：《〈尚书·禹贡〉所载中国古代农业知识的译介及其西传》，《中国农史》2020 年第 3 期。

也。”文本以事名篇，而结构、语言和思想皆为其篇名服务。[①]《禹贡》此篇可分为一条主线——大禹治水，两大部分——分九州而治、制定五服，结构严明，条理清晰。而纵观其内容可知，全篇为托大禹之名描绘的“大一统”政治构想。

五　最早的生态地植物学著作——《管子·地员》篇

我国最早的生态地植物学著作为成书于战国时期的《管子·地员》篇，其主要内容是讲述土地及生产于其上的植物和农业之间的关系，尹知章注：“地员者，土地高下，水泉深浅，各有其位。”宋翔凤说：“《说文》：‘员，物数也。’此篇皆言品物之数，故以地员名篇。”“物数”即个种品物之数。土地有高、有下，有平原、丘陵、山地之别，又有各种土质、水泉深浅的不同，以及其上所生植物的种类等：这就是土地的物数。这一篇的内容，主要是说明各种土地（包括地势、土质、水泉等）与其上所生植物的关系以及土地、植物与农业之间的关系，故名为“地员”[②]。

《地员》篇共分两个部分：第一部分主要论述土地与植物的关系，后一部分主要是分类介绍了“九州之土”，“凡下土三十物，种十二物。凡土物九十，其种三十六”[③]。其对土壤的分类以及每类土壤的性状描述都比《尚书·禹贡》更为翔实，它对每类土壤以及植物的关系都作了更为深入的分析和理论概括，是我国古代难能可贵的一篇生态地植物学论文。

《管子》一书共24卷，《管子·地员》则为其中一篇。管子举全国之力，考察全国土壤，完成了这篇生态地植物学著作。

（一）因地制宜、发展生产的编辑宗旨

战国时期，诸子无不重视农业发展，对农业生产的重要性有了更进一步的认识。墨子认为“农事缓则贫”[④]；韩非子主张“富国以农”[⑤]；荀

---

① 孙娟：《〈禹贡〉篇章艺术及地理思想价值探析》，《山东农业大学学报》（社会科学版）2018年第3期。

② 夏纬瑛：《管子地员篇校释》，中华书局1958年版，第1页。

③ 夏纬瑛：《管子地员篇校释》，中华书局1958年版，第93页。

④ （清）孙冶让：《墨子间诂》卷9《非儒下》，清光绪三十三年刻本，第189页。

⑤ （清）王先慎：《韩非子集解》卷19《五蠹》，清光绪二十二年刻本，第293页。

子提出“田野县鄙者，财之本也”[①]。这些论述，都是在思想层面上重视农业生产的表现。而随着诸侯争霸更加激烈，奴隶主的土地国有制也大部分被封建土地私有制所取代，重视农业在实践层面也得到了落实：李俚实行“尽地力之教”和“平籴法”两项措施，提高了农业的精耕细作水平；商鞅“废井田，开阡陌”、重农抑商、奖励耕织等措施则更在封建社会延续了两千多年，影响深远。在这样的社会背景下，研究农业生产则是时代所趋，同时，这样的氛围也为研究农业发展提供了动力。

在重视农业生产的大背景下，用何种方法来促进生产则成为农业发展的重中之重。《管子·地员》篇中用很大篇幅阐述了不同的土壤宜种植的植物，如五施之土“其木宜蚖、蓄与杜、松，其草宜楚棘”[②]；四施之土“其草宜白茅与藋，其木宜赤棠”[③]；三施之土“其草宜黍秫与茅，其木宜櫄、桑”[④]；再施之土“其草宜萯、藋，其木宜杞”[⑤]；一施之土“其草宜苹、蓨，其木宜白棠”[⑥]。中国地域广阔，地形与海拔差距极大，各地的土壤条件也不尽相同。管子正是经过长期的实地考察，总结出不同土壤适宜种植的植物，写成《管子·地员》一篇。纵观全文，此篇即是根据因地制宜的宗旨编辑而成，并为当时及后世的农业发展做出了不可磨灭的贡献。

（二）编辑指导思想

1. 人与天调、然后天地之美生的三才论

“三才”理论最早见于《易经·系辞下》“易之为书也，广大悉备，有天道焉，有地道焉，有人道焉，兼三才而两之，故六六者非它也，三才之道也”[⑦]。古代中国农业生产要顺应天地自然，这也使人们不得不思考人与自然的关系，由此产生了三才理论。农业中的“三才”理论即是强调“天、地、人”三者的协调关系。在对地利的认识上，《管

① （清）王先慎：《荀子集解》卷6《富国篇》，清光绪刻本，第145页。
② 黎翔凤：《管子校注》，中华书局2004年版，第58页。
③ 黎翔凤：《管子校注》，中华书局2004年版，第58页。
④ 黎翔凤：《管子校注》，中华书局2004年版，第58页。
⑤ 黎翔凤：《管子校注》，中华书局2004年版，第58页。
⑥ 黎翔凤：《管子校注》，中华书局2004年版，第58页。
⑦ 杨直民：《农学思想史》，湖南教育出版社2006年版，第48页。

子·地员》认为"地者，万物之本原，诸生之根苑也"[①]。具体体现在《管子·地员》篇中则是把土壤分类以及根据土壤的性状列出所适宜种的作物。如五种粟土"其种，大重细重，白茎白秀，无不宜也"[②]；五种沃土"其种，大苗细苗，赨茎黑秀箭长"[③]；五种位土"其种，大苇无、细苇无，赨茎白秀"[④] 等。由此可以看出《管子·地员》一篇强调遵循自然规律，"因地制宜"地发展农业，充分认识到了地利的重要性。除此之外，《管子·地员》篇还描述了不同土壤与人之间的关系。如在粟土之地："五臭所校，寡疾难老，士女皆好，其民工巧"[⑤]；五沃之地："其人坚劲，寡有疥骚，终无痟酲"[⑥]；五位之地："其人轻真，省事少食。"[⑦]上述从土壤与人的身体健康、饮食等方面分析了不同性状的土壤对人的影响。

"三才"理论的经典论述最早出现于《吕氏春秋·审时》篇："夫稼，为之者人也，生之者地也，养之者天也。"[⑧]《管子·地员》一篇虽没有像《吕氏春秋·审时》篇那样系统完整地提出三才论，但"天人合一"或"天人相参"的思想在《管子·地员》篇足以看到其影子，并对后世三才论的研究产生深远影响。可以说，三才论这一传统生态思想是贯穿本篇始终的。

2. 阴阳五行说：春秋时期的"公共思想资源"

阴阳与五行本是两种不同的独立发展的文化体系。阴阳指阳光的向背，五行指人们生活日用中五种不可缺少的物质材料。它们本来是各自独立发展，并经历了一个漫长的发展过程，到战国时代，阴阳与五行才逐步地实现了合流，结合在一起，从而产生了较为完整的阴阳五行学说和著作。[⑨]

---

① 黎翔凤：《管子校注》，中华书局 2004 年版，第 813 页。
② 黎翔凤：《管子校注》，中华书局 2004 年版，第 58 页。
③ 黎翔凤：《管子校注》，中华书局 2004 年版，第 58 页。
④ 黎翔凤：《管子校注》，中华书局 2004 年版，第 58 页。
⑤ 黎翔凤：《管子校注》，中华书局 2004 年版，第 58 页。
⑥ 黎翔凤：《管子校注》，中华书局 2004 年版，第 58 页。
⑦ 黎翔凤：《管子校注》，中华书局 2004 年版，第 58 页。
⑧ 王毓瑚：《先秦农家言四篇别释》，农业出版社 1981 年版，第 36 页。
⑨ 池万兴：《〈管子〉研究》，博士学位论文，西北师范大学，2003 年。

《地员》篇与先秦阴阳五行说之密切关系是有根据的。其一，两者皆为研究水土与植物之间的内在联系，在研究自然规律的层面上，趋同于先秦阴阳家之五行学说，亦与先秦道家学说之研究对象有重合之处，先秦阴阳家有崇尚五行“相生相克”之说，“五方、五材、五音、五色、五味”盖出于此。《地员》篇借鉴之，乃为土壤之名前冠以“五”字；其二，管子相齐，齐国首霸冠绝一时，及至战国，诸家之名士多委身齐国稷下以为学士，齐国稷下之儒、墨、道、法、纵横、阴阳各家聚首，据今人考释，《管子》诸篇皆出于稷下学士之手，《地员》篇五行之说实受道家、阴阳家之思想影响，必是在此二家名士的思想指导下撰写完成的。

（三）编辑方法

1. 采用铺陈手法，读之但觉势如奔马

《管子·地员》篇根据土的种类分为粟土、沃土、位土三个等次。在介绍这三个等次的土壤及其所适宜的作物、树木种类时不时地采用铺陈手法，如“五沃之土，若在丘在山，在陵在冈，若在陬，陵之阳，其左其右，宜彼群木，桐、柞、枎、櫄，及彼白梓。其梅其杏，其桃其李，其秀生茎起，其棘其棠，其槐其杨，其榆其桑，其杞其枋，群木数大，条直以长”[①]。这是说沃土无论在何种地形，面朝阳光或是背对阳光，其种植的植物都会长势良好。通过对一系列地形和树木紧密的排列来组成一组语气基本一致的句群，强调沃土对植物的适宜性，并使文章紧凑整齐，气势充沛。

2. 运用数字，简而有要，条理清晰

《管子》一书中所出现的十位数均为其个位数的公倍数，均能被其个位数整除。《地员》篇以七尺为基准，泉水距地面深度依次为五施之土三十五尺、四施之土二十八尺、三施之土二十一尺、二施之土十四尺。正如管仲在《封禅》中所言：“古者封泰山，禅梁父者，七十二家。而夷吾所记者，十有二焉。”[②] 文中所提及的数字如七十二、十二等，均能被其个位之数整除。管仲曾言封禅之举必天下大治，祥瑞尽出，“然后物有不

① 黎翔凤：《管子校注》，中华书局2004年版，第58页。
② 黎翔凤：《管子校注》，中华书局2004年版，第953页。

召而自至者，十有五焉”[①]。十五亦是三与五之乘积。综上，《管子》一书对数字运用已成固定之惯势，除特指外，均遵循此规律。

3. 句句用喻，浅显易懂，给人以鲜明印象

《管子》前人论及《管子》，称“事核而言练”[②]“道约言要”[③]，说明《管子》一书用语简洁明了，但这只是其中一面。《管子·地员》篇则使用了比喻的手法，用浅显、具体、生动的事物来代替抽象、难理解的事物。如“凡听徵，如负猪豕觉而骇；凡听羽，如鸣马在野。凡听宫，如牛鸣窌中。凡听商，如离群羊。凡听角，如雉登木以鸣，音疾以清”[④]。把“徵”声比作小猪被背走而大猪惊叫的声音；把“羽”声比作荒野的马叫；把“宫”声比作地窖里的牛鸣；把“商”声比作失群的羊叫；把“角”声比作鸡在树上鸣唱，声音又快又清。这段运用比喻手法使乐音生动形象、具体可感，帮助人们深入地理解。

4. “专业性”农书：农学方面的科技专文

从土壤分类的角度看，《管子·地员》认为九州的土壤有九十种，每一种土壤都有它固定的特征且土的种类也分等次。管子把土壤分为上中下三大等。上等土壤包括五种粟土、五种沃土、五种位土、五种隐土、五种壤土和五种浮土；中等土壤包括五种忞土、五种垆土、五种壏土、五种剽土、五种沙土和五种塥土；下等土壤包括五种犹土、五种壮土、五种殖土、五种觳土、五种凫土和五种桀土。上中下等土壤分别有三十种，共九十种。对土壤如此详尽的分类，在当时可以说是前无古人，就算拿今天土壤分类的标准来说，《管子·地员》篇关于土壤分类的思想也是极有借鉴意义的。除此之外，土壤分类也使得农业生产时能因地制宜、地尽其力。通过大量实地考察分析得出何种土壤适宜种何种植物，这让农业生产时能最大限度地减少人力、物力和财力。由此可以看出，《管子·地员》篇在有关农业的内容上也要深刻、专业得多。

从植物的垂直分布角度来看，《管子·地员》篇把山体自高而低分为

① 黎翔凤：《管子校注》，中华书局 2004 年版，第 953 页。
② 周振甫：《文心雕龙今译》，中华书局 1986 年版，第 160 页。
③ 黎翔凤：《管子校注》，中华书局 2004 年版，第 4 页。
④ 黎翔凤：《管子校注》，中华书局 2004 年版，第 58 页。

五个层次：一是山之上的“县泉”，这里树林茂密，凿地两尺就可以见到泉水，可见水量充足，这里适宜的草是茅与莞，树是落叶松；二是山之上的“复吕”，这里时常下雨，水量较足，凿地三尺可看见泉水，所长之物是鱼肠竹和莸草，树是柳树；三是山之上的“泉英”，凿地五尺方能见水，所生的草是蕲和菖蒲，树是杨树；四是在“泉英”之下的“山之材”，这里水分已经不足，需要凿地十四尺才能看到泉水，所生的草是稀签和蔷藤，树是槚树；五是山之侧，在山的侧面，是由山麓到山下之地，这里的泉水稀缺，需凿地二十一尺才能看到水，生长菖草和蒌蒿，树是刺榆（见表 3.2）。以上土壤分类情况与现今华北山地土壤情况基本无异，有力地证明了古人早在先秦时期便已对植物垂直分布与地势、水泉的关系十分重视，只是未有提出“植物垂直分布”这一现代农业地理名词，能对两者关系认识得如此精湛，已是非常难能可贵，足以让后人高山仰止。

表 3.2　　山地土壤的分类①

土壤类别	地下泉水到地面的高度（尺）
山之上，县泉	二
山之上，复吕	三
山之上，泉英	五
山之材	十四
山之侧	二十一

从上述角度来看，《管子·地员》对其所在领域足以称得上“专业性”农书，并对后世产生深远影响。

5. 以类相从、错落有致的语言特色

《管子·地员》篇在描写粟土、沃土、位土这三个条目时，遵循以类相从的原则，采用相同的方式构建体系。这三个条目篇幅大体相当，文章风格也基本一致，书写方式也形成自己的特点。除了上文所说的铺陈手法在三个条目都可见到类似情况外，在位土条目中，叙事还采用了空

① 曹怀锋：《〈管子〉生态观》，硕士学位论文，安徽大学，2011 年。

间推移的方式。如“其山之枭，多桔符榆；其山之末，有箭与苑；其山之旁，有彼黄蝱，及彼白昌，山藜苇芒”①。这是从山顶到山底，再到山的旁侧，依次进行空间推移，给人以立体感。《管子·地员》篇这三个条目还在声韵方面有自觉的追求，多数句子可以入韵。这类句子以四言为主，偶尔也有超过四言的长句，错落有致。这三个条目是有韵的散文，反映的是战国文章的一个重要趋向。②

《管子·地员》篇这三个条目的文章风格、书写方式，与后来出现的汉大赋存在密切的关联，可以说是汉大赋叙事方式的直接源头之一，在古代文章的发展历程中有重要的地位和价值。③

《管子·地员》篇主要研究了土壤的分类和植物的垂直分布理念，其涉及的生态学意义不仅惠及当时的社会历史，也为今天的生态研究提供了宝贵文献，是我国最早的生态地植物学著作。笔者基于编辑学视角从上述五个方面分析了《管子·地员》篇，其中的编辑宗旨、编辑指导思想都反映了当时社会农业的发展进程，对后世的农业发展也起到影响作用。除此之外，《管子·地员》篇中的书写方式、文章风格在古代文章的发展历程中也有重要的地位和价值。

六　最早的水利科学著作——《管子·度地》篇

春秋战国前期，随着小农经济的发展，礼崩乐坏，管仲顺井田制日益崩坏的之趋，为建国兴邦提出一系列治理措施。围绕着农业发展为主，实行“相地而衰征”，变革赋税制度。划分齐国地方行政区为25乡，并“寄军令于内政”，使军事组织与居民组织结合。他采取富国强兵之措施，辅佐齐桓公“九合诸侯，一匡天下”（《论语·宪问》），使齐桓公成为春秋五霸之首。④ 管仲通过对国家改革的一系列问题的探索，萌生了许多新思想。而《管子》为西汉刘向依托管仲之名，以管仲的思想为核心而整理编辑成书。本书时间跨度大，材料来源广泛且复杂。《管子·度地》属

---

① 黎翔凤：《管子校注》，中华书局2004年版，第58页。
② 高旷：《自然生态美学视域下的〈管子〉研究》，博士学位论文，吉林大学，2020年。
③ 高旷：《自然生态美学视域下的〈管子〉研究》，博士学位论文，吉林大学，2020年。
④ 天人主编：《诸子百家名句解析》，内蒙古人民出版社2016年版，第146页。

《管子》中一篇，主要讲述治国要求下为确保农业发展的水害治理问题。其中所蕴含的农学编辑思想及编辑实践对后世水利工程学及农书编辑发展影响深远。

我国关于农田水利科学最早的著作当属《管子·度地》篇，其在开篇就提出“善为国者，必先除其五害，五害之除，水为最大”，文章中所指的“五害”是指水、旱、风雾雹霜、厉（瘟疫）、虫灾，从“五害”中不难看出其中“四害”与农业有关，其中又以水害最甚。因此文章是从如何防治水害的目的出发，提出若想防治水害，首先要关注堤防修筑技术和组织管理。更为难能可贵的是，文章在总结变水害为水利的经验基础上，提出了引水分洪，用以灌溉别处缺水农田的设想：“夫水之性，以高走下则疾，至于剽石；而下向高，即留而不行，故高其上。领瓴之，尺有十分之三，里满四十九者，水可走也。乃迂其道而远之，以势行之。”[①]“夫水激而流渠”[②] 则是对引洪灌溉这一设想更为精准的概括。管仲在总结前人经验教训的基础上，提出立国与治水、土地的相互关系。着重分析水害治理问题对当时富国强兵具有前瞻性启发和鸣示，将编辑实践转化为编辑思想呈现于纸上，较早用文字记载了先秦时期的水利工程与城市规划思想。

（一）治水促农、育人重农的重农编辑宗旨

开篇强调战乱纷繁时代下选址建国时土地的重要性，“故圣人之处国者，必于不倾之地，而择地形之肥饶者”。强调土地安稳而可稳人心，富饶而可立农业，土地为治国之基，以重农观为指导，构建了国与地相辅相成的体系；顺势点出治国“善为国者，必先除其五害”，“五害之属，水最为大”之论，重视水资源对农田水利的发展，提出水利对于稳定农业生产，恢复经济提高国力的作用，与时代背景的重农思想不谋而合；又着重对水利工程建设提出安排与计划，以此提高农业生产力，稳定开展农业生产生活，从而推动经济发展，稳定民心。无独有偶，文中其余旱、风雾雹霜、厉、虫四害亦为农业发展之要害，重农意识体现于行文之中。

---

① 董恺忱、范楚玉：《中国科学技术史·农学卷》，科学出版社2000年版，第69页。

② 陈志坚：《诸子集成（第三册）》，北京燕山出版社2008年版，第718页。

整篇以农为本，置农于主，观其要素之关联，存整体之观念；侧重对水利工程建设的合理阐述与设想：水利工程因时制宜，以不干涉农事活动为准则，置水官，修河川，发治水之劳，备治水用具，择机建设。明土地之理，于预防土地之损之操无不提及。“有下虫伤禾稼”等方案同置农业为上。整篇文章编辑宗旨清晰，分析治水于农业之重，稳农事活动以发展国业，重农宗旨明确。

（二）顺天时、求地利、重人和、未雨绸缪的“三才”编辑指导思想

遵守天时之规。在水利工程建设时，言修筑水利工程以春季为佳。“春三月，天地干燥，水纠裂之时也。山川涸落，天气下，地气上，万物交通，故事已，新事未起。草木黄生可食，寒暑调，日夜分。分之后，夜日益短，昼日益长。利以作土功之事，土乃益刚……当夏三月，天地气壮，大暑至……不利作土功之事，妨农焉。利皆耗十分之五，土功不成。当秋三月……不利作土功之事，利耗十分之七土刚不立。”又言夏秋冬违背时令，损害土地而有许不利，强调顺应自然。[①] 在守护修复堤防的阶段也主张顺时而为。“凡一年之中十二月，作土功，有时则为之，非其时而败，将何以待之……常令水官之吏，冬时行堤防，可治者，章而上之都，都以春少事作之已作之后……春冬取土于中，秋夏取土放外，浊水入之不能为败。”言明异季异法，明确顺天时观念对农业之影响。

地利观科学系统。及堤防建造之技术要求，文中交代具体合理。例如，要求堤防的断面上窄下宽呈梯形，堤坡种植荆条类作物，以应对雨水冲刷。堤上应种植大树柏、杨。以防决口。针对修筑河堤时常遇之难题——河道旁不规则的积水处置，提出行之有效之策：选择无草洼地，为之“囊”，用以临时贮水池，将积水引入，贮之。筑堤工程便简而易之。[②] 从地理环境角度切入，探讨水利工程结合地势进行选址、维护、修补，于后世地理学发展影响可谓之深。

无论五害之论抑或水利建设之述，“未雨绸缪，有备无患”的观点始终贯穿于行文之中。“常令水官之吏，冬时行堤防，可治者章而上之都。

① 周昕：《〈管子〉与农业》，《管子学刊》1999年第3期。

② 周昕：《〈管子〉与农业》，《管子学刊》1999年第3期。

都以春少事作之。已作之后，常案行。堤有毁作，大雨，各葆其所，可治者趣治，以徒隶给。大雨，堤防可衣者衣之。冲水，可据者据之。终岁以毋败为固。此谓备之常时，祸何从来?”[1] 强调防患于未然意识，指出堤防设施的维护亦是治水工作的未雨绸缪，其重人和、强调未雨绸缪的思想可见一斑。未雨绸缪的意识见微知著，深受农业活动影响，反之影响到其他生产生活中。

化天时地利人和为一，记未雨绸缪观念于心，方可作成此篇《度地》。

（三）类以分类、广纳百家之言的编辑方法

以自然地理为主比类，类以分类；流派丰富，百花齐放，异源同流。《管子》内容繁杂而广纳。例如，《地员》篇为农家著作，《弟子职》篇又为儒家之思想，《明法》篇《任法》篇《八观》篇及《轻重》篇等是法家之作，《四时》篇《幼官》篇《轻重己》篇等为阴阳家之著作，《兵法》篇是兵家的著作，《心术》上、下和《白心》《内业》四篇，郭沫若认为是宋烃、尹文之笔。[2] 其中内涵之深广，可谓流派丰富，百花齐放。《管子·度地》篇则属阴阳学派。文中两三句内容展现的思想学派，均可窥探出阴阳学说之意味。“冬作土功，夏多暴雨”云云，亦阴阳家言。[3] 而收录之广与百家争鸣密不可分，虽收录学派之广，然其核心编辑思想均为农学，可谓异源同流。

从全书到《管子·度地》篇，从地理学到水力学，细分分类。收录内容之丰富，自然编辑分类也随之而变。《管子》的编辑体裁，分为许多类：有《经言》《外言》《内言》《短言》《区言》《杂篇》《管子解》和《管子轻重》等名目，又有与《庄子》内、外、杂篇相似之处。[4] 亦存在多种篇目比类，类以分类。《度地》篇本身亦然。总体上，土地分析便类属自然地理大类，文内更对自然的水系类按来源进行详细分类。“水之出于山而流入于海者，命日多水，水别于他水，入于大水及海者，命日枝水，水之沟，一有水一毋水者，命曰谷水水之出于地，流于大水及海者，

① 周昕：《〈管子〉与农业》，《管子学刊》1999 年第 3 期。

② 雷火剑：《〈管子〉无神论及其农业思想》，《农业考古》2019 年第 4 期。

③ 白寿彝主编：《中国通史》第 3 卷，上海人民出版社 2015 年版，第 33 页。

④ 白寿彝主编：《中国通史》第 3 卷，上海人民出版社 2015 年版，第 33 页。

命日川水出地而不流者，命曰渊水。此五水者，因其利而往之可也……不久，常有危殆矣。”在基本的水系的大部分类上又进一步对水的远近、大小进行细分，类以分类，层层分类，可见比类运用之灵活。

（四）演绎推理、一问一答的类分体系

演绎推理逻辑严谨，问答体行文流畅。该篇在编辑的类分体系上，最大的特点就是运用演绎推理的方法，通过一般的规律，由大知小，以此例彼，一步步推理，得出如何合理治水防水的方法。“水之性，行至曲必留退，满则后推前，地下则平行，地高即控，杜曲则捣毁。”通过分析水的性质得出具体的治水方法“令甲士作堤大水之旁，大其下，小其上，随水而行”。而“水之性，行至曲必留退，满则后推前，地下则平行，地高即控，杜曲则捣毁。杜曲激则跃，跃则倚，倚则环，环则中，中则涵，涵则塞，塞则移，移则控，控则水妄行；水妄行则伤人，伤人则困，困则轻法，轻法则难治，难治则不孝，不孝则不臣矣。故五害之属，伤杀之类，祸福同矣。知备此五者，人君天地矣”。此小段将演绎推理运用到极致，通过分析水的性质到遇地势淤泥再到伤至行人以致百姓轻视法度紊乱邦国秩序，将水害与治国联系起来并实现了完美的思路闭合，可谓逻辑环环相扣，编辑严丝合缝。

通篇以问答体为主进行编辑，一问一答，行文流畅。主线清晰且围绕其铺陈展开，逻辑严丝合缝。作建都城为开篇，桓公问之而管仲答之，由浅入深，引出若要国富民强，则灭除五害为当务之急，强调水害为五害之首，过渡自然，对水利灌溉及水利工程建设展开详谈；结尾完善逻辑体系，补充描述余下四害的解决之道，以“备之常时，祸何从来?”观点收尾，逻辑清晰，观点张本继末。

（五）东传众国，推动水力学发展

传播至朝鲜，影响现代水力学。《管子·度地》篇讲述内容众多，其对水利工程的解释和设想乃最具价值，同时，对都城、土地等农业元素的设置亦奠定深远基础。其影响之大，甚至传到海外众多国家。中国商周时代叫“里”的地名之多，《管子·度地》称“百家为里”。如今，中国以“里”为名之地实属少见，而在朝鲜半岛，以“里”为地名的城邑村镇至今随处可见，如乾子里、三岐里、洪仪里、乾川里、老玄里、九切里等。[①] 文中关于水利工程之谈也极具价值。《度地》在对水利工程的设想进行阐述时，明晰渠道工程中的水力学问题，贡献巨大。如文中对压管流水力学现象的描述："水之性，行至曲必留退，满则后推前，地下则平行，地高即控。"对水跃现象的描述"杜曲则捣毁。杜曲激则跃，跃则倚，倚则环，环则中，中则涵，涵则塞，塞则移，移则控，控则水妄行"[②] 的思想亦开水利工程学先河。其对水害防治的思想及措施也对当今有极大借鉴意义。纵观全文，从对水的认识、重视，到提出水害防治措施设想，再到经验总结，无一不极具借鉴意义。

文中对水利工程选址之描述，亦积淀于风水学的历史长河。"水之性，行至曲必留退，满则后推前，地下则平行，地高则控。杜曲则捣毁。杜曲激则跃，跃则倚，倚则环，环则中，中则涵，涵则塞。塞则移，移则控，控则水妄行，水妄行则伤人。"选址在河曲凸岸一侧，即水环抱三面的岸上，远胜于选在凹岸、即河流反弓之侧。这一对于河曲现象深入分析而形成的理论总结，现代地理学家认为"可与今日自然地理中河道变迁规律的研究相媲美"。而建立在这种科学理论基础上的风水模式，纵令外敷迷信色彩，也终不可掩蔽它内涵实质所具科学智慧之光。[③]《管子》之价值，《管子·度地》之意义，可谓窥一斑而知全豹。

《管子·度地》以发展农业为编辑宗旨展开，全文编写遵从天时地利人和的三才思想，广征博引，运用类以分类等多种方法陈述观点，通过问答体和演绎推理的类分体系推动文章走向，从而做成此文。从历史背景下的编辑实践中诞生了相应的编辑思想，呈现出《管子·度地》。该篇以水利工程建设为主，嵌套编辑体系，是先秦农学、水力学编辑的最早尝试和呈现。对后世及他国的农学实践和农学书籍的发展进步具有长足影响。

七　最早系统记载农业技术的著作——《吕氏春秋·士容》上农等四篇

以《吕氏春秋·士容》中《上农》《任地》《辩土》《审时》四篇为

---

① 郑一民主编：《国学河北简明读本》，河北人民出版社 2018 年版，第 158 页。

② 蒋超：《管仲和〈管子〉》，《中国水利报》（新闻版）2020 年 4 月 30 日第 4597 期。

③ 林徽因等著，张竟无编：《风生水起　风水方家谭》，团结出版社 2007 年版，第 143 页。

代表，除了《上农》谈农本，其余三篇都是论述农业技术问题的，是保存至今最早的农业科学技术论文。《任地》等三篇所载的农业技术是以畎亩制（即垄作法）为中心的完整体系；对休闲制土地利用原则“息者欲劳，劳者欲息”耕地劳息交替的休耕原则也进行了概括。

《任地》在文章开篇提出了农业生产中的十大问题，前四个问题主要是讲如何把原有土地改造成可耕作的良田；第五个问题讲的是如何防除杂草；第六个问题讲如何使庄稼地通风；后四个问题是对农作物产量和品质的要求。这十个问题其实是当时农业生产的任务与目标，是《任地》等三篇的纲领性文件。

《任地》讲述了如何利用土地的总原则：

> 凡耕之大方：力者欲柔，柔者欲力；息者欲劳，劳者欲息；棘者欲肥，肥者欲棘；急者欲缓，缓者欲急；湿者欲燥，燥者欲湿。①

同时，《任地》还反映了掌握农时的重要性与方法：

> 草諯大月。冬至后五旬七日，菖始生。菖者，百草之先生者也。于是始耕。孟夏之昔，杀三叶而获大麦。日至，苦菜死而资生，而树麻与菽。此告民地宝尽死。凡草生藏，日中出，狶首生而麦无叶，而从事于蓄藏。此告民究也。五时见生而树生，见死而获死。天下时，地生财，不与民谋。②

《辩土》一文主要讲述不同土质要采取不同的耕作方法，因地制宜：

> 凡耕之道，必始于垆，为其寡泽而后枯。必厚其靹，为其唯厚而及。缶食③者挺之，坚者耕之，泽其靹而后之。上田则被其处，下

---

① 夏纬瑛：《〈吕氏春秋〉上农等四篇校释》，农业出版社1956年版，第34—36页。

② 夏纬瑛：《〈吕氏春秋〉上农等四篇校释》，农业出版社1956年版，第45—53页。

③ 夏纬瑛认为“缶食”字通“饱”字。

田则尽其污。[①]

同时，对从耕田到整地、播种等一系列农业生产技术也有较详细的论述，可以看作对《任地》开篇所提十问的再回答：

> 稼欲生于尘而殖于坚者。慎其种，勿使数，亦无使疏。于其施土，无使不足，亦无使有余。熟有耰也，必务其培，其耰也植，植者其生也必先。其施土也均，均者其生也必坚。是以亩广以平则不丧本。茎生于地者，五分之以地。茎生有行，故速长；弱不相害；故速大。衡行必得，纵行必术。正其行，通其风，心中央，帅为泠风。苗，其弱也欲孤，其长也欲相与居，其熟也欲相扶。是故三以为族，乃多粟。[②]

《审时》篇主要是讨论耕作如何适应天时的问题，反复阐述掌握农时的重要性。通过对禾、黍、稻、麻、菽、麦六种农作物的农时描述，说明了“得时之稼兴，失时之稼约”的农时道理，总结了古代劳动人民丰富的农业生产经验。

《吕氏春秋·士容》中《上农》等四篇大致取材于后稷农书，系统反映了战国时代的农业生产技术，其中《任地》以总论的方式提出了十项有关农业耕作的问题，但其并没有做出完整的回答，而是在《辩土》和《审时》中分别从土壤与天时方面对问题进行了具体论述，形成了一个完整的农业生产技术体系。《任地》等三篇的农业技术理论与《上农》的重农思想联合起来，成为中国传统农学思想和精耕细作技术的理论基础，是中国农书萌芽时期的杰出代表。

《吕氏春秋·士容》之上农等四篇，是少数保存至今的有关先秦农业生产的四篇论文[③]，大体上分两部分：第一部分是《上农》篇，集中论述了先秦农家的重农治国主张；第二部分是《任地》《辩土》《审时》三

---

① 夏纬瑛：《〈吕氏春秋〉上农等四篇校释》，农业出版社 1956 年版，第 62—63 页。

② 夏纬瑛：《〈吕氏春秋〉上农等四篇校释》，农业出版社 1956 年版，第 73—78 页。

③ 谷应声：《吕氏春秋白话今译》，中国书店 1992 年版，第 473—485 页。

篇，主要总结了先秦农业生产经验。《上农》等四篇是《吕氏春秋·士容》论中的后四篇。四篇内容各有侧重，《上农》主要论述了重农思想和农业政策，《任地》主要介绍土地利用的原则，《辩土》主要讲述耕作栽培的要求和方法，"审时"重点论述掌握农时的重要意义。

（一）"古先圣王之所以导其民者，先务于农"的重农治国编辑宗旨

观《上农》四篇，分为《上农》《任地》《辩土》《审时》，以《上农》为重，先秦之际，重农风气尤重，一国之国力体现，存军备与农事二者兼之，农家思想之重在于以农事教化民众。《上农》主张农为根，工商为末，强调"民农"，反对"舍本而事末"，指出"背本反则，失毁其国"[①]。《上农》提出"所以务耕织者，以为本教也"，把务农作为根本的教化，《上农》篇所论重农治国主张，重农治国主张为先秦农家之核心思想。《任地》《辩土》《审时》三篇自土地利用、耕作栽培、掌握农时三点记载先秦时期农业种植经验。《上农》四篇以重农治国为基，其重农色彩乃农家所荐治国之道，其教化民众之意更甚。

（二）遵时守道、顺应天时的编辑指导思想

《上农》等四篇中最突出的农业思想主要是认识和尊重农业生产活动中的自然规律——天时，认识和尊重自然规律本身就是人类利用自然资源的首要前提。[②] 其中将季节、物候、生产、耕作、生活等编织成一个农业生产体系，体现了"序四时之大顺"的农业生产活动的特征之一。人类认识自然的目的是通过自己的主观能动性利用自然和改造自然，《上农》等四篇不但倡导人们认识自然、尊重自然、保护自然，也倡导人们通过发挥自己的主观能动性去改造农业生产活动和环境资源。[③]

《上农》等四篇除传递重农治国思想外，并在书中讲解农作方法及经验。不仅讲到对土地的利用，也讲到关于轮番耕作的原则和五耕五耨的耕地原则，强调了时令的重要性，并借此篇来教导百姓如何管理农事。

---

① 刘冠生：《〈吕氏春秋〉之〈上农〉四篇的内容体系》，《管子学刊》2013 年第 3 期。

② 任泽玉、王挺：《〈吕氏春秋〉中〈上农〉等四篇农业思想体系及现实意义研究》，《交流园地》2019 年第 8 期。

③ 任润竭：《关于〈吕氏春秋〉文学价值的思考》，《淮海工学院学报》（人文社会科学版）2018 年第 5 期。

（三）编辑方法

1. 承前人之经典

《吕氏春秋·士容》中《上农》四篇大多由吕氏自先秦农家经典中采撷而出。就其来源后世也多有纷争，夏纬瑛先生曾提出“后稷农书”说。《任地》篇之初，以“后稷曰”语气提出十项问题，并于《辩土》《审时》两篇中作了补充或申论。由此观之，此《任地》《辩土》《审时》三篇均为《后稷农书》所传内容。所以我们可以认为：《吕氏春秋》的《上农》等四篇大部取材于《后稷农书》的。不过，在吕书的编辑中有所割裂或增减而已。[①]

刘玉堂先生主张《上农》四篇出自《神农书》，其作者乃战国时代的农家代表人物许行。清人马国翰辑有《神农书》一卷，要旨在于君民并耕。《商君书·算地》：“神农教耕而王天下，师其知也。”[②]《尸子》卷下亦云：“神农并耕而王，所以劝农也。”[③]《神农书》所承之农学思想与《上农》四篇均有相近之意。

徐富宏博士认为《吕氏春秋·士容》中《上农》等四篇应来自《野老书》。野老大概是战国时期楚国的一位隐士，曾在齐国、秦国活动过，晚年著有《野老书》，是我国古代一位重要的农学家。因其曾在秦国活动过，故其著作在秦地流传，吕不韦的门客将其部分采入《吕氏春秋》中。《上农》四篇农业思想与野老的农业思想相一致。[④] 其一，野老的“治国以地利”思想与《上农》四篇的思想是一致的；其二，野老的劝农思想与《上农》四篇思想相一致。故马骕说《上农》等四篇“盖古农家野老之言，而吕子述之”[⑤]。

《吕氏春秋·士容》中《上农》四篇与先秦农家诸多思想相近，吕氏承前人之著作，集农家之经典于此四篇。

2. 集农事之经验

《吕氏春秋·士容》中《上农》等四篇广集农事经验，并详载农业更

---

① 夏纬瑛：《〈吕氏春秋〉上农等四篇校释》，农业出版社 1956 年版，第 119—120 页。

② 江力：《商君书精注精译》，线装书局 2016 年版。

③ （清）汪继培辑，魏代富疏证：《尸子疏证》，凤凰出版社 2018 年版。

④ 许富宏：《〈吕氏春秋〉“上农四篇”来源考》，《中国农史》2009 年第 1 期。

⑤ （清）马骕：《绎史》卷 146《吕不韦相秦》，齐鲁书社 2000 年版，第 3216 页。

多原则及农事技巧。《任地》提出了农业生产的十个问题，并论述了部分农业耕作原则。《辨土》认为："大甽小亩，为青鱼胠，苗若直猎，地窃之也；既种而无行，耕而不长，则苗相窃也；弗除则芜，除之则虚，则草窃之也。"[①] 同时《审时》中强调并论述了适时耕作的重要性，并以"禾""菽""麦"等农作物为例作了说明。

（四）类分体系

1. 思想与方法分立

对于《任地》《辩土》《审时》的内容体系，农史学界有两种截然相反的观点：夏纬瑛先生认为："《任地》篇一开始，就用'后稷曰'的口气提出来十项问题，以下则是解答。但是《任地》一篇并没有解答明白，而是在《辩土》《审时》两篇中作了补充或申论，才算解答完成。"[②] 按夏纬瑛的说法，《任地》《辩土》《审时》是回答《任地》提出的十项问题的，具有完整的逻辑体系。[③] 许富宏博士则不同意这种说法，认为"《任地》提出的十个问题与《辩土》《审时》所论没有逻辑的必然联系，而是各有所论。两相比较，并无'补充或申论'的情形"[④]。

2. 辩论与问答相承

《上农》篇所体现思想尤重，以"重农治国"为核心，提出《上农》等四篇的农家思想。进而在《任地》《辩土》《审时》三篇内记载农业技术及经验，其中《任地》篇以承上启下衔接四篇，由思想到技术，形成垂直的类分体系。

（五）传播与影响

1. 言传与身教并进

古书主要的传播途径有两种：口头传播和文本传播，这两种途径在古书的流传中往往同时存在并且互相作用。从古书传播的方式来看，影响古书文本的流传方式有教授、传抄和整理等。[⑤] 先秦时期文字承载于竹

---

① 刘冠生：《〈吕氏春秋〉之〈上农〉四篇的内容体系》，《管子学刊》2013 年第 3 期。

② 夏纬瑛：《〈吕氏春秋〉上农等四篇校释》，农业出版社 1956 年版，第 128 页。

③ 刘冠生：《〈吕氏春秋〉之〈上农〉四篇的内容体系》，《管子学刊》2013 年第 3 期。

④ 许富宏：《〈吕氏春秋〉"上农四篇"来源考》，《中国农史》2009 年第 1 期。

⑤ 谢科峰：《早期古书流传问题研究——以相关出土文献与传世文献的比较为例》，博士学位论文，上海大学，2015 年。

简和帛上，制作难度大，传播耗费多，难以实现以文字形式广泛流传。《吕氏春秋》作为先秦时期的著作其编纂来源广泛，为整理所得综合性书籍，其中《吕氏春秋·士容》中《上农》等四篇更多以身教面授的形式在民众中传播，将农学思想和劳作技巧自上而下传播。同时，《上农》等四篇更是偏向实践性的农学著作，口口相传的传播方式更加有利于其传播。

2. 重农与治国同体

所谓“上农”就是重视农业，讲的是重视农业的思想和政策：从巩固国家、社会安定、安土重迁等方面反复阐述重农的必要性。文中强调人民从事农业就会淳朴，人民淳朴就易于使用，易于使用，边境就会安定，君主地位就会尊崇。人民从事农业就会稳重，稳重就会减少私人交往，私人交往减少，那公法就易于建立，这样就会专心从事农业生产。使他们迁徙困难，就老死居住地而没有其他考虑。反之，百姓如果舍弃农业就会不听政令，不听政令就既不能依靠他们防守，又不能依靠他们攻战。放弃农业百姓的家产就会减少，家产减少就会随意迁徙，随意迁徙在国家遭受困难时就会远走高飞，国家也就难于治理。[①]

3. 理论与实践互证

《吕氏春秋》之《上农》《任地》《辩土》《审时》四篇联系天时、土壤、水肥、田间管理，揭示出了耕作体系中相互关系的辩证法。古代劳动人民在实践中，逐步认识到不同作物、不同品种在其生长的不同阶段，出现与外界环境的不同矛盾，要求管理的措施也随之而异。[②] 从五个方面对农业生产作出了指导：重农可以尽地利；把天时、地利、人和三要素应用到农业生产之中；总结土壤耕作的经验，奠定了中国传统耕作技术的理论基础；总结了耋作法的一系列措施；从农学的角度强调掌握农时的重要性。

《上农》等四篇虽不是一部独立的农书，但四篇联成一体，仍能构成比较完整的农业技术知识体系，从农业思想和农学理论方面为中国精耕细作农业的发展奠定了基础，对中国传统农学的发展做出了贡献。为我们研究中国古代农业科学技术的兴起与发展，提供了宝贵的资料。

---

① 谭黎明：《〈吕氏春秋〉中的农业科学技术研究》，《兰台世界》2011 年第 3 期。

② 张企增：《〈吕氏春秋〉中上农等四篇的农学成就和农业辩证法思想》，《河南农业大学学报》1988 年第 3 期。

第四章

中国古代农书发展并日臻成熟阶段的编辑实践

秦汉魏晋南北朝时期，是中国古代农书充分发展并日臻成熟的阶段。大一统的秦、汉帝国使得农业生产水平得到了大幅度的提升。相对稳定的社会，让铁犁牛耕这种较为先进的农业生产方式在黄河流域得到了普及，并逐步向其他地区扩展。这种先进的农业生产技术使得社会经济有了飞跃式的发展。魏晋南北朝时期虽是中国历史上的大分裂时期，动荡的社会使得农业生产遭到一定程度上的破坏，但多是物质层面的重创。先进的农业生产方式所蕴含的巨大能量，在此时期得到了继续释放，农业生产力并未倒退。北方少数民族的大举南下使“引弓之士”归单于管辖，“冠带之室”由汉帝统治的局面成为了过去时。游牧经济随着“控弦之士”的铁骑被带到了黄河流域，为农耕经济为主的“汉地”注入了新鲜血液。成书于北魏时期的农学经典巨著《齐民要术》，正是对这一时期黄河中下游地区农牧业生产经验做出的系统性总结。同时，“五胡乱华”所引起的“衣冠南渡”，使江南地区有了先进的农业生产技术和充足的劳动力，江南地区得到初步开发，为江南地区的农业发展奠定了基础。当然，也为后世南方农书的大量出现提供了先决条件。

第一节　发展并日臻成熟阶段古代农书编辑的社会条件

一　由大一统到大分裂

公元前221年，秦王嬴政统一六国，建立起中国历史上第一个统一的、多民族的、专制主义中央集权的秦帝国。结束了春秋战国以来500多年的诸侯争霸、分裂割据的局面，虽只存在了15年便于二世而亡，但随后刘邦把秦始皇建立的一整套政治、经济制度继承下来，建立了国祚420多年的汉帝国。秦汉时期就是中国历史上第一个大一统时期。而继秦汉之后的魏晋南北朝，中国历史开始进入长达400多年的大分裂时期，从魏蜀吴三国的纷争开始，经历了西晋的“八王之乱”“永嘉之乱”、五胡十六国与东晋对峙、南朝与北朝并立，直到589年隋朝统一南北，中国才又归于一统，分裂局面结束。

二　铁犁牛耕的进一步推广与江南地区的初步开发

春秋战国时期，铁农具和牛耕虽然已经得到了初步推广，但从出土的铁农具中很少看到铁犁，即使有，形制也非常原始，牛耕在春秋战国时期只是得到初步推广。长期的诸侯兼并战争，不可能使这种新的耕作方式得到普遍性推广，其蕴含的能量也就不可能充分发挥出来。

秦王扫六合统一全国，本可以把牛耕这种已经在秦国大力推广、并已初见成效的耕作方式推广到关东六国，使社会生产力得到大幅度提升，但由于秦朝施行暴政，繁重的徭役、沉重的赋税、严酷的刑罚反而破坏了社会生产力。西汉建立后，社会进入了一个相对稳定的时期，汉高帝及其继任者吸取秦亡的教训，与民生息，重视对农业生产的保护和劝导，至汉武帝时，赵过发明的“耦犁”得以推广，使铁犁牛耕这种先进的技术在黄河流域的农业生产中得到普及，并有向其他地区扩散之势，社会经济得到了飞跃式发展。魏晋南北朝时期，虽然大部分处于分裂状态，农业生产遭到了一定的破坏，但仅是物质财富层面遭到了严重的破坏，农业生产力并没有倒退，农业生产工具仍在继续发展，春秋战国时期在黄河流域初成的精耕细作传统并没有因为战乱而中断，并且由于南北双方都有或长或短的局部统一时期，特别是北魏统一黄河流域使得北方农业有了一定的恢复和发展，加之北魏政权系北方少数民族南下所建立，其传统的畜牧业也被带到了黄河流域，并有所发展；同时由于黄河流域多战乱，引起了中国历史上第一次大规模人口南迁，“衣冠南渡”给江左①地区

① 江左、江东、江南均为长江中下游地区的不同称谓。

带来了大量的劳动力和先进的农业生产技术，使得江东地区得到初步开发，为唐宋之际经济重心的南移打下了良好的基础，也为隋唐两宋时期南方水田耕作体系的形成及其农书的大量涌现提供了先决条件。

三　从文化大一统到乱世中的多元文化

秦汉时期，无论是秦时的“以法为教，以吏为师”的法家高压，还是汉武帝的“罢黜百家，独尊儒术”在思想文化方面都实现了文化大一统。不论什么思想的统一都含有对农业发展的指导意见。

秦汉时期政治、经济、文化等方面高度统一，大型综合性农书首次大量涌现。虽大都失散甚早，已无考，但从后世典籍中所保留的一鳞半爪，还是可以确定西汉末年成书的《氾胜之书》确是我国现存最早的大型综合性农学著作。

魏晋南北朝时期，由于社会大动荡，“名教”地位受到严重的挑战，特别是“玄学”的盛行以及佛教的西来，文化由大一统走向了多元化发展。加之这一时期北方少数民族入主中原，游牧文化在中原地区迅速传播，文化异常活跃，所以出现了系统总结6世纪以前黄河中下游地区农牧业生产经验的，现存最早、最完整、最系统的大型综合性农业科学著作——《齐民要术》。

四　大型灌溉渠系的大量出现

秦汉时期，由于长时间的统一，使得统治者有时间和能力为发展农业而大量修筑大型灌溉渠系。到汉武帝统治时期，武帝本人出于开疆拓土的需要，为了解决军粮转运的问题，开凿了大批漕渠，关东地区的粮食得以顺利进入关中。同时在关中地区兴修水利，水浇地面积的激增提高了当地的粮食产量，使关中地区成为八百里沃土秦川。短短数十载，关中地区便开凿了六辅渠、龙首渠、白渠等大批水利工程，这段时间是关中地区有史以来兴修水利的黄金期。

魏晋南北朝时期，统治者对于江南地区的经济开发，河湖堤堰的治理，做了大量的工作。曹魏兴修渠堰堤塘；北魏孝文帝下令水田之处通渠灌溉。南朝时，统治者在江南多水之区多修陂与堰、埭，变水患为水利。陂是堤池，用以蓄水灌溉，俗名池塘。堰是堤堰，壅水为埭曰堰，凡阻水、挡水、围水之堤皆可称堰。意思是水丰时，将水围在堰塘（高于田地）里，类似今天的水库，以备干旱时节使用，并且能通过渠道，自然流动，低洼地里的水也用水塘围起来，不让水白流走，使旱涝保收。以石筑之，谓之石碣。堰、埸二者相近似，皆为堤岸一类土石水利结构。江南水利系统，除疏导江、河、渠道，使其畅通外，皆重视陂塘堰埸的兴修。江南历代劳动人民前后相继，魏晋南北朝用力更甚，赖兴修水利之功，使江南农业有了巨大发展，成为富庶繁华之区。

五 北方精耕细作技术逐步趋于成熟

北方精耕细作技术逐步趋于成熟始于秦汉魏晋南北朝时期。西汉赵过发明了耧车，并使之与“耦犁”一起得到了推广。同时赵过在“垄作法”的基础上，又发明、推广了“代田法”，提高了作物的防风抗旱能力，强化了精耕细作技术。《氾胜之书》在“代田法”的基础上又发展出了“区田法”，同时反映了农作物从耕种到收获全过程的规律。耕作制度以连年种植制为主，有些地方实行休耕制，出现了两年三熟制。

魏晋南北朝时期，特别是北魏成书的《齐民要术》，把 6 世纪以前黄河中下游地区农牧业生产经验加以系统的总结。说明此时黄河流域以精耕细作为特点的农业生产技术已经日臻成熟。同时由于北方战乱，大量人口南迁，江南地区得到开发，垦田面积扩大，耕作技术也随之有了较大进步。

六 农业生产力的巨大发展

秦汉以来，由于社会的稳定，水利灌溉系统的大规模开凿，以及新农具、新技术的推广使得农业生产力得到了巨大发展，特别是关中地区农业生产力发展更是突飞猛进。直接的表现就是汉朝人口顶峰时期，人口已达到 5900 万人，而关中地区“人居天下五分之二”。

魏晋以降，虽然战乱频仍，人口骤减，生产力遭到破坏。但北方少数民族政权入主中原，加大了与中原的联系，中原先进的农业生产技术传到了少数民族故地后，边疆地区特别是辽东地区及河西走廊的农业得到了较快的发展。北魏统一黄河流域后，黄河流域的农业得以迅速恢复并有了一定的发展。

同时，由于“衣冠南渡”给南方带去了大量的劳动力和先进的农业生产技术，江南得到了初步开发，农业生产力得到了很大的提升。南北经济趋于平衡，为以后经济重心南移打下了基础。

第二节　发展并日臻成熟阶段古代农书编辑实践的特点

秦汉魏晋南北朝时期的农书大都散佚、今不可考。《汉书·艺文志》所载的农书共9种，除《神农》《野老》成书于战国时期以外，其余7种，“不知何世”的农书有4种，在汉代就已失传无考；剩余3种农书，刘向与班固都认为是西汉时期所著的农书，分别为《氾胜之》18篇、《董安国》12篇、《蔡癸》1篇，可惜后两部农书失散甚早，今亦无考。只有《氾胜之》18篇(即《氾胜之书》）在北宋初似乎还可见原书，但后来也散佚了。目前仅靠《齐民要术》等几部农学著作对其的征引，保存了一些零星片段。

由于自《汉书》后的500余年间、12种正史，如《后汉书》《三国志》《晋书》《魏书》《北齐书》《周书》《宋书》《南齐书》《梁书》《陈书》《南史》《北史》均没有“艺文志”或“经籍志”的内容，《隋书·经籍志》中子部农家类记载《四民月令》后只有《齐民要术》一部大型综合性农书①，因此我们大致可以推断，《氾胜之书》之后500余年间直至《齐民要术》的出现，二者之间可考的农书只有一部农家月令体裁的《四民月令》。这三部农书也就是当时农业生产技术水平的集中反映，是秦汉魏晋南北朝时期农书编辑的典型代表。

一　广征博引、源于实践的资料收集方法

此时期虽然农业科学发展水平较先秦时期有了长足进步，黄河流域以抗旱保墒为主要目的的精耕细作农业体系基本完成，并日臻成熟。但所有的技术积累都要先于其理论体系的形成，二者不可能同步，理论体

---

① 据记载，萧梁时期保存过一些关于畜牧、养鱼等小型专业性农书，均毁于江陵大火之中，并且其内容及真实性均被后世所质疑。

系的形成若要反映到其载体著作中，则又需要一定时间的沉淀过程。因此，此时期农书在取材方面可供参考的文献虽较春秋战国时期内容丰富许多，然较后世而言还是十分有限的；加之受时代条件的影响，一些古农书在当时就已散佚，抑或不完整、不完备。受此两方面的影响，此时期农书资料收集的主要来源，还是以其编者在指导或直接参与农业生产活动的过程中所积累的经验和一手资料为主。

《齐民要术》是该时期农书的翘楚之作，也是中国农学史上最具影响的农书之一。该书对前世农书进行了系统性总结。《齐民要术》中所记载的农学技术知识，与以《氾胜之书》为代表的汉代农书相比，在多方面都有长足进步。无论是耕作技术、种子培育，还是果树嫁接和家畜饲养等多方面的农业技术知识，均大都来源于对农业生产实践的知识总结。《齐民要术》正文分成10卷，92篇，收录了6世纪以前中国农艺、园艺、蚕桑、畜牧、造林、兽医、配种、酿造、烹饪、储备以及治荒的方法，书中援引古籍或当时著作200余种，据近人胡立初考证：其中包括经部30种（实际为37种）、史部65种、子部41种、集部19种，共计155种（实际为162种）。此外，无书名可考的尚不下数十种。[①] 而且对所引的每一句话都标明出处，治学态度十分严谨。同时，正是由于《齐民要术》的征引使我们后学晚辈得以窥见许多完全散佚或不完整农书的"吉光片羽"，如《氾胜之书》《四民月令》等现已失传的汉晋重要农书，在《齐民要术》中多有征引，从而使我们可以了解这些散佚农书的概貌与精髓，同时也可大体了解当时的农业运作概况，是对中国传统农业文化的保护与继承。广泛搜索前人文献是农家学者撰写农书的一大特色，即贾思勰所言"采捃经传"，这也是古代农家的重要传统，特别是在综合性农书中，取材范围更广，包括经、史、子、集等各方面材料，其中又以儒家经典、以往农书和与农业相关学科文献的积累为主。

二　大型综合性农书体裁首现

从秦至魏晋南北朝，农业生产力和农业技术有了巨大发展。特别是进入汉代以后，国家社会进入了一个长期相对稳定的阶段，尤其是汉武

---

① （北魏）贾思勰：《齐民要术》，石声汉等译注，中华书局2015年版，第4页。

帝时期赵过总结的代田法与其发明的耦犁在关中地区的推广，使铁犁牛耕这种先进的技术在黄河流域的农业生产中得到普及，并有向其他地区扩散之势，使得春秋战国以来所形成的新的生产动力所蕴含的巨大能量得以充分发挥，社会经济得到了飞跃式发展。同时汉平帝年间中国人口已达5900万人，农业技术的成熟与人口对粮食的巨大需求，使得系统总结农业生产技术成为一个迫切的需求，大型综合性农书的出现成为历史的必然。

大型综合性农书是对各种农业技术知识进行的系统记录，其特点是资料丰富、总结全面、适用范围广，堪称指导当时农业生产的全局之作，也是一个时代农学水平的集中体现。由于春秋战国时期无论是农业工具还是农业生产技术都远未成熟，因此，只在一些典籍中出现了一些有关农业知识的论文，它们虽然也对农业生产知识进行系统总结，但毕竟不是真正意义上的农业专著。只有农业生产水平达到一定的高度，农业生产工具与农业知识体系都趋于成熟之后，才可能出现真正意义上代表该时期农业发展水平的农学专著。《氾胜之书》和《齐民要术》这种对北方旱农精耕细作技术体系进行系统总结的传统农学传世经典才可称其为大型综合性农书。

三　首创农家月令体农书

前文已述，月令体裁农书有官方月令与农家月令之分。官方月令出现得很早，如《夏小正》《礼记·月令》《吕氏春秋·十二纪》均为其代表之作。然而它们都是政府按月安排其政务的指导性手册，虽适用范围较广，然具体到某一农业生产操作事项就显得不够详细与准确了。西汉时期的封建地主制下，地主分为身份型地主与庶民型地主。身份型地主拥有政治特权，占有大量土地；庶民型地主大部分为“力田致富”的“力田地主”，他们中的杰出者往往是因其富厚、武断乡曲、交通王侯的地方豪强，虽在汉武帝的打击下势力渐弱，然东汉的建立却是得力于南阳、河北等地豪强地主的支持，因而他们成为东汉的地方新贵。东汉末年天下大乱，这些地方豪强出于或聚族自保，或举宗避难的目的，都拥有一定规模的准军事编制的私人部曲，发展到魏晋时期就成为宗主都护制下的坞壁。这种经济经营方式虽然不是完全合法，但却始终存在，属于“闭门成市”，可以自给自足。他们在从事农业生产的过程中如果还用官方月令作为指导的话，就显得针对性不足，不够详细具体。编辑出更有针对性地指导他们农业生产的农书成为迫切需求，农家月令体农书正是在这种需求下产生的。东汉时期崔寔所编著的《四民月令》正是指导这种地主田庄经济的典型代表著作。《四民月令》虽然也是对各种生产和社会活动提出指导性意见，但不像官方月令那样带有政府政令性质的强制性，它以民家为本，以月令形式安排以家庭为单位的各种活动，属于微观经济范畴，所以更加具体，更具有针对性。

四　专科、志录类农书体裁的出现

自给自足的小农经济确立后，就要求在掌握大田作业的生产技术经验的基础上，还要掌握与之相关的畜牧、蚕桑、园艺、种树、养鱼等方面的相关知识，专业性农书就在这一时期大量涌现，农书的分类更加细化了，如《相六畜三十八卷》《世说新语》中注引过的《相牛经》《相鸭经》《相鸡经》《相鹅经》《卜式养羊法》《养猪法》《淮南王蚕经》《蚕书》《竹谱》《种植药法》《陶朱公养鱼法》等。另外，由于当时北方游牧民族大举入主中原，战争频发，军马成为紧俏的战略物资，于是，此时期也出现了大量相马、医马等方面的农学专著，如《治马经图》《相马经》《治马经目》等。

秦汉统一大帝国的建立，各民族文化交流加强，边远地区经济得到了发展，人们对边远地区的物产风俗知识也有了一定的积累。特别是魏晋南北朝时期大规模的人口南迁，江南地区得到了初步的开发，也出现了大批反映当时边远地区物产和风俗的志录类著作，其中以记录岭南地区物产的志录类著作最为突出。缪启愉、邱泽奇的《汉魏六朝岭南植物“志录”辑释》辑录了汉魏六朝时期岭南地区植物的专书或专文 25 种之多，但均已亡佚，如万震的《南州异物志》、沈怀远的《南越志》、魏完的《南中八郡志》等。虽然它们不是严格意义上的农书，但却反映了该地区的动植物资源与农业的密切关系，其中最著名、保存最完整的是《南方草木状》。其作者嵇含（263—306），字君道，号亳丘子，河南巩县亳丘（今鲁庄）人。《南方草木状》于 304 年成书。最早对其著录的是南宋时期宋尤袤的《遂初堂书目》，后《文献通考》和《宋史・艺文志》

都对其进行著录。今本《南方草木状》全书共分 3 卷，不足 5000 字，主要收载了晋代交州、广州两辖区（相当于今广东、广西和越南中、北部）出产或西方诸国经交州、广州两地引入我国的植物，按其性状分为草类 29 种、木类 28 种、果类 17 种、竹类 6 种，共计 80 种，是世界上第一部记载热带、亚热带植物的区域植物志。《南方草木状》以文字典雅著称于世，汇集了许多珍贵的植物史料，南宋以后广为流传，先后被 20 余种丛书所收载，并且发行过一些单行本。后世花谱、地志亦多次引述，在国外也颇具影响，日本和西方一些著名学者也进行过录用和论述。

五　“重农抑末、资政重本”的重农编辑宗旨

中国古代从商鞅变法开始就施行重农抑商、奖励耕织的政策，农业生产成为国家存亡绝续的关键所在。“一夫不耕，或受之饥，一女不织，或受之寒。”[1] 这句话表明在传统农业社会中，农桑为衣食之本，已成为国家大政方针，历来备受统治者重视。“农，天下之本也。黄金珠玉饥不可食，寒不可衣。”汉景帝的这句话就充分说明了统治者对农业的重视程度。

西汉初年著名政论家晁错，汉景帝时任御史大夫，其坚持“重本抑末”的农政方针，强调农业生产是国家的基石。晁错在其著作《论贵粟疏》中全面论述了“贵粟”（重视粮食）的重要性，提出重农抑商、入粟于官等主张。他在书中曾强调：“珠玉金银，饥不可食，寒不可衣。……粟米布帛……一日弗得而饥寒至。”[2] 表达了他重农抑商的观点，详细解释了国家执行重农抑商政策的必要性：

> 民者，在上所以牧之，趋利如水走下，四方无择也。夫珠玉金银，饥不可食，寒不可衣，然而众贵之者，以上用之故也。其为物轻微易藏，在于把握，可以周海内而无饥寒之患。此令臣轻背其主，而民易去其乡，盗贼有所劝，亡逃者得轻资也。粟米布帛生于地，

---

① 邝士元：《中国经世史 · 国史论衡系列》，生活 · 读书 · 新知三联书店 2013 年版，第 421 页。

② （东汉）班固著，薛学等点校：《汉书》，团结出版社 1996 年版，第 146 页。

长于时，聚于力，非可一日成也。数石之重，中人弗胜，不为奸邪所利；一日弗得而饥寒至。是故明君贵五谷而贱金玉。

而商贾大者积贮倍息，小者坐列贩卖，操其奇赢，日游都市，乘上之急，所卖必倍。故其男不耕耘，女不蚕织，衣必文采，食必粱肉；无农夫之苦，有阡陌之得。因其富厚，交通王侯，力过吏势，以利相倾；千里游遨，冠盖相望，乘坚策肥，履丝曳缟。此商人所以兼并农人，农人所以流亡者也。今法律贱商人，商人已富贵矣；尊农夫，农夫已贫贱矣。故俗之所贵，主之所贱也；吏之所卑，法之所尊也。上下相反，好恶乖迕，而欲国富法立，不可得也。①

在“重农抑末”已经上升到国家层面大政方针的情况之下，汉代农学家们的身份大都为地方一级官吏或主管农事生产的官员，他们都执行国家“劝课农桑”的大政方针，并直接指导过农业生产实践，作为最懂“国本”重要性的一批人，其所著的农学著作如《董安国》十二篇、《蔡癸》一篇以及著名的《氾胜之》十八篇等虽大都已佚，只能通过后世的典籍窥其一鳞半爪，但可以肯定的是，它们都带有强烈的重农思想。

西汉皇族淮南王刘安及其门客集体编写的一部哲学著作《淮南子》中，提出“衣食之道，必始于耕织”，“食者，民之本”等主张。东汉刘陶曰：“民可百年无货，不可一朝有饥，故食为至急也。”② 这些论述虽不是直接出自农学家之口，但却被后世农学家反复引用，奉为经典。两汉时期，大量出现对农学进行系统研究的专家，他们大多是具有“农稷之官”特征的朝廷官员，资政重本、劝课农桑是他们的职责所在，也是他们编辑农书的主要目的。他们研究的成果颇丰，但大多散佚，今已无考。仅《氾胜之书》现存有辑本，但从石声汉先生与万国鼎先生对《氾胜之书》辑佚出的3000余字的研究中可见，其资政重本、劝课农桑的编辑动机还是清晰的。《氾胜之书》载：“神农之教，虽有石城汤池，带甲百万，而无粟者，弗能守也。夫谷帛实天下之命。卫尉前上蚕法，今上农事，

---

① 吴楚材、吴调侯：《古文观止》，万卷出版公司2014年版，第115页。

② （南朝·宋）范晔：《后汉书》，中华书局1965年版，第1846页。

人所忽略，卫尉勤之，可谓忠国忧民之至。”① 从上述引文中不难看出，粮食是天下之本，是统治者统治天下的命脉。文中对“卫尉上蚕法”极力称赞，将这一做法视为忠君爱民之举，当然也表明了作者的态度和编辑动机。东汉崔寔在《政论》中提出，“国以民为根，民以谷为命，命尽则根拔，根拔则本颠，此最国之毒忧”②，不难看出作者忧国忧民的胸怀和对国计民生的关注，从侧面反映了作者撰写《四民月令》的出发点与目的，也是作者为挽救大厦将倾的东汉王朝而提出的具体政令措施。崔寔强调粮食生产的重要性，提出：“农为邦本，食为民天。”③ 既说明了人民与国家的关系，也强调了农业生产的重要性。

魏晋南北朝时期，虽社会动荡、战乱频仍，然重农思想在这乱世之秋更为人们所重视，对最高统治者而言就显得更为重要了，这也使得此动荡时期，农业生产力没有倒退，农业生产工具仍在进一步发展，农业生产的内容更加丰富。贾思勰，在魏晋南北朝动乱时局下，不受当时玄学空谈之风影响，坚持以农为本的理念，收集整理历代以及当时农业生产知识，亲自参加农牧业生产实践，以期改善他们的生活，并耗费十余年时间写成农学巨著《齐民要术》，向广大劳动人民传授农业生产技术，本身就是他重农思想的集中体现。重农思想贯穿于《齐民要术》全书，在其《序》中有比较集中的表述，“食为政首”，“要在安民，富而教之”都表明了民食是治国安邦的基础，只有农业生产发展了，人民富裕了，社会才能安定。贾思勰还首次对前代“食为政首”思想作了系统总结，并说：“神农为耒耜，以利天下；尧命四子，敬授民时；后稷，为食政首。”④ 贾思勰在《齐民要术》“自序”中的重农思想虽大部分是引述前代农书的内容，但贾思勰也对其给予了高度的评价：“诚哉言乎！”

该书的“重农”思想与春秋战国时期的“农本”思想一脉相承，并有了重大发展。《齐民要术》的“重农”思想并不只是停留在理论上，而是通过对历代农业发展经验的总结，加上作者本人的实践，讲求实际，

---

① 万国鼎：《氾胜之书辑释》，中华书局1957年版，第169页。

② （东汉）崔寔：《四民月令辑释》，农业出版社1981年版，第129页。

③ 严可均：《全上古三代秦汉三国六朝文》（第2册），河北教育出版社1997年版，第447页。

④ （北魏）贾思勰原著，缪启愉校释：《齐民要术校释》，农业出版社1982年版，第1页。

对农业生产有实际的指导作用；与此相关，《齐民要术》还反映了重视实践、主张革新，不盲从于前代农学经典的特点，对能提高劳动生产力的新生产工具及其发明推广者都推崇备至；备荒减灾也是贾思勰“重农”思想的体现，即用加强农业生产的办法来解决灾荒给人们带来的饥饿与灾难，并具体提出了备荒的办法。正如贾思勰在其《序》中所言：“舍本逐末，贤者所非，日富岁贫，饥寒之渐，故商贾之事，阙而不录。”[①] 说明贾思勰在编辑《齐民要术》时，就确定了“重农抑商”的编辑宗旨。

综上所述，在中国自然经济占主导地位的传统农业阶段，“食为政首、重农抑末”思想已成为社会各阶层的一种共识，作为农书编辑主体的农学专家们，在其编辑农学著作中，无论是资料的选择还是结构的编排都必定反映“重农抑末”“食为政首”“资政重本”的编辑宗旨。

六 “顺天时，量地利”的“三才”编辑指导思想

作为中国传统农学思想核心的“三才”思想是古代劳动者长期从事农业生产实践的经验总结。发展到秦汉以后，“三才”思想已深入人心，扩展到了政治、经济、文化等各个领域，是当时人们认识、处理自然和社会问题的重要依据。例如汉代扬雄用“三才”思想对儒家作出了自己的解释“通天地人之谓儒”。此时期无论政治家或思想家都重视天地人的关系，并且都强调人自身的力量和作用，这是对先秦时期“三才”思想的一个重大理论扩展。这种扩展了的“三才”思想又反作用于农书的编辑工作，因此在农书的编辑过程中，无论是内容还是结构体系都打上了“三才”思想的烙印。只要涉及农业生产问题，就会很自然地与天时、地利和人力相联系。如《汉书·食货志》就记载有晁错“粟米布帛，生于地，长于时，聚于力”的论述。“聚于力”初步反映了人在农业生产中的重要能动作用。作为专门指导农业生产的农书，“三才”思想也始终贯穿于其中，指导农书的编辑工作。

《氾胜之书》在编辑过程中，字里行间都体现了对“三才”思想的充分运用。《氾胜之书》在阐述耕作制度的总原则时仅仅用“趣时、和土、务粪泽、早锄、早获”寥寥数字就做出了全面概括性总结。这个概括性

---

① （北魏）贾思勰：《齐民要术》，石声汉等译注，中华书局 2015 年版，第 19 页。

总结处处体现了“三才”思想。所谓“趣时”就是要力争赶上农时，“趣时”体现在农业生产从耕作到收获的各个环节当中，这就是所谓的利用天时，即“长于时”；“和土”就是使土壤和解，使之有利于农作物生长，为其营造一个水分得当、温度适宜、土壤结构优良的生长环境，也就是要求人们在农业生产过程中充分发挥地利的作用，即“生于地”；“务粪泽”中的“务粪”就是要想保持土壤肥力，就要人工施肥。“务泽”就是保持土壤中的水分，即保墒。这充分体现了人的作用，即“聚于力”。“早锄、早获”则是突出了人在农业生产中的主观能动作用。以上农业生产中的六个要素和谐统一，便是氾胜之农业“三才”思想的具体体现。其中在人与天的关系方面，人所能发挥的能动作用十分有限，只能做到“趣时”，但与《吕氏春秋·士容》《上农》等四篇中提出的“时至而作，渴时而止”的观点相较，《氾胜之书》所提出的“趣时”已经表现出人对天具有一定的能动作用。在人与地的关系方面，人的能动作用就更为明显，可发挥的空间更大，主动性更强，可以做到“和土，务粪泽，早锄早获”。《氾胜之书》除了以“重农”思想为其编辑宗旨以外，在耕作制度总原则及各项技术原则中也都体现了“三才”思想，是对先秦农学著作（特别是《吕氏春秋·士容》《任地》等三篇）“三才”思想的进一步阐述和发展。《氾胜之书》仅用447字就对耕作制度总原则进行了简明的阐述①，文虽不多，但体系完整严密，尤其是《吕氏春秋·士容》中用《任地》等三篇所表达的“三才”思想，《氾胜之书》仅用7字即“趣时、和土、务粪泽”就作出了全面概括，但较前者内容更丰富、体系更完备。

具体来说，就是“天、地、人”对农业生产的影响不是彼此不相涉的三个孤立条件，而是一个有机联系的整体系统。“趣时”原则基本与《审时》篇相对应，在《审时》篇中，对农时的掌握上只是通过“得时之稼”与“失时之稼”的对比，以此强调“天时”对农业生产的重要性。《氾胜之书》则具体论述了从耕作到收获各项农事活动要适期掌握，对土壤适时耕作不但有了时令、物候的要求标准，而且有了用木橛测候的具体方法，二者相较，“趣时”原则远比审时篇具体细化得多；“和土、

---

① 石声汉：《氾胜之书今释》，科学出版社1956年版，第58页。

务粪泽”原则大致与《辩土》、《任地》篇相对应，《任地》中提出的改造土壤结构与肥力的方法，仅局限于“凡耕之大方：力者欲柔，柔者欲力；息者欲劳，劳者欲息；棘者欲肥，肥者欲棘；急者欲缓，缓者欲急；湿者欲燥，燥者欲湿”①，而《氾胜之书》仅用“和土”二字就已尽得其精髓，“强土而弱之，弱土而强之”则是对土壤耕作技术的具体化，“和土”原则不但对深耕熟耰技术有所发展，而且对战国时期所形成的畎亩结构形式进行了更合理的扬弃，使得黄河流域旱地耕作技术有了新发展。《任地》等篇只讲到对农田的排涝、洗碱，施肥与灌溉几乎没有涉及，虽然强调了人在农事中要发挥一定作用，但人的因素与天、地因素相比显得较为弱化。而《氾胜之书》中“务粪泽”的技术原则不但提出了要尽力保证土壤肥力与水分，提出了具体的灌溉与施肥技术，而且通过对精耕细作措施的重视，确定了防旱保墒是农事活动的中心环节这一总原则，彰显了人的因素在农事活动中的突出地位。

从“趣时”即掌握天时、“和土”即发挥地力、“务粪泽”即精耕细作，三者有机结合、互相联系、密不可分，加之“早耕早获”就构成了《氾胜之书》“耕之本”这一命题的解释，它们都是以发挥人的主观能动性为前提条件的，这充分体现了人的作用，即“聚于力”，这均是“三才”思想在耕作栽培方面的具体化。这种发展了的“三才”思想贯穿于《氾胜之书》编辑始终，对其编辑工作起到了不可忽视的指导性作用。

《四民月令》是月令体裁农书，按时令耕种、安排农业生产，其体裁本身就是“三才”思想中“顺天时”的一种表现形式，但受其写作体例所限，只是对各月份的农事活动进行安排与指导，具体农业技术方面阐述较少，因此其对“地利”“人力”论述就显得较薄弱。《四民月令》是在农时学体系日趋成熟时期应运而生的。其在编辑过程中，是严格按照农时学理论中二十四节气对农事生产活动的影响，遵循“顺天时”的“三才”思想，来组织文章内容与结构的。全篇均按时令来安排家庭生活中的事务。如“三月。三日可种瓜。是日以及上除可采艾”，“清明节，命蚕妾治蚕室”② 等都充分说明了按时节安排农事活动的重要性。

---

① 夏纬瑛：《〈吕氏春秋〉上农等四篇校释》，农业出版社 1956 年版，第 34 页。

② （东汉）崔寔：《四民月令辑释》，农业出版社 1981 年版，第 37 页。

《齐民要术》在编辑过程中，对“三才”思想赋予了新的内涵，对其思想的发展做出了较大的贡献。郭文韬先生指出：“从春秋战国时期的天时、地利、人和，演变为天时、地利、人力，这是一个不小的变化。”①贾思勰通过引用《淮南子·主术训》② 中“上因天时，下尽地利，中用人力，是以群生遂长，五谷蕃殖”的论述，阐明了“三才”思想在农业生产中的重要指导作用，并在《淮南子》的基础上阐发了自己对“三才”思想的认识，提出了：“顺天时，量地利，则用力少而成功多，任情返道，劳而无获”③，这是对“三才”思想运用于农学中的重大发展。与《吕氏春秋·士容》中《上农》等四篇所蕴含的“三才”思想相比较，贾思勰在《齐民要术》中所阐发的“三才”思想更具时代性与进步性。“顺”天时和“量”地利的提出，显示贾思勰在其“三才”思想中更加突出了人力的主观能动性。贾思勰在《齐民要术》中还详细论述了人们如何更加能动、有效地抵抗自然灾害，并对抗灾技术进行了系统总结。这就充分反映了贾思勰的“三才”思想已经由过去的“畏天”开始逐渐转变为如何解决人与天之间在农业生产中所存在的矛盾问题。但《齐民要术》受当时生产技术的制约，其“三才”思想还是以人与地的关系为核心。贾思勰对“三才”思想的发展做出了巨大贡献，盛邦跃认为：“《齐民要术》中始终贯彻着‘天、地、人’三者和谐统一的思想，这也是我国传统农学思想史上占统治地位的指导思想，贾思勰将这一观点贯彻到农业生产的各个方面。”④

《齐民要术》的“三才”思想受到《淮南子》中“三才”思想的重大影响，同时也是对《吕氏春秋·士容》中“任地”等三篇以及《氾胜之书》等农书中所蕴含的“三才”思想的继承与发展，较前代则更强调对客观规律的尊重。书中认为农作物的生长对时间、空间有其本性的要求，是它们自然属性的体现，即“物各有时、地各有利”。只有在“不违农时、相地之宜”的基础上，“顺天时、量地利”才能达到“用力少而成

---

① 郭文韬：《中国耕作制度史研究》，河海大学出版社 1994 年版，第 9 页。

② （北魏）贾思勰原著，缪启愉校释：《齐民要术校释》，农业出版社 1982 年版，第 47 页。

③ （北魏）贾思勰原著，缪启愉校释：《齐民要术校释》，农业出版社 1982 年版，第 43 页。

④ 盛邦跃：《试论〈齐民要术〉的主要哲学思想》，《中国农史》2000 年第 19 卷第 3 期。

功多”的最佳效果。《齐民要术》中所载的耕作方法，无论是作物的生长节气还是土壤保墒以及施肥灌溉等，都处处体现了在“顺天时、量地利”的基础上做到“尽人力”。只有这样才能给农作物生长提供最好的生长条件，使它们在最适当的时、地相配合的条件下良好地生长，从而达到农业丰收的目的。全书处处体现了“人和”要配合“天时、地利”的“三才”指导思想。

七 对农书编辑起消极作用的阴阳五行说

阴阳五行说是脱胎于春秋战国时期阴阳学派的一种哲学思想，主要包括“阴阳说”与“五行说”，前者解释宇宙的起源，后者解释宇宙的结构。其中虽蕴含中国古代科学思想的萌芽，是对自然界的一种积极探索，但主观臆断性太强，并且包含有很多迷信色彩。汉武帝时，董仲舒在改造儒家学说时就引入了大量阴阳五行学说，形成了“天人感应、君权神授”这种更适应统治者需求的新儒学，成为当时社会的主流思想即“罢黜百家，独尊儒术”。其代表作《春秋繁露》就是这种阴阳五行学说与儒家经典杂糅在一起的典型著作。经过董仲舒等人的大力鼓吹与改造，造成了汉代讲究“天人感应、符瑞灾异”的谶纬之学大行其道，以至于此时期的农书在编辑时也不免受其影响。

在汉代农书中播种日期的宜忌就是受阴阳五行说的影响。《氾胜之书》中就有关于九谷播种日期的宜忌：“小豆，忌卯；稻、麻，忌辰；禾，忌丙；黍，忌丑；秫，忌寅，未；小麦，忌戌；大麦，忌子；大豆，忌申，卯。凡九谷有忌日；种之不避其忌，则多伤败。此非虚语也！其自然者，烧黍穰则害瓠。”① 从中我们可以了解到，九种谷物都有自己的忌日，如果种的时候不避开忌日，就会遭到失败损伤，这明显打上了阴阳五行说的深深烙印。但难能可贵的是，在谶纬之学盛行的东汉时成书的《四民月令》，却基本上摆脱了天人感应的阴阳五行学说，要求一切农业、手工业操作，都要以节令和物候为标准，基本看不出禁忌的成分。到了贾思勰编辑《齐民要术》时，基本上就摆脱了这种学说的消极影响，具体表现在贾思勰援引《氾胜之书》关于九谷播种日期时，就明确表示

① 石声汉：《氾胜之书今释》，科学出版社1956年版，第9页。

了他对这种阴阳禁忌的不屑。“《史记》曰：‘阴阳之家，拘而多忌。’只可知其梗概，不可委屈从之。谚曰‘以时及泽’，为上策也。”[①] 即指阴阳家在指导农事活动中禁忌颇多，只需知道其梗概即可，不必处处从之，还是要以农时为先。

第三节　发展并日臻成熟阶段代表性农书的编辑

一　《氾胜之书》

《氾胜之书》即《汉书·艺文志》农家类中所载的《氾胜之十八篇》，《氾胜之书》是后世对其的通称，始见于《隋书·经籍志》。《氾胜之书》的作者氾胜之（或氾胜），正史中无传，古籍中也少有记载，其生卒年、籍贯均无可信之史料供后人参证，仅《汉书·艺文志》的“本注”（即班氏自己的注解）中记载，氾胜之在汉成帝时当过议郎，另唐代颜师古为《汉书》作注时，引刘向《别录》：“使教田三辅；有好田者师之。徙为御史。”可知其主要活动是在西汉京师地区指导农业生产，并得到了广大农者的认可和信赖。因为指导农事活动政绩颇佳而荣升御史。他通过劝课农桑“督三辅种麦”等措施，实现了关中地区“遂穰”的丰收景象，并在这一过程中积累了大量关于农业生产的经验和农事资料，成为其撰写《氾胜之书》的基础，也因其大作《氾胜之书》而闻名后世，成为我国历史上第一个有姓名记载的农学家。

（一）主要内容

成书于西汉晚期的《氾胜之书》是我国农学史上一部非常重要的农学著作，它不仅是我国现存最早的一部农学专著，记载了黄河流域旱地耕作原则、作物栽培技术和种子选育等农业生产知识，把汉族农业生产中所积累的数千年的耕作经验进行了系统总结，而且也是对先秦诸书中所含的农学篇章的继承与发展。例如，《氾胜之书》中提到的“凡耕之本，在于趣时，和土，务粪泽，早锄早获”[②] 的耕作栽培原则，就是对

---

① 石声汉译注，石定枎、谭光万补注：《齐民要术》，中华书局2015年版，第94页。

② 石声汉：《氾胜之书今释》，科学出版社1956年版，第3页。

《吕氏春秋·士容》中《任地》等三篇的精华部分进行的高度概括，同时又发展了新的内容。

因《氾胜之书》在两宋之际已佚失，后人主要是从《齐民要术》的引文对其进行整理和研究。现代农史学家石声汉的《氾胜之书今释》[①] 对其进行了认真的校订，是当前比较完善和精审的佚失版本，共辑得原文3500余字，分作7个项目共101条。农史学家万国鼎的《氾胜之书辑释》将辑释整理与研究并重，并且把现代农业知识与《氾胜之书》原文有机结合，进行新的阐述。万国鼎依据《齐民要术》对《氾胜之书》的文献征引，将辑佚出的《氾胜之书》原文列为18节，每节又分正文、译文和阐释三部分，共辑得原文3696字。根据此两个辑释本可知，现存《氾胜之书》的主要内容分为耕作栽培通论、作物栽培分论、区田法三部分。其中特殊作物高产栽培法即区田法在《氾胜之书》中尤为突出，占现存3000多文字中的1/3强，此部分内容也是后世农书与类书最为看重并多次征引的部分。

《氾胜之书》还曾记载了我国早期古典生物学的相关内容。秦汉时期的古典生物学是我国古典生物学形成的时期，出现了一批重要的生物学著作，对各种生物的形态和分类、遗传与变异、生理与生态、生物进化等方面的知识都有系统的认识，较前代有很大进步，并被广泛地运用到农业生产中，“因物制宜”成为传统农业生产中的又一基本原则。《氾胜之书》中有“豆生布叶，豆有膏”的记载，“膏”表示根瘤或根瘤的性状，说明在《氾胜之书》已经认识到豆类根瘤具有肥力，并与收成有密切关系，这与现代农业对根瘤形成规律的研究结果有惊人的相似之处。《氾胜之书》还明确要求要在豆生长的前期进行中耕，同时减少中耕次数，这与现代农学研究豆类根瘤生长规律完全吻合，正是由于这种正确的认识，这种技术一直沿用至近代。

（二）作者氾胜之的“忠君爱民、以民为本”思想

孟子曰：“读其书，不知其人，可乎？”要研究《氾胜之书》的编辑思想，绕开作者本人的思想是行不通的。氾胜之作为中国历史上首位有名可考的农学专家，重视推广先进的农业生产技术，认为这是农业生产

① 石声汉：《氾胜之书今释》，科学出版社1956年版。

发展的最为重要的途径。据现存有3000余字的《氾胜之书》佚失本可知，代表着当时最先进的农业耕作技术的区田法就占1000余字，“汤有旱灾，伊尹作为区田，教民粪种，负水浇稼。区田以粪气为美，非必须良田也。诸山陵，近邑高危、倾阪、及丘城上，皆可为区田”①。充分说明作者已认识到黄河流域农作物的生产必须以防旱保墒为核心，从而达到提高作物单位产量的目的，体现了作者的“重农”思想。另据《太平御览》记载，“卫尉前上蚕法，今上农法。民事人所忽略，卫尉勤之，忠国爱民之至”②。他对该卫尉的表彰，说明他把传播先进的农业生产技术、提高粮食产量与中国传统社会儒家思想中的忠君爱民政治理念等同起来。《氾胜之书》的编辑宗旨就充分体现了忠君爱民的重农思想。今可考的残存部分虽以农业生产技术原理与实践为主，然其字里行间还是带有很浓的重农色彩：“神农之教，虽有石城汤池，带甲百万，而又无粟者，弗能守也。夫谷帛实天下之命。”③ 充分体现了作者编辑该书的编辑宗旨在于“重农”，突出强调了粮食布帛为国计民生命脉之所系的时代要求。

氾胜之的“重农”思想还表现在对自然灾害防治的重视。氾胜之对当时的农业生产技术进行系统性总结，主要是为了提高粮食产量和抵御自然灾害。“稗既堪水旱，种无不熟之时，又特滋茂盛，易生芜秽。良田亩得二三十斛。宜种之备凶年。”④ “种谷必杂五种，以备灾害”就是强调在农业生产中种植粮食作物的同时，要兼顾种植可用于防备自然灾害的农作物，并就这一问题作出了详细而又具体的论述。

（三）忠君爱国实重本、数字核算为民生的重农编辑宗旨

氾胜之重农，觉农桑不仅功在民生，更至忠君爱国。⑤ 于书中表彰一勤农卫尉：“神农之教，虽有石城汤池，带甲百万，而又无粟者，弗能守也。弗谷帛实天下之命。卫尉前上蚕法，今上农事，人所忽略，卫尉勤之，可谓忠国忧民之至。”⑥ 城池固、雄兵驻，粮草不安则难守，此言资

① 石声汉：《氾胜之书今释》，科学出版社1956年版，第38页。

② 尹百策：《人间巧艺夺天工·发明创造卷》，北京工业大学出版社2013年版，第45页。

③ 万国鼎：《氾胜之书辑释》，农业出版社1980年版，第169页。

④ 万国鼎：《氾胜之书辑释》，农业出版社1980年版，第126页。

⑤ 王育济：《从〈氾胜之书〉看“乡村兴”》，《学习时报》2019年6月14日第6版。

⑥ 莫鹏燕：《中国古代农书编辑实践研究》，博士学位论文，武汉大学，2016年。

政重本、劝课农桑之意尤明。又曰："农士惰勤，其功力相什倍。"[①] 农为天下大本，理应重视勤勉之。勿忧于身份芥蒂，仕子农夫皆当担同责于农，天下众人亦是。

重农当重防治病虫灾害[②]，方不负粮产。书中多示例："牵马令就谷堆食数口，以马践过为种，无虸蚄，厌虸蚄虫也"[③]；"薄田不能粪者，以原蚕矢杂禾种种之，则禾不虫"[④]。书中提及艾草可防虫害、免潮热。他物虽可防治，然宜备存粮，如"稗既堪水旱，种无不熟之时，又特滋茂盛，易生芜秽。良田亩得二三十斛。宜种之备凶年"[⑤]。同理，"大豆保岁易为，宜古之所以备凶年也"[⑥]。

《氾胜之书》重核算工时，计较收获，益在加强成本效益管理。[⑦] 书中就高产区田法载："上农夫，区，方深六寸，间相去九寸。一亩三千七百区……一时作千区"；"中农夫，区，方七寸，深六寸，相去二尺，一亩二十七区……一日作二百区"；"下农夫，区，方九寸，深六寸，相去三尺，一亩五百六十区。……日作二百区"。[⑧] 每施行技术措施，必以数字详记之。再有"一本三实，一区十二实。一亩二千八百八十实，十亩凡得五万七千六百瓢。瓢直十钱，并直五十七万六千文。用蚕矢二百石，牛耕工力直二万六千文，余有五十五万。肥猪、明烛，利在其外"[⑨]。工时详尽、效应注明，此般皆为粮食增产，实乃重农之有力实证。

（四）天时地利人相辅的编辑指导思想

其开篇言："凡耕之本，在与趣时，和土，务粪泽，早除、早获。"即耕之本，应宜时，宜地，宜物。时宜之重如书中言："种麦得时无不善。夏至后七十日，可种宿麦。早种则虫而有节，晚种则穗少而实。"[⑩]

---

① 万国鼎：《氾胜之书辑释》，中华书局1957年版，第159页。
② 汤标中：《氾胜之书中的粮食经济思想》，《粮农史话》2001年总第74期。
③ 万国鼎：《氾胜之书辑释》，中华书局1957年版，第25页。
④ 万国鼎：《氾胜之书辑释》，中华书局1957年版，第35页。
⑤ 万国鼎：《氾胜之书辑释》，中华书局1957年版，第116页。
⑥ 万国鼎：《氾胜之书辑释》，中华书局1957年版，第119页。
⑦ 陈正奇：《氾胜之与〈氾胜之书〉》，《西安教育学院学报》1998年第2期。
⑧ 万国鼎：《氾胜之书辑释》，中华书局1957年版，第74页。
⑨ 万国鼎：《氾胜之书辑释》，中华书局1957年版，第145页。
⑩ 万国鼎：《氾胜之书辑释》，中华书局1957年版，第100页。

地利需尽，则养护不可无，“春气未通，则土历适不保泽，终岁不宜稼，非粪不解。慎无旱耕。须草生，至可耕时，有雨即耕，土相亲，苗独生，草秽烂，皆成良田。此一耕而当五也。不如此而旱耕，块硬，苗秽同孔出，不可锄治，反为败田。秋无雨而耕，绝土气，土坚垎，名曰腊田。及盛冬耕，泄阴气，土枯燥，名曰脯田。脯田与腊田，皆伤田，二岁不起稼，则二岁休之”[①]。“务粪泽，早除、早获”是为人之主动于农作物有益。又言：“得时之和，适地之宜，田虽薄恶，收可亩十石。”意在人主其事，需度其时、守其规，调和土地以获丰收，精耕细作以求庶尽地力。与“三才”农思一脉相承，天地人其缺一则效减，需调和之。书中言水稻栽培：“种稻，春解冻，耕反其土，种稻区不欲大，大则水深浅不适。冬至后一百一十日可种稻，稻地美，用种亩四升。”[②] 囊括耕种诸关键环节，脉承“三才”，实乃中国传统农耕文明之精髓。可喜，《氾胜之书》比之进步，是以人勿一味惧天而不作为，谓：“春地气通，可耕坚硬强地黑垆土，辄平摩其块以生草，草生复耕之，天有小雨复耕和之，勿令有块以待时。所谓强土而弱之也。”[③]

时阴阳五行说盛行，书中多言语：“小豆，忌卯；稻、麻，忌辰；禾，忌丙；黍，忌丑；秫，忌寅，未；小麦，忌戌；大麦，忌子；大豆，忌申，卯。凡九谷有忌日；种之不避其忌，则多伤败。此非虚语也！其自然者，烧黍穰则害瓠。”[④] 此忌日非指不务农时，意循阴阳迷信之言说。

（五）古谚农家言皆采、田间地头验行之的编辑方法

上承久故谚语，书载“故谚曰：‘子欲富，黄金覆’”[⑤]。下集杂家之言，实践校之。《汉书·艺文志》注曰：“刘向《别录》云，使教田三辅，有好田者师之。徙为御史。”《晋书·食货志》谓：“昔者轻车使者氾胜之督三辅种麦，而关中遂穰。”常与农夫行，徙于田野间，观作物之生长。有疑惑处善请教，不拘身份，得新鲜法善实践，验之行事。“验美田至十九石，中田十三石，薄田一十石，尹择取减法，神农复加之骨汁粪

① 万国鼎：《氾胜之书辑释》，中华书局1957年版，第17页。
② 万国鼎：《氾胜之书辑释》，中华书局1957年版，第111页。
③ 万国鼎：《氾胜之书辑释》，中华书局1957年版，第13页。
④ 万国鼎：《氾胜之书辑释》，中华书局1957年版，第90页。
⑤ 万国鼎：《氾胜之书辑释》，中华书局1957年版，第100页。

汁溲种。锉马骨牛羊猪麋鹿骨一斗，以雪汁三斗，煮之三沸。以汁渍附子，率汁一斗，附子五枚，渍之五日，去附子。捣麋鹿羊矢等分，置汁中熟挠和之。候晏温，又溲曝，状如后稷法，皆溲汁干乃止。”[①] 此间烦琐，非一蹴而就。上至选种挑苗，下至区田润土，事无巨细必躬行，则农学思想体系日益完备。曾询一种瓠老农[②]，行必躬亲。集十苗捆绑土封，长为一株，去较弱者留最壮之茎实验之，终摸索出“遥润法”。又如选种播种，以关中人民经验为基，辅以观察实验，书中所录如区田法、播种、收获等诸多农种技术，皆源于平日生产经验。氾胜之勤学经验，博览众言，记录并广授之，于是书成。

（六）创综合农书体例先河

《氾胜之书》辑佚本仅有3700余字[③]，字虽少然意义尤重。开篇言明天时、地利、人力相辅之道，谓其耕之本，为安全农业耕作总原则。后述内容繁而不乱，杂而不散，囊括禾、黍、稻、豆、麻、瓜、瓠等13种作物的栽培技术，涉土壤耕作、选种、播种收获、贮藏、区田方法等诸多细节，且均有详解与异处阐明。载：“种桑法五月取椹著水中，即以手溃之，以水灌洗，取子阴干。治肥田十亩，荒田久不耕者尤善，好耕治之。每亩以黍、椹子各三升合种之。黍、桑当俱生，锄之，桑令稀疏调适。黍熟获之。桑生正与黍高平，因以利镰摩地刈之，曝令燥；后有风调，放火烧之，常逆风起火。桑至春生。”[④] 又如：“豆花憎见日，见日则黄烂而生焦。”[⑤] 此书颇重综合因果，明辨细微处，较之其他体系完整庞杂，奠定了我国传统农书中综合性农书体例之基。

（七）宋轶遗珠享誉中华，校译海外反响甚大

唐贾公彦《周礼疏》曰：“汉时农书数家，氾胜（之）为上。”原书完本十八篇，皆是先进耕种技术经验，既出，则广为流传，享誉中华。其看重整体的综合思想对农业生产大有裨益，开综合性农书体例之先河。

① 万国鼎：《氾胜之书辑释》，中华书局1957年版，第39页。

② 万国鼎：《氾胜之书的整理和分析兼和石声汉先生的商榷》，《南京农学院学报》1957年第2期。

③ 石声汉：《从氾胜之书的整理工作谈起》，《西北农学院学报》1957年第4期。

④ 万国鼎：《氾胜之书辑释》，中华书局1957年版，第156页。

⑤ 万国鼎：《氾胜之书辑释》，中华书局1957年版，第120页。

然失落于宋，幸于北宋贾思勰作《齐民要术》及其他北宋前古书多有征引，区田法尤为突出，书中精粹得以留存。清代学者洪颐煊、宋葆淳、马国翰先后从《齐民要术》《艺术类聚》《文选注》《太平御览》等书中收集引用的有关文字，作成《氾胜之书》辑佚本。中华人民共和国成立后，基于清人辑本，石声汉教授和万国鼎教授重新排列材料，从现代科学的高度加以校注、翻译，各自出版《氾胜之书今译》和《氾胜之书辑译》。[①]

石声汉的 *On Fan Sheng-Chih Shu* 和 1958 年自译的 *Preliminary Survey of the Book Ch'i Min Yao Shu*（简称《齐民要术概论》）传到国外。此前鲜有中古农书传至海外。译本既出，国际学术界反响甚大，李约瑟编著《中国科学技术史》亦作参考。1985 年，日本学者岗岛秀夫携志田容子，将石声汉英译的 *On Fan Sheng-Chih Shu* 转译日文，成书《氾勝之書：中国最古の農書》，于译本中附录中文原文和英文译文。[②]

该书自问世就备受推崇，被后世学者广征博引，东汉大儒郑玄注解《周礼·地官》草人篇时曾说："土化之法，化之使美，若氾胜之术也"；贾思勰在其《齐民要术》中也大量引用《氾胜之书》的内容，也就是这些见于《齐民要术》的引文成为后人所能见其佚文的基础；直到唐代贾公彦为《周礼》做疏时还有"汉时农书数家，氾胜（之）为上"的评价。

二　《四民月令》

《四民月令》的作者崔寔，东汉末年人，生年不详，卒于汉灵帝建宁三年（170）。涿郡安平（今河北省安平县）人。出自"清门望族"之家，是与蔡邕齐名的著名学者，参与"东观"（东汉的国家藏书馆）撰修《汉纪》、审定《五经》等工作。崔寔在五原郡任太守之时，曾大力劝课农桑，指导种麻，推动家庭纺织业发展的同时，配合政府的移民实边政

---

① 孔令翠：《农学典籍氾胜之书的辑佚、今译与自译"三位一体"模式研究》，《外语与翻译》2019 年第 4 期。

② 孔令翠：《农学典籍氾胜之书的辑佚、今译与自译"三位一体"模式研究》，《外语与翻译》2019 年第 4 期。

策，整顿五原郡的防务，政绩斐然。

（一）成书背景

秦汉时期是中国传统农时学体系日趋成熟的时期，经过长时期对农时规律的探索与总结，二十四节气这一中国传统农时学体系中最具特色的重要组成部分至秦汉时期臻于完备。成书于西汉初期的《淮南子》在其“天文训”中就有关于二十四节气的系统记载。《淮南子》中的记载较前代有了十分明显的进步，主要表现为：二十四节气名称与顺序已定型，完全与后世相同，此后2000多年都没有再改变；按“斗转星移”的原则以北斗星斗柄的指向确定二十四节气的同时，又以阴阳二气的理论对二十四节气的气候意义作了简单的描述：“日冬至，井水盛，盆水溢，羊脱毛，麋角解，鹊始巢……”[①] 这些解释是建立在精密的天文定位基础之上的，证明此时人们对二十四节气这一农时理论的认识达到了一个新的高度。《四民月令》便是在农时学体系日趋成熟时期应运而生的。

（二）体裁与主题

《四民月令》是我国第一部农家月令体裁的农书，月令体裁的农书渊源久远。其源头至少可以追溯到《夏小正》，战国时期出现了《礼记·月令》。《四民月令》无疑是参照《礼记·月令》的形式而写成的。但它与《礼记·月令》有明显的不同。《礼记·月令》是一种官方的月令，是政府按月安排其政务的指导性手册。由于农业是关系国计民生的大事，所以《礼记·月令》实际上也是以农业为中心的（在这一点上，《四民月令》和《礼记·月令》是基本相同的）。“月令”一词原来就带有官方农学的烙印。《礼记·月令》就是以国家政令的形式，以维护国君统治的政治目的为根本，从国家大政方针的层面出发，对农业生产以及社会生活的各方面进行指导。崔寔借用其形式而赋之以新义，故特别标明其为《四民月令》，表示它与官方月令的区别。《四民月令》虽然也对各种生产和社会活动提供指导性意见，但这些意见不像政府的政令那样带有强制性；它以民家为本位，以“月令”形式安排的各种活动是以家庭为单位进行的，属于微观经济的范畴。

《四民月令》是按一年12个月的次序将一个家庭单位的事务作有序

---

① 董恺忱、范楚玉：《中国科学技术史·农学卷》，科学出版社2000年版，第246页。

的计划与安排。[1] 这些家庭事务依次可分为三类：家庭生产与交换、家庭生活、社交活动，尤以家庭生产与交换内容居多，涉及农业生产的各个方面，虽并未专谈农事，更没有记载具体的农业生产技术，只是一个农家时令安排，但都与农业有直接或间接的关系。在其计划中，农事活动处于中心地位，起到决定性作用，因此，它也是本时期的一部代表性农书。

（三）主要内容

《四民月令》中主要记载的是如何安排农家的各种日常经营活动，同时兼顾有关耕作、土壤、播种等方面的农业技术活动。现存的《四民月令》辑佚本主要包括石声汉先生的《四民月令校注》和缪启愉先生的《四民月令辑释》。二者均是以《玉烛宝典》[2] 为蓝本进行辑佚编辑的，同时参考了《齐民要术》及其他各种类书中对《四民月令》的引注。两书均对《四民月令》所记载的各种农事活动的数据详加分析并予以点评。

《四民月令》正是体现了东汉末年如崔寔这种拥有大量田产的世家贵族地主“坞堡”式的庄园，是如何安排一年中各月份农事活动及家庭事务的。据石声汉先生与缪启愉先生对《四民月令》的辑佚本可知，现存《四民月令》共有2371字，其中，与农业生产耕作有关的内容只占总篇幅的22%，与桑蚕、纺织印染以及农产品加工、酿造等有关的内容占总篇幅的18%不到。其余与农业不甚相关的内容如教育、农作物交易、卫生等却占总篇幅的60%以上。

（四）作者崔寔的“民本”观念

崔寔生活的时代，土地兼并恶性发展，阶级矛盾空前尖锐，东汉王朝的统治也行将崩溃。他站在封建士大夫的立场上，从“农本”与“民本”的基本观点出发，试图扶东汉王朝大厦于将倾。强调“国以民为本，民以谷为命；命尽则根拔，根拔则本颠”[3]。《四民月令》就是要在维持封建秩序的前提下发展农业，缓和阶级矛盾，即“民本”观念下的

---

① 石声汉：《四民月令校注》，中华书局1965年版，第89页。

② 《玉烛宝典》是北齐人杜台卿根据《礼记·月令》的体例，结合当时的风土人情，广泛收集资料，汇集成《玉烛宝典》十二卷。

③ （东汉）崔寔：《四民月令辑释》，农业出版社1981年版，第3页。

“重农”。

（五）以民为本、以农事为要的重农编辑宗旨

崔寔时处东汉末年，礼乐崩坏。崇奢竞攀之气固甚，美服珠宝之物备受追捧，“普天率土，莫不奢僭者，非家至人告，乃时势驱之使然”①，工商者利多。故农桑勤而利薄，工商逸而入厚。农事较轻。崔寔以为“国以民为本，民以谷为命。命尽则根拔，根拔则本颠”②，崔寔是以农为本，崇本抑末。其言：“若农夫皆辍耒而雕镂，工女投杼而刺绣。躬耕者少，末作者众，生土虽皆恳乂，而地功不致，苟无力穑，焉得有言?”③崔寔忧民弃耕从商，至田地荒芜、谷物不产，国患衰微。故所著《四民月令》，概述四民皆务本业。其内文含工、农、商诸方，而以农为要，辅之纺织、染绩、酿造等，兼以商贸。农时为度，以农事分月序列之。如正月“土长冒橛，陈根可拔，急菑强土黑垆之田”④，三月“杏花盛，可菑沙白轻土之田”⑤ 之载。统兼农闲、工贸，又三月“农事尚闲，可利沟渎”⑥，六月“可粜大豆。籴𪎭、小麦”⑦ 诸述。

虽其所著农事字符较少，但终以农事为要，或围绕其进行。东汉行将崩溃，崔寔虽生富贵而不骄傲，其置农事、劝耕桑，望民以足衣食，以定国康。概可述为患国忧民，心系农本。

（六）时至而作、渴时而止、规避神谕、注重人伦的编辑指导思想

至先秦起，“三才”之论始立。所谓“三才”，即天、地、人三者合一，贯穿于农事各节。古农书大家盖以“农时”为重，纳入其中。诸如《吕氏春秋》有“以良时慕，此从事之下”⑧ 之言，《农书》固有“天下时，地生财，不与民谋”⑨ 等论。古时畏天，人不与逆天，具事皆倡恪守物律，农事更然之，即“时至而作，渴时而止”。

---

① （清）严可均：《全汉后文》，商务印书馆 1999 年版，第 465 页。

② （清）严可均：《全上古三代秦汉三国六朝文》，中华书局 1958 年版，第 24 页。

③ （清）严可均：《全汉后文》，商务印书馆 1999 年版，第 465 页。

④ 石声汉：《四民月令校注》，中华书局 1965 年版，第 37 页。

⑤ 石声汉：《四民月令校注》，中华书局 1965 年版，第 27 页。

⑥ 石声汉：《四民月令校注》，中华书局 1965 年版，第 29 页。

⑦ 石声汉：《四民月令校注》，中华书局 1965 年版，第 68—69 页。

⑧ 夏纬瑛：《吕氏春秋上农等四篇校释》，中华书局 1956 年版，第 60 页。

⑨ 夏纬瑛：《吕氏春秋上农等四篇校释》，中华书局 1956 年版，第 57 页。

重农时、敬天地，《四民月令》更扬此意。其作者崔寔以事农业应守据“天变于上，物应于下”之物律，盖以达天地人物为一统。《四民月令》以农时为度，具置人事各类。如农闲之时，则“休农息役”；农忙前夕，为“选任田者，以俟农事之起”；待农事始作，则需严加管控，“有不顺命，罚之无疑”，据时节而置事务。① 此外，据时令气候而耕种获收，如二月“可种稙禾、大豆、苴麻、胡麻”，又逢“是月榆荚也成”②；四月，为立夏节后，“可种生姜”，可收割收“芜菁及芥、亭历、冬葵”③等，盖详述之。农闲务作也多加安排，如正月“农事未起，命成童以上入大学，学五经；师法求备，勿读书传。研冻释，命幼童入小学，学篇章。命女红趣织布”④，所言涉及民生千面，皆重适宜。《四民月令》以农为本，统兼农闲、工贸之作，以观气候察时令为适时耕作，以备不失农时，不误农事。合理置人事以达时、地、物三宜，天、地、人合一。和合以顺乃农事兴盛丰岁穰穰之要。时和岁丰正为《四民月令》所著之意。

《四民月令》虽顺天时，以农时为度，合理置事。但其恪守“时令”之意有所转变。由王官之时趋于农耕节律。王官时令始寻天人合一，多阐天之道万物不可僭越也。故其所述事物诸如祭祀、仪式之礼等富含神秘色彩，杂糅阴阳五行之道，谶纬之风兴盛。《四民月令》则规避神谕倾向，其重人伦纲常，娱庆事要更为世俗也。⑤ 如腊月“祀家事毕，乃请召宗、亲、婚姻、宾旅，讲好和礼，以笃恩纪”；“是月也，群神频行，大蜡礼兴；乃冢祠君、师、九族、友、朋，以崇慎终不背之义”⑥。此外，先前《礼记·月令》内含阴阳“宜忌”一说，《四民月令》少有选取，而大半农事与其余事项唯时令物候为度，未见其迷信禁忌。

（七）*采据经传、爰及歌谣、验之行事的编辑方法*

采据经传即采集前人类作并加以引述，《四民月令》中农技理论多征

---

① 陈越：《崔寔〈四民月令〉成书原因考究》，《文教资料》2019年第9期。

② 石声汉：《四民月令校注》，中华书局1965年版，第20—21页。

③ 石声汉：《四民月令校注》，中华书局1965年版，第31—33页。

④ 石声汉：《四民月令校注》，中华书局1965年版，第9页。

⑤ 霍耀宗：《农家月令的发端：从〈礼记·月令〉到〈四民月令〉》，《太原师范学院学报》2019年第6期。

⑥ 石声汉：《四民月令校注》，中华书局1965年版，第74—76页。

引《氾胜之书》，并融合总结再以阐述。如“二月：阴冻毕释，可菑美田缓土及河渚之处”[①]，崔寔自注为“劝农者氾胜之法”；又如《四民月令》中言道“（正月）雨水中，地气上腾，土长冒橛，陈根可拔，急菑强土黑垆之田”[②]，此法便是援引自《氾胜之书》：“春侯地气始通：椓橛木，长尺二寸；埋尺见其二寸。立春后，土块散，上没橛，陈根可拔。”[③] 此外，崔寔非一以承之而有所更也。于物候与农事之间，着重因时、地而异，不拘泥于前人。如文中记述禾稻豆类耕作之法，有所提及“美田欲稀，薄田欲稠”，即视实而作。其余药物、林木之类也多有新见。

谚，传言也。历代农业实操所累经验，经口口相传而世代相袭。据《古谣谚》所载：“四民月令引童谣云。杏子开花。可耕白沙。”[④] 又如“（三月）昏参夕，桑椹赤，可种大豆，谓之上时”[⑤] 中“昏参夕”“桑椹赤”等表述皆源于农语。

《四民月令》为崔寔本人实操多练后所成，而非向壁虚构、坐而论道之物。涿郡崔氏自有“耕读为业”之习。其父曾任汲县县令。为官期间，率众恳田数百倾，为世人赞。寔母有母仪淑德，博览书传。初，寔为五原太守，刘氏“常训以临民之政，寔之善绩，母有其助焉”[⑥]。由此，崔寔重民生，曾因民众以草缠身而劝民种麻，并请雁门师教民纺织之术。此外，崔寔累有经商之验。时家境不佳，寔为葬父乃“剽卖田宅，起冢茔，立碑颂”[⑦]。事后，更为穷困，寔以酤酿贩鬻为业，累有经营之道。其书中所详载酿造之术，诸如酒、酱、醋类，“（正月）命典馈酿春酒，必躬亲絜敬，以供夏至，至初伏之祀。可作诸酱：上旬豆，中旬煮之。以碎豆作未都。至六、七月之交，分以藏瓜。可作鱼酱、肉酱、清酱”[⑧]。“（十月）上辛，命典馈渍曲，曲泽，酿冬酒”[⑨]“（十一月）可酿

---

① 石声汉：《四民月令校注》，中华书局 1965 年版，第 20 页。
② 石声汉：《四民月令校注》，中华书局 1965 年版，第 11 页。
③ 万国鼎：《氾胜之书辑释》，中华书局 1957 年版，第 24 页。
④ （清）杜文澜：《古谣谚》卷 99，中华书局 1958 年版，第 1031 页。
⑤ 石声汉：《四民月令校注》，中华书局 1965 年版，第 26 页。
⑥ （南朝·宋）范晔：《后汉书》卷 52《崔骃传》，第 1731 页。
⑦ （南朝·宋）范晔：《后汉书》卷 52《崔骃传》，第 1731 页。
⑧ 石声汉：《四民月令校注》，中华书局 1965 年版，第 16 页。
⑨ 石声汉：《四民月令校注》，中华书局 1965 年版，第 67 页。

醢”[1] 乃崔寔亲验也。石声汉先生曾言，崔寔乃累蓄多年新旧经验，以月总置，分序述之，方成载物四时之录。

（八）类分体系

1. 官方月令向民间月令发展，时令意义转变

月令，“因天时，制人事，天子发号施令，祀神受职，每月异礼，故谓之‘月令’。所以顺阴阳，奉四时，效气物，行王政也”[2]。其体例始于先秦著作《礼记·月令》《吕氏春秋·十二记》等，其构“时事相契、以时系事”之范式，论述天人之系，传“天子合一”之意。以时序政，王官色彩烈也，实为官方时令体。

两汉重月令，“有司勉之，毋犯四时之禁”[3]，“其务顺四时月令”[4]。崔寔概受其影响，又存自身所历，心系民本，采《礼记·月令》之范式，集京师、洛阳之近四民务业之况，撰写成书，名为《四民月令》。时历法体系渐趋成熟，其文“时令”以节气日为主。如“雨水”“清明”“立夏”等二十四节气，或“正日”“社日”之节日类，蕴含民俗事项。[5] 诸如：“正日：是月也，择元日，可以冠子。谒贺君、师、故将、宗人父兄、父友、友亲、乡党耆老。”[6] “二月：择元日，可结婚。”[7] 王官之时崩塌，时间由秩序趋于农耕节律。

2. 农家月令始端，以农、民为主

至西汉中，社会经济结构演变，官府对民户的控制力减弱。时多有地方豪族，其“力农蓄，工虞商贾，为权利以成富，大者倾都，中者倾县，下着倾乡里者，数不胜数”[8]，又多业并举，身兼地主、官、商于一体，崇文重教，累世通经。重己利，而非循时序政。王官时令存续之基得以损坏，至此月令王命之意趋减。《四民月令》承其体例，但内容性质

---

① 石声汉：《四民月令校注》，中华书局 1965 年版，第 72 页。

② （汉）蔡邕著，邓安声编：《蔡邕集编年校注》上，河北教育出版社 2002 年版，第 521 页。

③ （东汉）班固：《汉书》，中华书局 1962 年版，第 284 页。

④ （东汉）班固：《汉书》，中华书局 1962 年版，第 312 页。

⑤ 王志芳：《民俗视野中的“时政”思想变迁研究》，硕士学位论文，南京师范大学，2012 年。

⑥ 石声汉：《四民月令校注》，中华书局 1965 年版，第 1—6 页。

⑦ 石声汉：《四民月令校注》，中华书局 1965 年版，第 20 页。

⑧ （西汉）司马迁：《史记》，中华书局 1959 年版，第 3281—3282 页。

秩序等要内有农家意蕴。

其所撰首为以农为本，劝农耕桑，以定国康；次为地豪附民以时务业，可“众其奴婢，多其牛羊，广其田宅，博其产业，蓄其委积”①。以足已利也；其篇章以月分列，含工、农、商诸方，而以农为要，辅之纺织、染绩、酿造等，兼以商贸。高堂政要均无所及，为农家日常录矣；其所叙述无严谨逻序，以农业为主域，多基于民令实操，视实况而定。诸如四月，先述其“立夏节后，蚕大豆”，紧接“是月四日，可作醯酱”，又有“是月也，可作枣糒”②。盖备以时为度，非往常守天—帝—百官—时政之序也。

（九）后世传播与历史地位

1. 创农家月令

《四民月令》由王官时令趋于民众“岁时记”，并影响甚大。此后，以地域民众日常时务为之中心月令体农书者，不胜枚举。其皆以农时为度，以农事为本，农家月令体派始成。诸如唐李淖《秦中岁时记》、韩鄂《四时纂要》，宋周密《韩淳岁时记》、元王祯《王祯农书》、明邝璠所编《便民图纂》等，或专辟月令章节，或了以月系事，承其以时置农事之要。③

2. 开农书所载广义农业之先河

前文所提，《四民月令》虽以农事为要，但辅之纺织、染绩、酿造等，兼以商贸；虽多处征引《氾胜之书》但有其改进，如水稻移栽、林木压条繁殖之事为古今文献首见诸记录也。此外，类于酿酒作酱，或曲、醢、脯、糟糗等所食另作、易置之事，未曾有记载。《四民月令》盖开启同类内容之先河，后代《齐民要术》等作多鉴此书。

3. 流传广外，整理辑录事业趋于新发展

宋元之际，《四民月令》散佚，但其后世农书《齐民要术》《王氏农书》与类书《王烛宝典》《太平御览》等书中多有引用其文，故其辑录始有发展。除本国外，国外农学专家甚为关注，于其辑录工作上有所成。

① （东汉）班固：《汉书》，中华书局 1962 年版，第 2520 页。

② 石声汉：《四民月令校注》，中华书局 1965 年版，第 32—34 页。

③ 霍耀宗：《农家月令的发端：从〈礼记·月令〉到〈四民月令〉》，《太原师范学院学报》2019 年第 6 期。

《四民月令》被撰写刊刻之后，受到当时及后世农学专家的广泛关注，并于魏晋南北朝至唐朝初年被普及推广。《齐民要术》曾多次征引《四民月令》的相关内容。北齐人杜台卿编辑《玉烛宝典》时，亦有大量辑录《四民月令》的相关材料。唐朝末年，韩鄂在编写《四时纂要》时，亦有征引《四民月令》的资料。直至北宋时期，依然有零星文献涉及该书的相关资料。然而至元朝时期，该时期的所有典籍文献中均无《四民月令》的相关记载，该农书慢慢湮没于历史的长河之中。

从清朝始，《四民月令》的辑佚工作却进入高潮。及至乾隆年间，任兆麟、王谟便开展了《四民月令》的辑佚工作，尽管所做工作有大量不尽准确、失误频出的地方，然而却带动了随后相关农学专家对《四民月令》辑录工作的广泛开展。到了清嘉庆年间，文献学家、藏书家严可均便辑录了一卷《四民月令》，并被收录到《全上古三代秦汉六朝文》一书中。还有清朝末年学者唐鸿学，以《玉烛宝典》的资料为基础，重新编辑该书，并将其收录到《古逸丛书》之中。

新中国成立后，石声汉先生编辑的《四民月令校注》由中华书局于1965年出版发行。缪启愉先生编辑的《四民月令辑释》也于1981年由农业出版社出版发行。二者均是以《玉烛宝典》为蓝本进行辑佚编辑的，并参考了《齐民要术》及其他各种类书中对《四民月令》的引注。两书均对《四民月令》所记载的各种农事活动的数据详加分析并予以点评。

同时，《四民月令》还受到国外农学专家的广泛关注，并被翻译成不同的语言推广到欧洲、亚洲等地区。该书于1963年被德国学者克里斯廷·赫尔茨翻译成德文，在德国汉堡出版发行，书名是《崔寔〈四民月令〉——后汉的农家历》。日本农学专家渡部武还曾依据石声汉先生编辑的《四民月令校注》的有关内容，将《四民月令》按照月份辑录、编写了正文、通释和译注，并由日本平凡社于1987年出版发行，日译本书名是《汉代的岁时与农事》。

三　《齐民要术》

贾思勰作为《齐民要术》的作者，正史中并无关于他的专门记载，其他史籍中也找不到与他相关的记述，当世仅凭《齐民要术》“目录”前“后魏高阳太守贾思勰撰”字样，可知其是北魏时人。中国古代享誉盛名的农学家。从现存资料来看，贾思勰可能出身名门望族，但从《齐民要术》中他反对豪富奢侈无度，强调“力能胜贫”的观点来看，他已沦为中小地主阶层。从《齐民要术》中可知他任太守亲自参与过农业生产实践[①]，指导农业生产，积累了丰富的农业生产技术知识。

（一）成书背景

《齐民要术》成书的时间为6世纪三四十年代，其作者贾思勰，生活于中国北魏末期和东魏（6世纪）。

自西晋灭亡以来，黄河流域一直处于五胡十六国的分裂割据局面，鲜卑拓跋部兴起后，建立了北魏政权，并随之统一了黄河流域，结束了“五胡乱华”的乱局，社会生产也就基本趋于稳定，屡遭破坏的经济也随之有了一定的恢复和发展。北魏孝文帝迁都洛阳后，实行了一系列的汉化政策，提倡农耕，国家政令的颁布刺激了农业生产的快速发展和社会经济的进步。

贾思勰所生活的时代，正值北魏孝文帝大力倡导脱胡入汉的高峰期，朝廷在孝文帝的督导下，把农业置于各政务之首，督办农事不力者，将予以免官。太和九年北魏政权又推行均田制，无主荒地被国家分配给无地农民耕种，大力劝课农桑、植树造林。孝文帝及其继任者励精图治，使得黄河流域的农业生产得以恢复与发展，呈现出蒸蒸日上之势，为贾思勰编辑《齐民要术》提供了必要的社会条件和动力。

（二）首创综合性农书结构体系

《齐民要术》大概成书于533—544年[②]，它是我国现存最早、最完整、最系统的古代农业科学著作，同时也是世界上早期农学名著之一。它是对6世纪以前我国北方地区农牧业生产技术的系统总结，是对北方旱农精耕细作技术体系进行系统总结的传统农学经典，国内外农史学家公认它是中国古代农学著作的杰出代表，《齐民要术》的出现是中国传统农学臻于成熟的标志。

---

① 梁加勉：《有关〈齐民要术〉若干问题的再探讨》，《农史研究第二辑》，农业出版社1982年版。

② 梁加勉：《有关〈齐民要术〉若干问题的再探讨》，《农史研究第二辑》，农业出版社1982年版。

《齐民要术》全书共10卷，92篇，各篇内容有简有繁，篇幅长短不一，但记录的材料主次分明、详略得当，连卷前的“序”和“杂说”，共约11.5万字，是中国古代农书中的大部头。与之前的经、传、史书不同，《齐民要术》有着自己非常独特的体系，从规划到布局谋篇无任何先例，既为贾思勰的首创，也为后世农书编辑奠定了基础。《齐民要术》内容广泛，用贾思勰自己的话来说，叫作“起自耕农，终于醯醢，资生之业，靡不毕书”①。全书大致结构分布如下：

卷首的序为全书总纲，交代了本书写作的缘起和目的意图，通过列举历代有关农业言论事例，论证了农业生产的重要性及如何发展农业生产的途径，同时表明了作者的写作态度和基本内容。

卷一：垦荒、整地一篇，收种子一篇，种谷子一篇。

卷二：各种粮食、纤维、油料作物的栽培种植共十三篇。

卷三：主要蔬菜的栽培共十三篇，杂说一篇。

卷四：木本植物栽培总论二篇，各种果树共十二篇。

卷五：材用树木和染料植物等共十一篇。

卷六：畜牧和养鱼共六篇。

卷七和卷八上半部分：货殖一篇，涂瓮一篇，酿造酒、酱、醋、豉共九篇。

卷八下半部分和卷九大半部分：食品加工、保存和烹调共十七篇。

卷九末：制胶和制笔墨二篇。

卷十：“五谷、果蓏、菜茹非中国物产者”一篇。②

全书各篇结构大致相同，均由篇题、正文与引文组成，层次分明、结构严谨、内容丰富，自成一体。

（三）具有创新意识的文献内容

1. 有关土壤学内容的发展创新

先秦时期我国传统土壤学已经取得了丰硕的成果，秦汉魏晋南北朝时期主要向应用方面发展。虽然此时期土壤学理论方面建树不多，但这些理论却均被应用于农业生产当中，对改善土壤环境起到了不可忽视的

---

① 石声汉译注，石定枎、谭光万补注：《齐民要术》，中华书局2015年版，第19页。

② 石声汉译注，石定枎、谭光万补注：《齐民要术》，中华书局2015年版，第4—5页。

作用。主要表现为以防旱保墒为重点的旱地土壤耕作体系确立。由于黄河流域的气候与降水量决定了抗旱是当时农业生产的保障与第一要务，抗旱保墒是黄河流域农业生产的关键，缓解农田干旱主要是靠通过灌溉增加土壤当中的含水量和有效地保住降水给土壤中带来的水分（即保墒）。先秦时期《吕氏春秋·辩土》已有"寡泽而后枯"的记载，说明保墒对农作物的重要性，同时也记载了"高而危则泽夺"，也就是用起垄的方法来达到保持土壤中含水量的目的。[①]《吕氏春秋》中的记载充分说明了当时人们已经意识到保墒对农业生产的重要性，同时也有了一定的解决办法。《氾胜之书》在其基础上首次把"务泽"（即保墒能力）作为耕作栽培的基本原则之一，这是对前代保墒技术的继承与发展。《齐民要术》在"务泽"的基础上，又提出了"及泽"。所谓"及泽"就是在做好土壤保墒工作的基础上，抓住墒情良好的时机，及时耕作或播种。《齐民要术·种谷第三》中就记载有"以时、及泽，为上策也"这样的农谚，相当于现代农业技术人员所说的"抢墒""趁墒"。此时期的农学著作还首次记载与总结了施肥的理论和技术，如《氾胜之书》首次把施肥纳入耕作栽培的原则之中，并记述了具体的施肥方法，它是我国早期施肥原理与方法的重要文献；《齐民要术》中记载的肥料种类要比《氾胜之书》多出许多，制肥和用肥的方法也有较大的进步，特别是绿肥的栽培利用与蔬菜栽培的施肥水平有了较大的提高。

2. 具有前瞻性的生物学理论创新

贾思勰在《齐民要术·种谷第三》中指出"凡谷成熟有早晚，苗秆有高下，收实有多少，质性有强弱，米味有美恶，粒实有息耗（早熟者苗短而收多，晚熟者苗长而收少。强苗者短，黄谷之属是也；弱苗者长，青、白、黑是也。收少者美而耗，收多者恶而息也）"[②]。贾思勰这种对谷物成熟早晚、产量高低与植株高矮有密切关系的精准判断，就连现代育种专家也为之惊叹，同时他指出的产量与质量之间的矛盾直至今日仍有待农业专家解决。

---

① 泽即指土壤中的含水量，这一概念一直被后世所沿用。

② 石声汉译注，石定枎、谭光万补注：《齐民要术》，中华书局2015年版，第80—81页。

（四）以农为本、资国教民的重农编辑宗旨

贾氏“重农”思想有三：一为“食为政首”。序乃全书纲，言缘起，改《汉书·食货志》一言作“盖神农为耒耜，以利天下；尧命四子，敬授民时；舜命后稷，食为政首；禹制土田，万国作”，直述“农为邦本”编辑意图。又借晁错、刘陶、陈思王等“食为至急”之言补论，“夫腹饥不得食，体寒不得衣，慈母不能保其子，君亦安能以有民？”正文亦有帝王依礼“于孟春之月帅三公、九卿、诸侯、大夫，躬耕帝籍”，于“孟夏之月劳农劝民，无或失时”，谨于农事。二为“教民致富”，要在安民，富而教之。举猗顿问畜五牸之术于陶朱公后致富、崔寔传织纴之具于民以免寒苦等例论“教民”之于“致富”。三为“家理移官”。“家犹国，国犹家，是以家贫则思良妻，国乱则思良相，其义一也”[①]。治国犹治家，凡为官者，当常习农学推一及远。

（五）顺天时、量地利、尽人力、循物性的编辑指导思想

“顺天时，量地利，则力少而成多。任情反道，劳而无获。”《要术》兼继承与创新，古籍引用与实践真知相融。又吸收儒家“三才思想”，承孟子“天时不如地利，地利不如人和”；继荀子“天有其时，地有其财，人有其治，夫是之谓能参”[②]。

作物栽培，顺天之时。古人谓“天时”为“农时”，自然之敬转农作之规。引《汉书·食货志》云：“鸡、豚、狗、彘，毋失其时，女修蚕织，则五十可以衣帛，七十可以食肉。”言重天时，既得省物力，又可丰衣足食。《要术》以为，顺天时当贯于农作诸多时节。《耕田第一》载：“民春以力耕，夏以强耘，秋以收敛。”顺天时、利天时，对作物播种期分“上时”“中时”“下时”，《种地黄法》曰：“须黑良田，五遍细耕。三月上旬为上时，中旬为中时，下旬为下时。”若逆天时，则“霜降而树谷，冰泮而求获，欲得食则难矣”。

耕作技术，因地之宜。一依土地性质，《种蒜第十九》载：“蒜宜良

---

① 张五钢：《儒家“重农”思想研究——以〈齐民要术〉为例》，《浙江农业学报》2009年第5期。

② 孙金荣：《〈齐民要术〉天地人和合思想及其文化意义》，第六届中国原生态民族文化高峰论坛论文集，西南大学，2016年。

软地。白软地，蒜甜美而科大黑软次之。刚强之地，辛辣而瘦小也。”二依水肥多少，《种槐、柳、楸、梓、梧、柞第五十》载：“下田停水之处不得五谷者，可以种柳。”《种李第三十五》载：“五沃之土，其木宜梅李。”三借人力增产，《旱稻第十二》载：“其土黑坚强之地，种未生前遇旱者，欲得令牛羊及人履践之。”

生产管理，尽人之力。“春伐枯槁，夏取果蓏，秋畜蔬、食，菜食日蔬，谷食日食。冬伐薪、蒸，火日薪，水日蒸。以为民资。是故生无乏用，死无转尸。转，弃也。”食与民、民与君和而得循环。《淮南子·主术训》云：“上因天时，下尽地利，中用人力。”《要术》变“人和”为“人力”，尤重人地关系。《杂说》载：“耕锄不以水旱息功，必获丰年之收。”《种谷第三》云：“水势虽东流，人必事而通之，使得循谷而行也。”自然有道，人亦得其法。

科学认知，循物之性。农、林、牧、渔均有其物性，必当先认知，后耕作。凡《要术》所载物，几有描述。《种枣第三十三》载：“枣性硬，故生晚；栽早者，坚垎生迟也。”得“枣性坚强，不宜苗稼，是以不耕；荒秽则虫生，所以须净；地坚饶实，故宜践也”。《种柿第四十》引《广志》云：“小者如小杏。楔枣，味如柿。晋阳楔，肌细而厚，以供御。”得“柿，有小者，栽之；无者，取枝于枣根上插之，如插梨法”。

（六）以卷分类、结构谨密的分类体系

序言载，“凡九十二篇，束为十卷。卷首皆有目录，于文虽烦，寻览差易。其有五谷、果、蓏非中国所殖者，存其名目而已；种莳之法，盖无闻焉。舍本逐末，贤哲所非，日富岁贫，饥寒之渐，故商贾之事，阙而不录。花草之流，可以悦目，徒有春花，而无秋实，匹诸浮伪，盖不足存”，卷端另有《自序》《杂说》，《杂说》乃后人补录。

观书页布局，字有大小，文注相间。篇题引小字古书作名词解释，正文大字作述，其间有小字夹注，末有引文补论栽培术。亦有少数不符所言。观语言特色，文理相通，简洁朴实，饶有韵味，“每事指斥，不尚浮辞”。如《种韭第二十二》载：“一岁之中，不过五剪。每剪，杷耧、下水、加粪，悉如初。”行文亦重趣味。《种桑、柘第四十五》言桑称谓，着笔墨引《搜神记》，赋神秘之彩。

以卷分类，卷下设篇，以类相从，卷断而篇连。卷一为耕田、收种、种谷三篇；卷二，豆、麻、瓜、芋等十三篇；卷三，种葵、蔓菁等各论十二篇；卷四，园篱、栽树（园艺总论）各一篇及果树十二篇；卷五，栽桑养蚕、伐木各一篇，竹、榆、白杨及染料作物等十篇；卷六，畜牧、家禽及养鱼六篇；卷七，货殖、涂瓮（酿造总论）各一篇及酸造四篇；卷八、九，酱、醋酿造，乳酪、食品烹调和存储二十二篇，又煮胶、擎墨各一篇；卷十，五谷果蓏菜茹非中团物产者一篇，以备利用。总观之，前五卷为种植业，第六卷为畜牧业，第七卷至第九卷为农副产品，第十卷为“非中国物产者”，涵盖农、林、牧、渔、副各方面，均为“资生之道”也。农林、畜牧、农副产品铺排层层递进，以关乎百姓日常为据，农林为本，再为畜牧，农副产品加工为辅，内容占比亦如此。观卷下篇，各有侧重，如卷一耕田、收种、种谷三篇，耕田为重；卷六牛、马、羊、猪等，养马为重，详至相马、护马。

（七）采捃经传、爰及歌谣、询之老成、验之行事的编辑方法

贾思勰作为中国农学史上一位杰出的农学家，撰写《齐民要术》科学严谨，《齐民要术》的内容足够丰富、涉及面较前代更为广泛。据贾思勰在自序中所言“采捃经传，爰及歌谣，询之老成，验之行事”①，其取材既有对前代农学经典的引用，又有自身对农业生产实践经验的总结，充分做到了理论联系实际，既有继承又有发展，终成农学史上影响深远的农学巨著。“采捃经传”就是从历史文献中广泛收集有关农业科技知识的材料，农业生产技术有很强的继承性，农业科技的创新均是在已有成果的基础上进行的，因此，贾思勰非常重视征引古农书以及与其同时代的有关农学的文字记录，开创了中国古代农书系统收集历史文献资料的先河，这种做法为后世农书编辑提供了方法借鉴。《齐民要术》广征博引，使得今已散佚的古代农书如《氾胜之书》《四民月令》等得以保存至今，为后人留下了珍贵的农业文化遗产；“爰及歌谣”就是引用农者在农业生产实践中所形成的农谚俚语。农谚具有生动活泼、言简意赅、容易流传的特点，作者对其非常重视，全书共引农谚30余条，使得其农业技术与理论更易被广大劳动人民所接受。“询之老成”是作者向有农业生产经验的人请教，请教的人中既有田野间的老农，也有善于总结农业生产

① 石声汉译注，石定枎、谭光万补注：《齐民要术》，中华书局2015年版，第19页。

经验的知识分子；“验之行事”就是作者深入农业生产第一线进行细致地调查与研究，从而达到对前人农业结论的验证。这四个方面共同构成了《齐民要术》编辑时取材的基本原则，从而做到了理论与实际相结合。

《齐民要术》编著合一，“采捃经传，爰及歌谣，询之老成，验之行事，起自耕农，终于醯醢”。

此书援引先时文献164种，不同各家注本都归入所注本，不复计，尚存157种[1]，足观其辑佚古籍，广征博引，诸如《氾胜之书》《四民月令》《诗经》等。除引作名物题解外，还作自述补论。《种枣第三十三》初引《尔雅》《广志》《邺中记》《抱朴子》《吴氏本草》《西京杂记》论枣品状、生长地，撰种枣、嫁枣、晒枣后又引《食经》补干枣法。

倪根金谓此书至少征农谚45条，类繁，于北魏农业文明探究大有裨益。观农业生产器械，谈及锄类有三。《种蒜第十九》谚曰：“左右通锄，一万余株。”[2]《耕田第一》谚曰：“湿耕泽锄，不如归去。”《种谷第三》谚曰：“欲得谷，马耳镞。虽有智慧，不如乘势；虽有镃镇，不如待时。”《要术》首载“耮”[3]，《耕田第一》谚曰：“耕而不耮，不如作暴。”观农业生产技术，《种葵第十七》谚曰：“触露不掐葵，日中不剪韭。”《黍穄第四》谚曰“穄青喉，黍折头”，谈作物播种。《种谷第三》谚曰“虽有智慧，不如乘势；虽有磁镇，不如待时”，谈旱地耕作。《养牛马驴骡第五十六》谚曰“旦起骑谷，日中骑水”，谈畜牧养殖。再观农业思想，“一年之计，莫如树谷；十年之计，莫如树木”，“以时及泽，为上策”，传“三才”思想。《扶留四九》俗曰“槟榔扶留，可以忘忧”，传备荒思想。

询之老成，老成之人，一为老农。《种枣第三十三》载：“按青州有乐氏枣，丰肌细核，多膏肥美，为天下第一。父老相传云：‘乐毅破齐时，从燕赍来所种也。’”借农人之言诉乐氏枣由来。二为学者。《种谷第三》云：“西兖州刺史刘仁之，老成懿德，谓余言曰‘昔在洛阳，予宅田

---

① 胡行华：《经学方法与古代农书的编纂——以〈齐民要术〉为例》，《河北农业大学学报》（农林教育版）2006年第4期。

② 王利华：《中国农业通史·魏晋南北朝卷》，中国农业出版社2009年版，第25页。

③ 吴平、钱荣贵：《中国编辑思想发展史》（上），武汉大学出版社2014年版，第388页。

以七十步之地，试为区田，收粟三十六石'，然则一亩之收，有过百石矣。少地之家，所宜遵用之。”借学者之言诉区田法适于少地之家。

农牧躬亲，验之行事。《种兰香第二十五》考订：“兰香者，罗勒也；中国为石勒讳，故改，今人因以名焉。且兰香之目，美于罗勒之名，故即而用之。”《种棠第四十七》引《尔雅》《诗》《唐诗》，疑“按今棠叶有中染绛者，有惟中染土紫者；杜则全不用。其实三种别异，《尔雅》，毛、郭以为同，未详也”，感其注重考究，求真务实。贾重观察，“凡相马之法，先除三羸、五驽，乃相其余”，复借表里推究其体，“望之大，就之小，筋马也；望之小，就之大，肉马也：皆可乘致。致瘦欲得见其肉，谓前肩守肉。致肥欲得见其骨。骨谓头颅。龙颅突目，平脊大腹，胜重有肉：此三事备者，亦千里马也”。欲清晰撰写，必深刻理解，自选种、浸种、施肥、轮作、栽培至家畜饲养、疫病防治、农副加工，无不见其恭谨之姿。

（八）平实直率的语言风格

贾思勰著《齐民要术》的目的就是“鄙意晓示家童，未敢闻之有识”①，即要把如何提高农作物产量及质量的方法传之家人及广大农人。从中可以看出，其传播对象不仅是劝课农桑的知识分子，更主要的是文化水平普遍较低的农人，因此其著作的语言风格大都是“叮咛周至，言提其耳，不尚浮辞”②，也就是用浅显易懂、内容翔实的语言，使读者对农事活动有明确而深刻的理解。在魏晋南北朝盛行讲究“诗缘情而绮靡，赋体物而浏亮”的文风之下，能做到语言平实、直率、不尚浮辞实属难得。文章中的语言较为接近魏晋时期的口语，为后世研究当时语言的整体面貌提供了非常珍贵的资料。因此《齐民要术》中除以“采捃经传”的方法对前代农学文献进行征引外，还要对已掌握的资料进行归纳与整理，这些内容也充分体现了作者本人平实的语言风格。

（九）传播海外，共促研究

《齐民要术》自编辑出版后，为中国历代朝廷所重视，还被海外农学家奉为研究古代生物品种变化的经典之作。《齐民要术》可解作平民谋生

① 石声汉译注，石定枎、谭光万补注：《齐民要术》，中华书局2015年版，第19页。

② 石声汉译注，石定枎、谭光万补注：《齐民要术》，中华书局2015年版，第19页。

的方法，亦可解为治理民生的方法。北宋时期的官刊善本不易看到，有“非朝廷人不可得”之说。在唐宋盛世，大量农书不断涌现，它们均以《齐民要术》为模板，不论是元代的《农桑辑要》、王祯的《农书》还是明代徐光启的《农政全书》以及清代的官修农书《授时通考》，这些农学巨著在编辑时的篇章结构、语言风格、文献征引等方面均受到了《齐民要术》的影响。

《齐民要术》还曾被英国著名学者达尔文所提及并予以征引。达尔文曾在其成名巨著《物种起源》中提及一部中国古代百科全书，这便是《齐民要术》。他将《齐民要术》中的有关事例作为其“进化论”的依据。《齐民要术》大约于唐朝末年传入日本，迄今日本还藏有北宋最早刊印的崇文院本残片。

《齐民要术》于日本影响颇深，贯穿农业、酿造、饮食、加工、印染、药用等方面。《种梅杏第三十六》载：“梅花早而白，杏花晚而红；梅实小而酸，核有细文；杏实大而甜，核无文采。”自 8 世纪梅入日本，便依此书研习梅业，已具规模效益。书中载曹操所献“九酝酒法”，开霉菌深层培养之先河，日企“宝酒造”等视其为必读之书。第五卷载蓝草制靛法，纺织器具尚存于日本农家，有集镇广而推之。所撰腌制法流于日本，民遂依此技富其貌，有若“盐渍”“酱油渍”“山菜渍”①。

《齐民要术》初于唐代（618—907）以手抄形式东传日本（奈良时代：711—794），藤原佐世奉敕所撰《日本国见在书目录》一书为现知最早记录。北宋年间（960—1032）颁布的崇文院本《齐民要术》传至日本（平安时代：794—1192）。兵荒马乱，书厄接踵，此本在中国已亡佚，尚留藏于日本高山寺第五、第八两卷残本，其余不可考。蓬左文库藏有德川幕府旧有手抄本，因曾藏于金泽文库，故称“金泽本”或“金抄”，缺卷三，基本保存北宋刻本初貌，因其书体式似高山寺藏本，经证明源于北宋崇文院本。为便于学习，山田罗谷译向荣堂刻本，此为最早日文译本。②

---

① 徐莹、李昌武：《贾思勰与〈齐民要术〉研究论文集》，山东人民出版社 2013 年版，第 328—331 页。

② 徐莹、李昌武：《贾思勰与〈齐民要术〉研究论文集》，山东人民出版社 2013 年版，第 324—326 页。

日本学者潜心“贾学”，研读异版，亦有所得。19 世纪中期，森立之《经籍访古志》叙及高山寺藏本言，“按是书善本至稀，世所传毛晋刊本，误脱满纸，殆不可快读，以此本校之，当据以补正者甚多”。1929 年，小出满二撰《论〈齐民要术〉的不同版本》，竭心尽智，广而推之（金抄）。“七七事变”后，有来日学者就职于北京大学农学院，西山武一、斋藤武、刘春麟等共习农书，时览《旱地农业》，以《齐民要术》为校订，后刊《校合〈齐民要术〉》卷一，“贾学”始见诸于文。第二次世界大战后西山武一等返日，仍衷于《齐民要术》，先后完成前九卷日译（1951—1956），1957 年刊《校订译注〈齐民要术〉》上，1959 年刊下。渡边幸三、大鸟利一等参加《齐民要术》轮读会，各出所长，撰专题论文。有学者就内容对比近现代农业技术，1954 年熊代幸熊撰《有关旱地农法的东洋和近代的命题》，以为所载旱地农艺于今犹有益。1978 年大野元之助撰《后魏贾思勰〈齐民要术〉研究》，论述周详，为外学者撰著高作。①

《齐民要术》对 6 世纪以前中国古代黄河流域积累近千年的农学知识进行了系统性总结，特别是保存了汉代以铁犁牛耕为核心的农业技术知识，并对《氾胜之书》问世后，北方旱地农业新出现的技术、经验予以归纳总结。《齐民要术》的出现标志着中国北方旱地农业技术已经成熟，在其问世后的一千多年中，北方旱地农业耕作技术基本上都在《齐民要术》所总结的范围之内，再无“质”的飞跃，为中国后来的许多农书开辟了可以遵循的途径。由于《齐民要术》的引用，保存了北魏以前的重要农业科学技术资料。《齐民要术》实际征引的古书和当时著作（包括江南宋、齐人的书），有近 160 种。此外，还记有 30 多条当时流传的农谚与歌谣。西汉末的《氾胜之书》，大约在南、北宋之际就散失了，由于《齐民要术》的引用，保存了一部分重要内容。到 19 世纪前半叶，即有人根据这些资料并参考其他书籍，编成了三种辑佚本。东汉的《四民月令》也主要依靠《齐民要术》所征引的资料，到近代才有了四种辑佚本。《齐民要术》以严谨负责的态度对古代经典文献进行征引，不随意篡改，

① 徐莹、李昌武：《贾思勰与〈齐民要术〉研究论文集》，山东人民出版社 2013 年版，第 327—328 页。

较好地保存了古代经典文献的原貌，这就为古代经典文献的考据提供了可靠的佐证。清代考据学大行其道，致力于考据学的朴学家们，就曾通过《齐民要术》对古代经典文献的征引，考订古籍中的词句谬误。

中华人民共和国成立后，关于研究《齐民要术》专著和文章发表达五六十种之多。在日本和欧美一些国家，对《齐民要术》的研究也很流行，并称为“贾学”。《齐民要术》是中国农学史上影响深远的农学巨著，为后世农学著作的编写提供了有力的借鉴。

《四库全书简明目录》谓此书“于农圃衣食之法，纤悉必备。又文章古雅，援据博奥，农家诸书，无更能出其上者”[①]。《齐民要术》乃农学专著集大成者，堪称“百科全书”，系统性总结了我国6世纪以前黄河流域中下游地区的农业成就，其农业体系为后世所继。中外文明交流互鉴，互通有无，《齐民要术》亦为之一。

① （清）永瑢等:《四库全书简明目录》，上海古籍出版社1957年版，第375页。

第五章

中国古代农书向南方普及阶段的编辑实践

隋唐两宋时期是中国古代农书向南方普及的重要时期。在这近7个世纪中先后出现了：结束魏晋以来分裂割据局面、使中国重归一统的隋王朝；国力空前强盛、文化开明兼容的李唐王朝以及被誉为“华夏民族之文化，历数千年之演进，造极于赵宋之世”[①] 的赵宋王朝。中国传统社会发展进入了最为辉煌的高峰时期。其间随着中国经济重心南移过程的完成，江南地区的经济得到了飞速发展，农业生产水平逐渐超越北方黄河流域，成为支撑中国经济的支柱。就农书而言，也就呈现出由北方黄河流域向南方江南地区普及的趋势，专门概述南方农业的农书开始出现。

第一节　向南方普及阶段古代农书编辑的社会条件

隋唐两宋时期是中国传统社会发展的黄金时期。在魏晋南北朝，江南地区得到初步开发的基础上，与黄河流域的差距逐渐缩短，经济重心进一步南移。中国在地理上，由于自然条件与人文因素之间的差异，自古就有南北方之分，其分界线大致以秦岭、淮河一线为界。这条分界线在隋唐两宋之际，由于政权的更迭，尤其是南宋与金“绍兴合议”后更

① 陈寅恪著，陈美延编：《金明馆丛稿二编·邓广铭宋史职官志考证序》，生活·读书·新知三联书店2001年版，第277页。

为清晰。[①] 但同时值得注意的是，虽然南北界限日益分明，但南北方的交流却不断加强，这主要得益于605 年隋大业元年开凿的京杭大运河。它沟通了黄河、淮水、长江几大水系，使南方的物资可以源源不断地运往北方，从而大大促进了南北方的交流。正如唐末诗人皮日休所说："尽道隋亡为此河，至今千里赖通波。若无水殿龙舟事，共禹论功不较多。"可见京杭大运河在经济重心南移后，对南北方的沟通与交流起到了至关重要的作用。

一　战乱频繁，北方农业破坏严重

隋唐两宋时期是中国第二次由大一统走向大分裂的时期。隋唐的王朝更迭，虽未造成大规模的分裂局面，然隋末农民战争依然进行了七年之久[②]，才迎来了中国历史上最为开阔、宏博、多彩的李唐王朝，中国传统社会进入了最为鼎盛之世。这种国家统一、国力强盛、经济文化繁荣的局面，却由于唐天宝十四年至唐广德元年（755—763）的安史之乱戛然而止。安史之乱成为唐王朝盛极而衰的转折点。这场历时八年的战乱虽未使李唐王朝覆灭，却对整个社会经济造成了极大的破坏。尤其是北方地区作为安史之乱的主战场，其农业生产更是遭受了致命的打击。安史之乱后，"函、陕凋残，东周尤甚。过宜阳、熊耳，至武牢、成皋，五百里中，编户千余而已。居无尺椽，人无烟爨，萧条凄惨，兽游鬼哭"[③]。这一史料正是当时北方地区农业生产遭到严重破坏的真实写照。令人扼腕的是对北方农业的打击远未停止，安史之乱后藩镇割据的局面愈演愈烈，李唐王朝最终亡于藩镇之手。中国历史进入长达 53 年的五代十国纷争时期。960 年建立的北宋王朝虽然结束了五代十国的分裂局面，然而并未完成对国家的统一，有宋一代始终处于与辽、夏、金等少数民族政权长期对峙的局面。北宋王朝虽然经济文化方面处于中国古代历史的最高峰，但是其军事实力却无法与雄汉盛唐同日而语，在与北方游牧民族的交锋中，始终处于劣势，并最终亡于金人之手。由于

---

① 1141 年宋金合议，以东起淮水，西至大散关为界。

② 从隋大业七年至隋大业十四年（611—618）

③ 唐长孺：《魏晋南北朝隋唐史三论（第 2 版）》，武汉大学出版社 2013 年版，第 195 页。

北宋王朝在军事实力上的软弱，使得北方游牧政权乘虚而入，大举入主中原，游牧民族与农耕民族之间的文化冲突对北方农业的破坏，甚至比战争还要严重。金灭北宋后，中国北方的肥沃农田被大批分配与屯田军户，因无农耕经验加之管理不善，使得大片沃土在短短的十年之内便瘠薄甚至荒芜，大量的农田被撂荒，农业生产也随之出现了萎缩状态。至13世纪初，广大华北地区即使在风调雨顺之年，田之荒者也动辄百余里，到处是“草莽弥望，狐兔出没”[①]。长期的战乱及农牧业之间的文化冲突，使得以抗旱保墒为标志的黄河流域农业生产遭到了前所未有的破坏。

二　南方农业生产迅速发展、南粮北调局面基本形成

魏晋南北朝时期南方的农业就已得到了初步的开发，人口的大举南迁为江南地区带去了充足的劳动力和先进的农业生产工具与技术，江南地区得到了初步的开发，农业水平有了大幅度提高，与北方农业生产水平的差距不断缩小。正是由于南方农业生产水平的提高，中国农业经济有了新的增长点，唐前期的盛世局面才有了足够的经济基础作为支撑。安史之乱后，北方农业生产水平又遭受到了巨大的破坏。北方因战乱遭受严重破坏的同时，南方却相对安定，引起了中国历史上第二次大规模的人口南迁，为江南地区进一步开发注入了新的活力。长江流域在魏晋南北朝时期得到初步开发的基础上，农业生产又一次得到了迅速发展，经济重心就逐渐南移了，至五代时期经济重心南移的过程就已基本完成。而作为政治中心的北方，其农业经济状况已无秦汉时期“关中之地，于天下三分之一，而人众不过什三，然量其富，什居其六”[②] 的荣光，需依靠南方的粮食供给才能维系。隋炀帝开凿京杭大运河的原因，就有南粮北调方面的考量。北宋初年，“国家根本，仰给东南”的说法，以及南宋“苏湖熟，天下足”的谚语，就充分说明了南方农业迅速发展及南粮北调局面基本形成。

---

① 董恺忱、范楚玉：《中国科学技术史·农学卷》，科学出版社2000年版，第349页。

② 史念海：《中国国家历史地理·史念海全集（第六卷）》，人民出版社2013年版，第799页。

三　印刷技术的普及

印刷术被称为“文明之母”，是中国推动世界文明发展的一项伟大且十分重要的贡献。当然，印刷术的发明首先是为中华文化的传播提供了有利条件。雕版印刷术在唐朝初年就已问世，而北宋仁宗庆历年间，毕昇发明的活字印刷术使印刷术得到了普及。印刷术的发明为农书的出版提供了技术支持，同时统治者为了达到劝课农桑的目的，也大量刊刻农书，如宋真宗曾下诏刻《齐民要术》及《四时纂要》，这是两部农书已知的最早刻本。农书的刊刻使人们有更多的机会阅览农书，为农业知识的普及提供了可能。农业知识的普及又促使更多农书的出版问世，这种良性循环使得隋唐两宋时期农书大量涌现，并在后来的元朝达到了一个高峰期。据王毓瑚《中国农学书录》记载，隋唐两宋时期共有农书 110 种左右，充分说明印刷术对农书的推广与传播起到了至关重要的作用。特别是“耕织图”这种带有“科普性质的农书”的刊刻出版，更使农业生产技术得到了广泛的推广与应用。

四　农具的创新和发展

由于经济重心的南移，北方旱地的农具虽然对南方水田有一定的借鉴意义，但还是无法适应南方的水田，改进农具就势在必行了。晚唐，南方水田已经普遍使用适应南方地势不平、田面狭小的曲辕犁；宋代用于平整水田泥浆的特殊农具——耖得到了广泛应用。特别是曲辕犁的发明是中国古代农具发展的巅峰之作。灌溉农具也得到了创新与发展，唐朝就已出现了依靠水力驱动的筒车这种新型灌溉农具。唐朝陆龟蒙在其农学著作《耒耜经》中便记载了当时江南地区所使用的主要农具的构造与功用，是一部专门研究农具的专业性农书。元代王祯的《农书》中的《农器图谱》是中国传统农业工具的集大成之作，共载农具百余种，其大部分是两宋时期新创或改良的。

五　南方水田耕作技术体系的形成

适应南方水田农具的发明及推广使用，再加上育秧移栽、烤田、排灌、水旱轮作麦稻两熟复种制的逐渐普及，使得隋唐两宋时期的农民在农业生产实践中还特别注重对农家肥的积累和应用，因此具有地方性特点的作物品种大量涌现，以上农业技术的成熟是南方水田耕作技术体系趋于成熟的重要标志。总结南方水田耕作技术及介绍南方水田农业工具的农书开始大量出现，如唐代陆龟蒙的《耒耜经》就是首部介绍江南地区农业、农具的农书；南宋陈旉的《农书》更是南方大型综合性农书的首创之作。

第二节　向南方普及阶段古代农书编辑实践的特点

据《汉书・艺文志》和《隋书・经籍志》的记载，汉代及汉代以前，共有农书9种，隋及隋代以前，共有农书5种19卷。据对王毓瑚《中国农学书录》的著录，从春秋战国到唐代以前约1400年里的农书总计为30多种，而隋唐两宋时期，共有农书100种左右。[①] 隋唐以后，特别是两宋时期，农书数量空前增加。仅《宋史・艺文志》中就记载了农书107部，423卷篇。[②] 这其中除《夏小正戴氏传》、蔡邕《月令章句》《齐民要术》等四五部隋以前的农书外，大多数农书都是在唐宋以后出现的。[③] 隋唐两宋时期，农书的一个显著特点是南方农书的出现，并在此基础上出现了全国性农书。唐宋以前，南方尚未出现农书，而北方的农书在历史条件的限制下，也未能把南方的农业生产状况记载于书中。唐宋以后，随着《耒耜经》和陈旉《农书》的出现，填补了南方农书的空白，但这些南方农书带有较强的地方特色，主要是针对南方某一地区农业生产情况的地方性农书。

一　编辑主体的多元化

隋唐两宋时期，农书的编辑主体较前世有了巨大发展，农书的编辑主体呈现出了多元化的趋势。中国古代农书的编辑可以追溯到夏商周时

---

① 董恺忱、范楚玉：《中国科学技术史・农学卷》，科学出版社2000年版，第406页。
② 董恺忱、范楚玉：《中国科学技术史・农学卷》，科学出版社2000年版，第406页。
③ 董恺忱、范楚玉：《中国科学技术史・农学卷》，科学出版社2000年版，第406页。

期的农稷之官。自春秋战国始，农书的编辑主体主要是庙堂之上掌管农业生产的官员，或是地方上劝课农桑处于农业生产一线的地方官吏。他们或从自身岗位职责的需要出发，或为一方黎民生计着想，对农业生产经验进行系统性的总结，从而成为农书编辑的主要参与者。隋唐以降，由于科举制的形成，中国出现了大批“耕读传家”的文人士大夫。这批人一旦科举不第，就会躬耕于野，著书立说。他们和那些或官场失意，或退居林下而又心系庙堂的隐士大儒一起，为农书的编辑主体注入了新鲜血液。这些士人从“为黎民苍生系”的目的出发，自觉总结农业生产经验。他们的加入不但扩大了农书的编辑主体，同时因其有较高的文化素养，也为古代农书编辑质量的提升提供了有效保障。

隋唐两宋时期，由于黄河流域和江南地区的农业都有了较大的发展，农业生产技术较前代而言更加复杂多样，既有北方旱地又有江南水田，要对这些不同环境下的农业技术进行全面、系统的总结，是地方上掌管农事的官吏所无法企及的，只有依靠政府强大的推动和组织能力才能完成。因此，统治者从自身的统治需要出发，对农业生产十分重视。由政府主导编辑的官修农书也就应运而生了。

（一）科举不利或无意仕进的读书人

自隋唐以来，科举成了通向仕途的唯一路径。但一些读书人在考场失利，或无意仕途的情况下，会转而躬耕于田野，著书立说，也就在无形中扩大了农书的编辑主体范围。唐代陆龟蒙出身官宦世家，从小熟读儒家经典，早年曾热衷于科举仕进，但无奈落榜。之后他回到自己的故乡松江甫里，隐居务农。在此期间他写作了大量有关农业的诗歌和小品文，在农书史上最有影响的当属他所做的《耒耜经》。

陈旉，自号西山隐居全真子，又号如是庵全真子。生于南宋偏安时期，在真州（今江苏仪征县）西山隐居务农，南宋学者洪兴祖为《农书》所作后序中说“于六经诸子百家之书，释老氏黄帝神农氏之学，贯穿出入，经往成诵，如见其人，如指诸掌。下至术数小道，亦精其能，其尤精者易也”①。南宋绍兴十九年（1149）写成《农书》三卷，真州（今江苏）知州洪兴祖对《农书》“读之三覆”，并撰《仪真劝农文》附后，引

① （南宋）陈旉：《农书》，中华书局1956年版，第1页。

陈旉所说："樊迟请学稼，子曰：'吾不如老农。'先圣之言，吾志也；樊迟之学，吾事也；是或一道也。"命人刊刻。五年后重校，以正其讹。宋宁宗嘉定七年（1214）安徽新安人汪纲刊印。明代收入《永乐大典》。曾传至日本。"躬耕西山"，过着种药治圃，晴耕雨读，不求仕进的隐居生活。当时一般士大夫都向往作官，不屑于务农，陈旉则不然，他终生致力农桑，注意总结农业生产经验，终于在古稀之年（1149）写成《农书》三卷。

（二）官场失意的士大夫阶层

隋唐两宋时期，党争频仍，特别是北宋王安石变法时期，新党与旧党之间党同伐异，就会使很多在党争中失势的文人士大夫退出庙堂，隐居林下。他们虽处江湖之远，仍心系天下，会主动关心有关民生的农事活动，甚至会运用自身所学，将农业生产技术进行系统性总结，著书立说，指导农业生产。北宋著名科学家沈括出身于官宦之家，幼时随父游历各地。青年出仕为官，后受永乐城之战失利的牵连被贬，晚年隐居于润州梦溪园，致力于科学研究，在众多专业领域都颇有建树，成就卓越，有中国整部科学史中最卓越的人物之称，其代表作《梦溪笔谈》，内容丰富，虽不是农学专著，但书中包括了许多与农业生产技术相关的内容，在世界文化史上有着重要的地位。

（三）当局统治者

隋唐两宋时期，除了大量私人农学著作的涌现以外，统治者亦更加重视农业生产活动，促进了官修农书的出现。《旧唐书·文宗纪》："庚戌敕李绛所进则天太后删定《兆人本业》三卷，宜令所在州县写本，散配乡村。"①《兆人本业》是已知最早的一部唐朝时期官修农书。北宋时期，宋真宗还曾下令朝臣编纂了一部12卷的《授时要录》，这是一部月令体裁的官修农书。在宋代类似性质的官修农书还有《大农孝经》《本书》等。

二　农书编辑内容以南方农业技术为主

唐代以前，我国古代大型农书，《氾胜之书》《四民月令》《齐民要

① 董恺忱、范楚玉：《中国科学技术史·农学卷》，科学出版社2000年版，第410页。

术》等都是以黄河流域的农业生产为主要研究对象，虽然《齐民要术》中也零星记录了一些南方所产的植物，但是对于南方的农业生产技术却鲜少涉及。随着经济重心南移过程的完成，逐渐出现了专述南方水田耕作体系的农书。南方农学著作最早出现于唐朝，是唐朝王旻的《山居要术》，王旻是唐玄宗时期的一个修道之人，最初隐居于湖南的衡山，后又移居高密的牢山，其书中主要记载当地的药用植物；随后又出现了唐代陆龟蒙编辑的《耒耜经》，它记载了当时江南地区所使用的主要农具的构造与功用；唐代茶学家陆羽长期隐居于湖州，他在研究湖州顾渚山茶叶的基础上，编辑了一部影响后世的茶叶专著《茶经》，《茶经》也隶属于南方农书；真正能够反映南方水田农业（种稻和种桑）的农书，当属南宋陈旉的《农书》，该书成书于南宋绍兴十九年（1149），书中主要记载了南方的水稻生产，兼论旱谷、蔬菜、蚕桑和养牛，是南方农书的杰出代表。

三　源于实践、引经据典的资料收集编辑方法

唐代著名茶学家陆羽躬身实践，笃行不倦，取得茶叶生产和制作的第一手资料后，又遍稽群书，广采博收茶家采制经验的结晶。《茶经》十篇中，以《七之事》所占篇幅最大。此篇收集了陆羽编辑《茶经》前有关茶叶的专门史料，从传说中的上古三皇时代到隋唐，凡是涉及茶的材料，大部分都涵盖了。有关这些材料的来源，主要是来自唐初的几种类书，如虞世南的《北堂书钞》以及欧阳询的《艺文类聚》，两书中所有有关茶的史料与《七之事》基本相同，仅是个别字句略有差别。[①]《茶经》还收录了一些已经亡佚的类书。陆羽编辑此书的不足之处是没有注明材料的来源。陆羽在编辑《茶经》时，还曾游历过今南方的一些省份，也曾到过北方，对唐代茶叶产区进行了详细而深入的调查与了解。在《茶经》的《八之出》这一章节，对茶叶的产区进行了详细的介绍，并将全国分为八大产区，这些产区大部分是陆羽亲自到过的，陆羽根据自己的鉴别及评价标准，又对每一个产区的茶叶划分了不同的等级。这为后人研究、了解唐代的茶叶生产提供了相当丰富的材料。因此，《茶经》一问

---

① （唐）陆羽著，宋一明译注：《茶经》，上海古籍出版社2009年版，第3页。

世，即风行天下，为时人学习和珍藏。

唐末五代时期农学家韩鄂在其月令体农书《四时纂要》“序”中提到“余以是遍阅农书，搜罗杂诀，《广雅》、《尔雅》，则定其土产；《月令》、《家令》，则叙彼时宜；采范（原文如此，当为氾）胜种树之书，掇崔寔试谷之法；而又韦氏《月录》，伤于简阅，《齐民要术》，弊在迂疏，今则删两氏之繁芜，撮诸家之术数；讳农则可嗤孔子，速富则安问陶朱……故目之为‘四时纂要’云耳”[①]。从《四时纂要》的序中可以看出，本书是在收集、整理前人农业资料的基础上编辑而成，书中的材料主要来自集北方农业之大成的《齐民要术》，同时也增加了一些新的内容，并保存了不少现已失传的资料。

南宋时期农学家陈旉在《农书》中多处引用儒家经典，或先王、先圣之言，充满着儒门理学的色彩，如引《列子》“耕稼盗天地之时利”。陈旉受道家崇尚自然，注重实践的影响，也是“平生读书，不求仕进，所至即种药治圃以自给”[②]。由于陈旉在“西山”等处“躬耕”过，取得相当丰富的农业生产知识和实践经验，所写《农书》不是“誊口空言”[③]，他在撰写农书时曾说：“是书也，非苟知之，盖尝允蹈之，确乎能其事，乃敢著其说以示人。”[④] 不难看出陈旉治学态度的严谨，编辑农书时，不是一味地抄写前人著作，而是着重写自己的心得体会，即使引用古人资料，也努力融会贯通，同时他非常重视通过实践获取资料。

四 农书体裁形式丰富

（一）专科类、谱录类农书进一步发展

商品经济的发展以及城市经济的繁荣，使撰写花、果、茶等经济作物的专科类农书数量增幅明显，其中不乏具有首创性的专著，学术价值较高。唐代，由于魏晋时期造成的“衣冠南渡”，长江中下游地区得到了初步开发，农业生产水平迅速提升，适应南方水田的新型农具大量涌现，

---

① 缪启愉：《四时纂要校释》，农业出版社 1981 年版，第 1 页。

② （南宋）陈旉：《农书》，中华书局 1956 年版，第 1 页。

③ （南宋）陈旉：《农书》，中华书局 1956 年版，第 1 页。

④ 董恺忱、范楚玉：《中国科学技术史 · 农学卷》，科学出版社 2000 年版，第 451 页。

栽桑养蚕技术在长江中下游流域非常发达；同时茶叶已经成为当时重要的商品，饮茶之风渐盛，所以这一时期出现了大量有关农器、种茶和养蚕等方面的专著；宋代，农业生产分工越加精细，农业生产专业化程度更高，所以此时期专业类农书的种类和数量也有大幅提高，出现了如蔬菜专著、果树专著、竹木专著、水产专著等。

谱录类农书的出现与当时社会上修谱之风的出现有关。谱录类农书又分为茶类、蔬菜类、果树类、花卉类、竹木类等。除了专谱以外，还出现了综合性谱录类著作，如《全芳备祖》等。《全芳备祖》是宋代花谱类集大成之作，著名学者吴德铎先生首誉其为“世界最早的植物学辞典”。此书专辑植物（特别是栽培植物）资料，故称“芳”。据自序：“独于花、果、草、木，尤全且备”，“所辑凡四百余门”，故称“全芳”；涉及有关每一植物的“事实、赋咏、乐赋，必稽其始”，故称“备祖”。从中可知全书内容轮廓和命名大意。书分前后两集。前集 27 卷，为花部，分记各种花卉，如卷一为“梅花”，卷二为“牡丹”，卷三为“芍药”等 120 种左右；后集 31 卷，分为 7 个部分，计 9 卷记果，3 卷记卉，1 卷记草，6 卷记木，3 卷记农桑，5 卷记蔬，4 卷记药。著录植物 150 余种。各种植物之下又分三大部分：一是“事实祖”，下分碎录、纪要、杂著三目，记载古今图书中所见的各种文献资料；二是“赋咏祖”，下分五言散句、七言散记、五言散联、七言散联、五言古诗、五言八句、七言八句、五言绝句、七言绝句凡十目，收集文人墨客有关的诗、词、歌、赋；三是“乐赋祖”，收录有关的词，分别以词牌标目。

除此之外，还有宋代《洛阳牡丹记》《广中荔枝谱》《笋谱》《禾谱》《菊谱》《糖霜谱》《菌谱》，等等。仅论述茶叶的专谱就有 13 种之多，这与隋唐后中国饮茶之风盛行，并且和北方少数民族进行茶叶贸易的“茶马互市”有着密不可分的关系。

（二）耕织图的首创

耕织图实际上是一种以图阐文的劝农文，它把农业生产中一些关键性的环节用图像的形式，并配以诗词歌谣，完整地表达出来，目的也在于重农、劝农。《耕织图》始创于南宋绍兴年间，为楼璹所作。《耕织图》是以画配诗，指导农事活动的艺术作品。由于其画面精美，直观可见，具有生动活泼的田园气息，易于被普通劳动者所接受，被人誉为是最有艺术气息的农学著作。凭借作者楼璹长期观察农业生产，深入民间，与当地农夫、蚕妇探讨有关耕种、桑蚕等农业技术，加之其在绘画艺术上颇有造诣，《耕织图》才能把艺术与农业生产活动有机结合。《耕织图》是图文并茂的农书，其功能好似现在的视频图像，这就为后世研究古代农业生产，特别是古代农具提供了文字资料所无法比拟的直观资料，显得尤为珍贵。例如《灌溉》图（见图5.1）、《一耘》图（见图5.2）中直观地描绘出当时农者抽水灌田的农作情景。

图5.1　《耕织图》“灌溉”

（三）月令体农书继续发展

这一时期的月令类农书特别多，以杜台卿所著的《玉烛宝典》为主要代表，隋唐两宋时期见于史志的月令体农书，有27部之多，可见人们十分重视月令体农书的编辑。《四时纂要》的体裁与《四民月令》一样，

图 5.2 《耕织图》“一耘”

以时令为纲；收录的有关生产和生活项目，许多与后者相似；但《四民月令》却几乎没有具体生产技术的记述，《四时纂要》则对许多生产技术作了介绍。另外，自《齐民要术》之后，至陈旉的《农书》出现之前的600年间，只出现了《四时纂要》一部专门研究农业生产技术的农书，其对农书发展具有承上启下的作用。特别是其记载有关丛辰、占卜、祈禳等内容，较之月令体农书有了很大的扩展，宋真宗曾下令朝臣编纂了一部12卷的《授时要录》，这是第一部由官方编著的月令体农书。

（四）通书的出现

通书在中国古代农书中一般是指兼有“农家月令书”与“综合性农书”各自特点的一类农书，属于农者日用的百科全书。这类书大都出自民间，一般作者不详，其编辑原则为“述而不作”。通俗来讲，就是用来指导农业生产的便民小册子，用简洁明快的文字和简单的叙述方法，向普通百姓传播生产、生活技术经验，具有很强的实用性和可操作性。以图像或便于传唱的歌词俚曲的形式，解决农业生产和农者生活中的具体问题。此类农书的最大价值就在于其所记录、总结的生产实践知识完全来自民间，出自生产第一线，这些知识内容往往不见于那些广为后世传颂的农家经典之中，因此是对他们的有益补充。但是，由于此类通书出自民间（特别是早期的通书），内容中往往夹杂有丛辰、占卜、祈禳、压胜等带有迷信色彩的“杂质”，需要我们进行甄别，做到去粗取精。通书是隋唐时期新出现的一种农书体裁，它脱胎于月令体农书。如唐代韩鄂的《四时纂要》较之于月令体农书有了很大的扩展，特别是加上有关丛辰、占卜、祈禳等内容。据缪启愉的统计，全书共698条，其中占候、择吉、攘镇就占了348条，几乎占了全书的一半，所以石声汉认为，《四时纂要》是现存最早的通书性质的农书。

（五）山居农书的兴起

所谓山居系列农书，大多都是退隐的士大夫或修道之士，在山林或田野躬自耕作，取得了一些种艺的经验之后而写作的农书。[①] 与专门阐述农业技术的农学著作不同，山居农书不仅记载耕作技艺，还有关于养生与休闲方面的记述。北宋之后，由于党派之争激化，且不满于官场而隐居山中的人日渐增多，这些人隐居山林、种药治圃、饮茶喝酒、粗茶淡饭，却怡然自得。闲暇之余，他们会编写一些和自身生活有关的著作，“山居系统农书”便是其中之一。

最早的一部山居农书是唐代王旻所著的《山居要术》。王旻是唐玄宗时期的一个修道之士，最初隐居在衡山，后来迁到高密的牢山。《山居要术》共有三卷，原书已失传。宋代沈括所著的《梦溪忘怀录》也是山居农书的一种。山居农书的作者大多为隐居山林之士，对山区植物的记载，特别是对可入药植物栽培经验的总结，是其有别于其他农书的显著特点。这是山居农书对传统农学的新发展。如《梦溪忘怀录》就曾系统地研究了地黄及黄精等可入药的山区植物。宋代的山居农书还有林洪所著的《山家清供》，全书共104条，其中泡茶法一条，做酒法两条，音乐一条，其余100条专门撰写山居雅士的可口菜单及其烹饪方法，以及有关典故，

---

① 董恺忱、范楚玉：《中国科学技术史·农学卷》，科学出版社2000年版，第413页。

内容以蔬菜为主。

（六）劝农文的出现与发展

隋唐两宋时期，统治者对于农业特别重视，经常由官府组织朝臣编辑综合性农书，并刊刻发行“以赐劝农使者”。各级地方政府在中央的指示之下，也积极致力于劝农工作，并为此发布了许多文告，这就是劝农文。北宋以前，就有许多劝农诗和劝农文等劝农文告。然而，很多都是官样文章搞形式主义，“上下习熟，视为文具”①。南宋时这种作风稍有改变，在劝农文中增加了很多技术内容。如，朱熹的《南康军劝农文》、高斯得的《宁国府劝农文》、真德秀的《泉州劝农文》和《福州劝农文》，这些劝农文都是针对农业生产中出现的技术问题所发的。南宋咸淳八年（1272）春，黄震根据抚州地区耕作中存在的问题，在《劝农文》中提出：“田须熟耙，牛牵耙索，人立耙上，一耙便平。今抚州，牛牵空耙，耙轻无力，泥土不熟矣。而农如何不立耙?”在第二年的《劝农文》中又提出：“田需秋耙，土脉虚松，免得闲草抽了地力，今抚州多是荒土，临种方耕，地力减耗矣，尔农如何不秋耕?”② 可见当时地方政府重视农时，鼓励耕种，不仅具有非常强的“劝课农桑”的重农思想，还能推出指导农业生产的具体技术措施。

五　农书版式多样

这一时期农书的版式编排也有较大发展，虽唐代农学家大多为诗人，尤其是陆龟蒙，在唐诗发展史中颇有名号，然其在编辑《耒耜经》时，并无诗歌相衬。北宋时期才出现了配以诗赋的农业专书《桐谱》。《桐谱》全书仅一卷，内分十目，其中有一目名为“诗赋”，“诗赋”篇收录了作者有关桐的诗词歌赋，多为作者“借词以见志”，如书中描写桐花的诗词：

吾有西山桐，桐盛茂其花。
香心自蝶恋，缥缈带无涯。

---

① （南宋）黄震：《咸淳八年春劝农文》，《黄氏日抄》卷七十八。

② （南宋）黄震：《咸淳八年春劝农文》，《黄氏日抄》卷七十八。

白者含秀色，粲如凝瑶华。
紫者吐芳英，烂若舒朝霞。
素奈亦足拟，红杏宁相加。
世但贵丹药，夭艳资骄奢。
歌管绕庭槛，玩赏成矜夸。
倘或求美材，为尔长所嗟。①

发展到南宋楼玮的《耕织图》，则已完全是诗与画紧密结合的农书形式，不仅是对农书种类的拓展，也是农书表现手法的一种进步，使农业与文化达到了高度的契合。楼玮的《耕织图》绘制“耕织图”45幅，包括耕图21幅、织图24幅，每一幅图还配有诗词一首，这种农书的编排版式，能够把农业生产中的一些关键性环节用图像的形式，并配以诗词歌谣，完整地表达出来，生动、直观地向广大人民传递了农业生产技术信息，易于被耕作者理解与接受，具有非常强的可操作性，能够有效地实现政府“重农劝农”的政治目的。如耕部“浸种”图（见图5.3），配“浸种”诗一首：

溪头夜雨足，门外春水生。
筠篮浸浅碧，嘉谷抽新萌。
西畴将有事，耒耜随晨兴。
只鸡祭勾芒，再拜祈秋成。
暄和节候肇农功，自此勤劳处处同。早辨东田穜稑种，褰裳涉水浸筠笼。②

楼玮的《耕织图》对后世农书影响较大。清朝康熙南巡，见到《耕织图》后，感慨于织女之寒、农夫之苦，传命内廷供奉焦秉贞在楼璹《耕织图》的基础上，重新绘制，计有耕图和织图各23幅，并每幅制诗一章。

---

① （北宋）陈翥著，潘法连校注：《桐谱校注》，农业出版社1981年版，第116页。
② （宋）楼璹撰：《耕织图诗附录》，中华书局1985年版。

图 5.3 《耕织图》“浸种”

六 “劝课农桑、固本安民”的重农编辑宗旨

唐太宗曾精辟地论述道：“国以民为本，人以食为命，若禾黍不登，则兆非国家所有”①，“夫衣食为人天，农为政本，仓廪实则知礼节，衣食丰则知廉耻”的“大治”，就需不遗余力地发展农业生产，如若不重视“农为政本”这一根本性问题，王朝就有倾覆之危，何谈江山永固之事。他从“固本安民”的政治考量出发，坚守着“唯思稼穑之先，不以珠玑为宝”② 的重农思想。士大夫阶层正统思想的代表人物陆贽把“劝农”“地著”“固本业”看成立国和治国的基本措施之一。司马光强调“农者天下之本”，明确指出“农尽力则田善收而谷有余矣”。据此可知，隋唐

① （唐）吴兢：《贞观政要》，上海古籍出版社 1978 年版，第 237 页。

② （后晋）刘昫等：《旧唐书》，中华书局 1975 年版，第 4782 页。

两宋时期，上至帝王下至文人士大夫都视农业为国家根本。"劝课农桑、固本安民"的重农思想始终是当时社会的普遍认知与价值取向。受此思想影响，作为指导农业生产的农书在编辑过程中，其编辑宗旨必定反映"劝课农桑、固本安民"的重农思想，以指导、劝诫农民大力进行农业生产。

隋唐两宋时期，官修农书大量出现，但由于种种原因传世不多，现所能见到的农书主要有《四时纂要》、陈旉的《农书》等。韩鄂在《四时纂要》开篇"自序"中说道："夫有国者，莫不以农为本，有家者，莫不以食为本。"[①] 充分肯定了农业在家庭衣食提供方面的重要功能。《四时纂要》虽与《四民月令》一样均为月令体农书，其编写内容也是以士大夫家庭一年12个月，农、工、商的各项活动为主，但与《四民月令》不同的是，有关商业活动的内容在《四时纂要》的编写过程中开始大量萎缩。据缪启愉统计，全书共698条各项活动的记载，商业活动仅占了33条，而农业生产的内容就有245条之多，虽不及占卜、择吉方面的条目多(348条)，但篇幅却远远大于其他内容，是全书的主体部分。这充分说明《四时纂要》对农业生产的重视，其在编辑过程中所体现的重农编辑宗旨便跃然纸上了。

宋代农学家也清楚地论述了农业对衣食的重要作用。南宋陈旉说："古者四民，农处其一。洪范八政，食货居其二。食谓嘉谷可食，货谓布帛可衣，盖以生民之本，衣食为先，而王化之源，饱暖为务也。"[②] 并指出，宋兴以后，"列圣相继，惟在务农桑，足衣食"[③]。作为首部反映中国南方耕作体系的综合性农书，陈旉《农书》的篇幅并不大，共有一万余字，分上、中、下三卷，分别讲述土壤耕作与作物栽培、耕牛的饲养管理、种桑养蚕技术，其中上卷部分土壤耕作与作物栽培为全书的主体，重点在于指导百姓农业生产。中卷与下卷则是讲述耕畜的饲养管理与桑蚕技术。三卷合一，构成了一个有机的整体，即围绕着农事活动这一核心内容，充分展开论述，顺应了政府"劝课农桑"的政治目的，体现了

① 缪启愉：《四时纂要校释》，农业出版社1981年版，第1页。
② 万国鼎：《陈旉农书校注》，农业出版社1965年版，第21页。
③ 万国鼎：《陈旉农书校注》，农业出版社1965年版，第21页。

“农为政本、本固安民”的重农思想。

陈旉《农书》的编辑过程，始终是以当时社会农业生产发展的需求为基础的，是以稳定社会发展、劝课农桑、促进人民安居乐业为目的。该书以南方水稻农业为主要研究对象，何以要用一个专篇来讨论旱地作物的栽培呢？这可能与当时的社会背景有关。南方以水田作物为主要的种植对象，然而旱地作物的种植仍是不可或缺的，因为旱地作物与水田作物相比，其抵抗自然灾害的能力更强。宋代以后，人们逐渐认识到了这一点，开始以政府诏令与劝农文的形式大力倡导种植旱地作物，以备灾年。政府还以“劝种诸谷”的方式来应付水稻青黄不接或歉收时人民的生计问题。当时全国一致认识到“种谷必杂五种，以备灾害”的重要性。在把水稻种植技术推广到北方以提高粮食产量的同时，也要求向南方水稻种植地区推广北方的旱地作物，用以预防自然灾害。《又劝农文》所记载的“粟麦所以为食，则或遇水旱之忧，二稻虽捐，亦不至于冻馁矣……俾民多种二麦……盖以丰为不可常恃，欲备荒歉，而接食也……若高原陆地之不可种麦者，则亦豆粟所宜”的内容，正是上述考虑的真实写照。

《陈旉农书》六种之宜篇也是为了预防自然灾害而编辑的。全篇的编辑宗旨就是以政府所倡导的备荒思想为主导的。而备荒思想便是重农思想的内容之一。《六种之宜篇》本篇便提道：“种莳之事，各有攸叙。能知时宜，不违先后之序，则相继以生成，相资以利用，种无虚日，收无虚月。一岁所资，绵绵相继，尚何匮乏之足患，冻馁之足忧哉。”① 文章末尾又说：“《诗》曰：‘十月纳禾稼，黍稷穜稑，禾麻菽麦’，无不毕有，以资岁计，尚何穷匮乏绝之患耶。”可见，“劝课农桑、固本安民”的重农思想是陈旉《农书》编辑的根本宗旨。

中国传统农学的发展始终是以“农本”为基本思想，即把农业作为立国之本，也就是“重农”思想。据史书记载，中国的自然灾害在宋朝之后明显增多，所以人们更加强调种植抵御自然灾害能力较强的旱地作物。“荒政”思想也就成为“重农”思想的内容之一。南宋还曾出现一部专门论述“荒政”思想的农学著作——《救荒活民书》。所谓“荒政”

① 曾雄生：《中国农学史》，福建人民出版社 2012 年版，第 315 页。

就是将“救荒”与“行政”结合起来，《救荒活民书》的作者董煟在书中说道：“救荒之政，有人主所当行者，有宰执所当行者，有监司、太守、县令所当行者，监司、守令所当行，人主、宰执之所不必行，人主、宰执之所行，又非监司、太守、县令之所宜行。”① 这说明在救荒过程中，各级官吏要责任明确。书中还对各级官吏的责任范围作了详细的规定，从人主到县令当行之政从六项到二十项不等。董煟还提出了“救荒五法”，并加以详细论述。这些救荒之法，实际上就是荒政的内容。“荒政”思想是中国传统农学的一大发展，它实际上也是统治者在灾荒之年发展农业、稳定农民生活的一大措施，是“固本安民”重农思想的另一体现。这一思想还对明清时期的农学发展产生了重大的影响，明末徐光启《农政全书》的一大特点就是注重荒政，全书共60卷，论述荒政内容的就有18卷之多，占全书内容的1/3。

调动人民的生产积极性，是中国农业管理中的又一个关键性问题。陈旉的《农书》稽功篇，主要论述如何劝“课”农桑。其核心思想是地方的劝农官以农业生产的多寡为标准，制定奖惩办法，用以提高百姓的农业生产积极性。可见，“劝课农桑、固本安民”的重农思想的确是陈旉的《农书》编辑的根本宗旨。

七　“盗天地之时利”的“三才”编辑指导思想

顺应天时仍是隋唐两宋时期主流的农学思想，《四时纂要》等重要月令体农书出现就是一个明证。唐初屡次下诏，命令有司停不急之务，以保证农时，就是一些非办不可的事，也尽量安排在农闲季节。唐贞观五年（631），有司上书言：“皇太子将行冠礼，宜用二月为吉，请追兵以备仪注。”太宗曰：“今东作方兴，恐妨农事。”令改用十月。② 可见，在统治者眼中，任何事情都没有顺应农时进行农事生产活动更为重要。但此时期的顺应天时，是在发挥人的主观能动作用的基础上，认识天时，而不是被动地接受自然的安排。人们可以通过自身的努力去战胜天灾，做到人定胜天。当时人们还认为生物的某些特性可以通过人力加以改变，

---

① 董恺忱、范楚玉：《中国科学技术史·农学卷》，科学出版社2000年版，第498页。

② 董恺忱、范楚玉：《中国科学技术史·农学卷》，科学出版社2000年版，第465页。

如《扬州芍药谱》的作者王观的观点最能代表当时人们对于人力的认识。其曰：余尝论天下之物，悉受天地之气以生，其小大短长，辛酸甘苦，与夫颜色之异，计非人力之可容致巧于其间也。今洛阳之牡丹、维扬之芍药，受天地之气以生，而小大浅深，一随人力之工拙，而移其天地所生之性，故奇容异色，间出于人间；以人而盗天地之功而成之，良可怪也，然而天地之间，事之纷纭出于其前，不得其晓者，此其一也。[①]

陈旉的《农书》特别强调掌握天时、地利对于农业生产的重要性，指出耕稼是“盗天地之时利”[②]，具有与自然作斗争的精神。“盗天地之时利”的“三才”思想，出自《列子·天瑞篇》，但陈旉并不仅是简单地引用与重复，而是把它作为整本书的纲领，即作为《农书》编辑时的指导思想。陈旉“盗天地之时利”的“三才”思想，是对贾思勰“顺天时，量地利”“三才”思想的继承与发展，“盗”字与“顺”“量”二字相较，更加强调人力的能动作用。它不仅强调“三才”中的“人地关系”，也更加重视“人天关系”，在以往的农学著作中，通常是把“天时”和“地利”分开论述的，但这一次陈旉却提出了“天地之时利”的“三才”思想，它蕴含了“天、地之时”与“天、地之利”等内容，这说明陈旉已经认识到天时、地利和谐统一的重要性，这是对“三才”思想的又一推动与发展。

同时，他还提出“法可以为常，而幸不可以为常”的观点，认为法就是自然规律，幸是侥幸、偶然，不认识和掌握自然规律，“未有能得者”。因此，在一系列农耕措施中，都有超越前人的新观点。如著名的“地力常新壮”论，就是对中国古代农学史上土壤改良经验的高度概括。他在“粪田之宜篇”中说，尽管土壤种类不一，肥力有高低，但都可改良；认为前人所说的“田土种三、五年，其力已乏”之说并不正确，主张“若能时加新沃之土壤，以粪治之，则益精熟肥美，其力当常新壮矣”。书中对开辟肥源、合理施肥和注重追肥等措施，都有精辟见解。在“耕耨之宜篇”中论述当时南方的稻田有早稻田、晚稻田、山区冷水田和平原稻田四种类型，分别阐述了整地和耕作的要领；在“薅耘之宜篇”

① 董恺忱、范楚玉：《中国科学技术史·农学卷》，科学出版社2000年版，第597页。
② 万国鼎：《陈旉农书校注》，农业出版社1965年版，第28页。

中讲到稻作中耘田和晒田的技术要求、强调水稻培育壮秧的重要性等，都是中国精耕细作传统的继承和发展。陈旉从“地势之宜”和“天时之宜”两篇，分别论述地利和天时，陈旉认为人们在面对复杂多变的自然环境时，只要充分发挥人的主观能动作用，便可“顺天地时利之宜，识阴阳消长之理，则百谷之成，斯可必矣”①。明确体现出了他的“盗天地之时利”的“三才”思想，把“人天关系”置于与“人地关系”同等重要的地位，他的“天地之时利”的观点，把“天时”“地利”融为一体，是“三才”思想的一次重大发展。“盗天地之时利”的“三才”思想也是整部书编写的指导思想。

唐宋时期，人口增长与耕地面积之间的矛盾日益突出，许多农学家就想办法协调人口与耕地的关系。陈旉在《农书》第一篇“财力之宜”篇中提出，土地面积的大小必须要与财力相适应。陈旉说：“凡从事于务者，皆当量力而为之，不可苟且，贪多务得，以致终无成遂也。”财力包括物力和人力两个方面，他认为，只有“财足以赡，力足以给，优游不迫，可以取必效，然后为之”。他还提出：“农之治田，不在连阡陌之多，唯其财力相称，则丰穰可期也审矣”。② 这种人地关系的论述，很明显带有中国传统集约经营的思想。人在从事农业生产的过程中，除了与自然的关系之外，更有人与人之间的关系。唐宋时期百姓已经意识到人之本在勤，勤之本在于尽地利，人事之勤，地利之尽，一本于官吏之劝课。

综上所述，这一时期的农书在编辑过程中，无论在内容还是结构的编排上，始终以“盗天地之时利”的“三才”思想为编辑指导思想。

第三节　向南方普及阶段代表性农书的编辑

一　《四时纂要》

《四时纂要》作者韩鄂，其成书约于唐末，或五代初。《四时纂要》以“四时”命名，是一本月令体裁农书。以一年十二个月来记载各种天文、祭祀、种植、牧养等。其中真正与农业有关的是种植和牧养两项，

① 万国鼎：《陈旉农书校注》，农业出版社 1965 年版，第 29 页。

② （南宋）陈旉：《农书·财力之宜》，中华书局 1956 年版，第 1 页。

以及杂事中的几条。原书在中国早已佚失。20 世纪 60 年代，明万历十八年的朝鲜重刻本在日本被发现，并被日本山本书店影印出版。缪启愉对此影印本进行了校释，并于 1981 年在中国出版。

（一）“夫有国者，莫不以农为本”的重农编辑宗旨

唐代，各类农书如雨后之笋，纷纷涌现，其思想、风格及著录方式均与前代有异，然因种种原因，传世不多。其中《四时纂要》仿《月令》体例，分四时按月列举农家应做事宜，反映了华北地区一年四季的农事。全书除《序》外，依春令、夏令、秋令、冬令分卷，其中春令为二卷。[①] 书者秉承“农者天下大本”之思想，于开篇自序中便言：“夫有国者，莫不以农为本，有家者，莫不以食为本。”于一月“松柏杂木”中又引民谚以劝农人惜时，云：“‘一日之计在于晨，一年之计在于春。’故知时不失也”。[②] 其所著内容多围绕农事进行，概可述为以农为本。

（二）编辑指导思想

1. 时至而作，渴时而止

《易·恒》载：“四时变化而能久成。”《礼记·孔子闲居》云：“天有四时，春秋冬夏。”古农书多扬“时至而作，渴时而止”之论，顺应天时，以求地利。诸如《齐民要术·种谷》中言“顺天时，量地利，则用力少而成功多，任情返道，劳而无获”[③]，而《吕氏春秋》亦有“以良时慕，此从事之下”[④] 之言。

《四时纂要》以时令为纲，按月列举农事各类。如农闲之时，则休农息役；农忙前夕，则“宜先备之”。又如书中春令卷之二，二月中种谷“以月上旬为上时”，种大豆“是月仲旬为上时”，而种胡麻则“宜白地，是月为上时，四月为中，五月为下。月半前种，实多而成，月半后，少子而多秕种”。凡此种种，盖以时令为序，以备不失农时，不误农事。

2. 天人合一，道法自然

纵观《四时纂要》全书，占候、择吉、禳镇等项几占全书之半。如

---

① 林其锬、王国忠：《中国学术名著提要》，复旦大学出版社 1999 年版，第 255 页。

② 缪启愉：《四时纂要校释》，农业出版社 1981 年版，第 8 页。

③ （北魏）贾思勰：《齐民要术》，北京团结出版社 1998 年版，第 6 页。

④ 夏纬瑛：《吕氏春秋上农等四篇校释》，中华书局 1956 年版，第 60 页。

一月“五谷忌日”条曰“凡种五谷，常以生、长日种，吉”；三月“月内杂占”条曰“此月无三卯，宜种麻、黍。有三卯，宜豆。虹出，九月谷贵，鱼盐中五倍。月蚀，贵，人饥”；七月“占气”条曰“立秋日坤卦用事，日晡时西南有赤黄云如群羊者，坤气至，宜粟。坤气不至，万物不成，地多震，牛羊死，应在冲”，等等。且韩鄂在书中将占候、择吉、禳镇等项置于每月内容之首。由此可见，韩鄂对其之重视。

此外，韩鄂在其序中言“编阅农书，搜罗杂诀”，但细读此书会发现，韩鄂并非仅是照搬其所引之内容，其中许多均被其道教化。如：“清明日，修蚕具、蚕室，宜蚕。”而《四民月令》中的记载是：“清明节，命蚕妾治蚕室，涂隙穴，具槌、薄、笼。”但无“宜蚕”二字；又如，《四民月令》中记载：“顺阳习射，以备不虞。”而《四时纂要》删去“以备不虞”之用，而强调“习射，顺阳气也”①。类似之处，不胜枚举，足见其崇尚“天人合一，道法自然”，深受道教之影响。然对此，今者不应过分苛责，盖因一代之文化乃一代政治、经济之反映，自然有其时代局限之处。

（三）“以时令为纲”的篇章体系

《四时纂要》的体裁与《四民月令》一样，以时令为纲；收录的有关生产和生活项目，许多与后者相似；但《四民月令》却几乎没有具体生产技术的记述，《四时纂要》则对许多生产技术作了介绍。另外，自《齐民要术》之后，至陈旉《农书》出现之前的600年间，只出现了《四时纂要》一部专门研究农业生产技术的农书，其对农书发展具有承上启下的作用。

《四时纂要》是月令体裁农书，全书除自序外，其余章节按一年四季分卷成书。由于春季在农业生产中的重要作用，被作者特分为两卷，夏、秋、冬三季各一卷，共计五卷。每卷又按月分为数篇，每篇之下除先叙述占候、禳镇等内容外，又以事务性质的不同逐条罗列各农事活动，并冠之以序号与名称。其结构体系与《四民月令》相比更加系统完备。韩鄂开创的“辑要”类农书编辑体例，为后世农学家所效仿。

---

① 刘芳：《四时纂要的道教倾向研究》，《管子学刊》2015年第1期。

（四）主要内容

《四时纂要》是一部月令式农家杂录，本书分为四季十二个月。技术上也有一些创新。如正月的接木、二月的种茶及种薯蓣、三月种菌子、八月的麦和苜蓿间作的方法，等等。全书共5卷，4.2万余字。内容除去占候、祈禳、禁忌等外，可分为农业生产、农副产品加工和制造，医药卫生、器物修造和保藏、商业经营、教育文化六大类。重点在前三类。农业生产是本书的主体，因此该书涵盖了广义农业的所有内容，并重点论述了粮食、蔬菜等传统农业生产技术。与前代农业生产技术相比，取得较大进步的有果树嫁接，合接大葫芦，苜蓿和麦的混种，茶苗和枲麻、黍穄的套种，种生姜，种葱以及兽医方剂等。还有种棉，种茶树，种薯蓣，种菌子和养蜂等则是中国最早的记载。关于种棉，有人怀疑是后人添加的，现尚难于确定。

该书主要反映了北方农业的生产内容，但也兼顾了一些刚传入北方的南方农业生产内容，如“种茶”和“收茶子”。从编辑农书的社会历史背景来看，大一统的国家、稳定的社会环境为编辑南北兼顾的农书提供了社会条件，作者可以为编写该书，汇集来自全国的资料。

（五）“采摭经传、验之行事”的资料收集原则

书中资料大量来自《齐民要术》，少数则来自《氾胜之书》《四民月令》《山居要术》等及一部分医方书，也有韩鄂自己的点滴经验与总结。韩鄂在《四时纂要·序》中就谈到了其写作方法：“编阅农书，搜多杂诀”[①]，缪启愉先生指出了《四时纂要》主要的资料来源：农业、畜牧业和加工技术主要摘自《齐民要术》；药用植物部分，主要来自唐朝王旻的《山居要术》；人医、兽医方剂主要来自东汉张机、唐朝孙思邈等人的方书。[②]

《四时纂要》文中还说道：“手试必成之醯醢，家传立效之方”，说明作者通过实践验证前人成果的“验之行事”的资料获取方式。韩鄂绝非只知因袭前人，《四时纂要》中所录之作物中含诸多新作物栽培之术。如粮种处理之术。唐代对粮种处理之术除承前代之法如暴晒法、蒿艾蔽窖

① 缪启愉：《四时纂要校释》，农业出版社1981年版，第3页。

② 缪启愉：《四时纂要校释》，农业出版社1981年版，第3页。

藏埋法、浸种法、溲种法等外，亦创有苍耳拌晒粮种法。[①] 据《四时纂要》载："煞大小麦：今年收者，于此月取至清净日，扫庭除，候地毒热，众手出麦，薄摊，取苍耳碎到和拌晒之。至未时，及热收，可以二年不蛀。"[②]

此外，《四时纂要》中还载有两则家养动物催肥促成之法。一是载于八月的"肥豚法：麻子二升，捣十余杵，盐一升，同煮后，和糠三斗饲之，立肥"[③]。一是载于九月的喂鸡法。"（九月）九日采茌子喂鸡，令速肥而不暴园法：宜别筑墙匡，小开门作小厂。雌雄皆斩去翅翮，不得令飞出。多收稗谷及（茌子），小槽子贮水以饲之。荆藩为栖，去地一尺。数扫其粪。凿墙为窠，亦去地一尺。冬天著草，他时不用。生子则移出外，笼养之。如鸽、鹑大，却内墙中。蒸麦饭饲之，三七日便肥大也。"[④] 种木棉法、种菌法、种茶法、枣树嫁接葡萄法、养蜂法等，亦不见于前此农书。鄂之大才，由此可见一二。

但是，该书文字摘录过简，有时含混不清，间有失原意之处。但去芜存精，仍不失为一部有相当价值的农书。它综录的资料，门类多，简要实用，颇为后人所重视。

（六）历史地位

《四时纂要》是一部以北方农业生产为主兼及南方农业生产的农学著作。所以本书和《齐民要术》相比，最大的贡献则是对于南方某些农业技术的记述。这其中最突出的就是对茶叶栽培技术的总结。同时，本书还增添了一些前代农书，如《齐民要术》等没有记载过的作物，如薏苡、薯蓣和荞麦等。

《四时纂要》是继《四民月令》之后涌现出的又一部月令体农书，与《四民月令》相较，既有继承又有所发展。二者在结构内容上基本保持一致，都是以农、工、商来维持士大夫家庭一年四季的生计。但是各部分内容在两本月令体农书中所占比例并不相同，《四时纂要》的最大特点，

---

① 杜海斌：《唐代农书的普及与农业科技的推广》，《唐史论丛》第二十五辑 2017 年第 2 期，第 238 页。

② 缪启愉：《四时纂要校释》，农业出版社 1981 年版，第 12—13 页。

③ 缪启愉：《四时纂要校释》，农业出版社 1981 年版，第 200 页。

④ 缪启愉：《四时纂要校释》，农业出版社 1981 年版，第 210—211 页。

也是最大缺点，即全书共698条，其中占候、择吉、禳镇等迷信的东西占有348条，将近一半。这与唐代密教（佛教之一支）巫术和道教的流行有关。

北宋天禧四年（1020），《四时纂要》和《齐民要术》同时被推荐给朝廷刊印，颁发给各地方劝农官。再早，唐至道二年（996）已有民间刻本。南宋翻刻过。元代的《农桑辑要》几乎全部选录了它所特有的资料。它还流传到了朝鲜和日本。

《四时纂要》的史学价值很高。安史之乱后，中国经济重心开始逐渐南移，这也是中国农学史上的一个重大转折，《四时纂要》则被认为是这次重大转折的拐点，本书对于研究中国社会经济史和农业技术史的转折期，同样具有重要的参考价值。

（七）传播与影响

1. 泽被后世

《四时纂要》不仅于农业技术史上有一席之地，在唐、五代之社会经济史与经济思想史上亦具重要资料价值。其一，此书广集前代农书之长且去芜存菁，存有诸多已佚之资料，为今世研究古农书予以便利。其二，全书几将所有农、副产品均作为居积买卖之对象。书中有主产南方之特产“覃席”和“蕉葛"以及“若岭表行往，此药（茵陈丸）常随身”之记载，反映出京都南北交易之繁盛；以及多种妆品之生产与买卖①，此均反映了唐代商品生产与社会消费之一面，亦反映出晚唐商品经济之发展程度。

2. 传至海外

《四时纂要》原书于国内早已佚失。但因其影响甚远，播及日、韩等邻近诸国，1960年日本山本敬太郎发现一明万历十八年（1590）朝鲜刻本。此刻本乃以唐至道二年（996）杭州刻本为祖本之重刊本。1961年由东京山本书店影印。1981年农业出版社出版缪启愉据山本书店影印本之校释本。②

---

① 林其锬、王国忠：《中国学术名著提要》，复旦大学出版社1999年版，第256页。

② 林其锬、王国忠：《中国学术名著提要》，复旦大学出版社1999年版，第256页。

二　陈旉《农书》

作者陈旉，籍贯不详。北宋熙宁九年（1076）生，约南宋高宗和孝宗年间（1149—1189）卒。陈旉《农书》自序的最后，署名为“西山隐居全真子陈旉”。“全真子”为道教徒之称呼。据此，陈旉当为道教全真派的道徒。全真教是宋、元道教的大家，创教于“靖康”（北宋钦宗年号，1126—1127）以后。全真教提倡济贫拔苦，先人后己，与物无私；并主张道、释、儒三家合一。道徒多为“河北之士”，不尚符录，不事烧炼，有少数人还从事抗金活动，大多则凭借耕作自食其力，“不求闻达于诸侯”。

陈旉的《农书》是论述中国宋代南方地区汉族农事的综合性农书。全书3卷，22篇，1.2万余字。上卷论述农田经营管理和水稻栽培，是全书重点所在；中卷叙说养牛和牛医；下卷阐述栽桑和养蚕。陈旉以前的农书，多为古代北方黄河流域一带的汉族农业经验总结，本书则为第一部反映南方水田农事的专著，作者陈旉本人亲自务农，故该书在内容上呈现出理论性和实践性相结合的特点。

（一）成书背景

陈旉一生的主要活动时间，是在北宋末年至南宋初年。江南地区，从六朝起开发，经过隋、唐和五代时吴越、南唐的继续经营，到北宋统一全国以后，由于自然条件优越，农业生产已经达到很高水平。江南“泽农”，和黄河流域大部分地区“旱农”，在生产上有很大不同。江南以高产水稻为主要作物，桑蚕为辅；黄河流域则以禾、麦为主要作物。此外，江南地区气温较高，无霜期较长，雨水较多，相对湿度较大，地下水位一般较高；加之，地形复杂，河流湖泊密布，港汊纵横。因此，黄河流域的农业经营方式不适用于江南，而宋以前的农书，全都是反映北方“旱农”生产情况的，江南需要有当地的农书。陈旉的《农书》就是在这一历史条件下出现的。

（二）主要内容

陈旉的《农书》中“十二宜”中的“宜”就是合适、相称、恰到好处的意思。“夫稼，为之者人也”，农业生产首先是人的事业，陈旉的《农书》的第一篇“财力之宜”，强调生产的规模（特别是耕种土地的面积）要和财力、人力相称。陈旉说："贪多务得未免苟简灭裂之患，十不得一二。"他还借用当时的谚语说："多虚不如少实，广种不如狭收。"进而提出："农之治田，不在连阡跨陌之多，唯其财力相称，则丰穰可期也审矣。""财力之宜"虽然着眼于财力，但落脚点却在于耕地面积的大小。而耕地面积除了本身的面积大小之外，还包含有很多其他的因素，地势即其中之一。于是陈旉在接着的"地势之宜篇"便着重谈土地的规划利用问题。地势的高低不仅影响到土地的规划利用，同时也影响到耕作的先后迟缓和翻耕的深浅，于是在"地势之宜篇"之后，接着便是"耕耨之宜篇"。复由于耕耨有"先后迟缓"之别，由是又引出了"天时之宜"的问题。指出："农事必知天地时宜，则生之、蓄之、长之、育之、成之、熟之、无不遂矣。"强调"顺天地时利之宜"。

在此基础上，再来谈各种农作物的栽培，于是有了"六种之宜篇"。本篇中主要讨论了几种旱地作物的栽培时序问题。人的"勤"或"懒"直接影响庄稼的收成，从便于耕种的角度出发，大部分农者都将农舍尽量靠近农田，以便进行农田管理，因此作者把农舍的设置"居处之宜"篇单列为第六部分；居处的远近只是一种客观情况，真正要提高土壤肥力还得靠人的主观努力，这就是"治"。在"粪田之宜篇"中，陈旉就土壤肥力问题提出了两个创新性的学说：其一为"虽土壤异宜，顾治之如何耳，治之得宜皆可成就"；其二是提出了"地力常新壮"的论断。谈到治，自然而然地转到了人事，甚至于鬼神。于是有"节用"（勤俭节约）、"稽功"（奖勤罚懒）、"器用"（物质准备）、"念虑"（精神准备）、"祈报"（敬事鬼神）等篇，但是，人事的问题不光是个从物质到精神的准备过程，更重要的还是个技术性问题，于是，书中还专有两篇谈论水稻的田间管理和水稻育秧技术，即"薅耘之宜篇"和"善其根苗篇"。

陈旉《农书》中还第一次系统地讨论了耕牛的问题。陈旉认为，衣食财用之所从出，非牛无以成其事，牛之功多于马。强调人对于牛必须要有"爱重之心"。卷中所提到了耕牛问题主要包括牧养、役用和医治三个方面。牧养时必须做到"顺时调适"，牧养结合，牢栏清洁。役用时必须做到"勿竭其力""勿犯寒暑""勿使太劳"。医治方面则提出了辨证施治、对症下药的原则，同时提出要注意防止疫病传染。

陈旉的《农书》完成于南宋绍兴十九年（1149）。这时他已74岁高龄。南宋王朝建都临安（今杭州市）的最初几年，乃至十几年，黄河流域迁移到江南的大量各种非农业人口的生活所需，以及包括“岁币”在内的一切政府开支，都只能出自农业和手工业生产。这样，在短时期内就促使太湖流域的农业生产以历史上少有的速度前进，蚕桑生产尤其空前地发展起来，有些农民宁可放弃种植水稻而种植桑树。《农书》中提到“湖中安吉”的桑树嫁接情况，可见该书所反映的，正是南宋初期长江下游太湖地区的农业生产情况。陈旉的《农书》末尾一卷是蚕桑。内容包括种桑、收蚕种、育蚕、用火采桑、簇箔藏茧五篇，详细地介绍了种桑养蚕的技术和方法。种桑之法篇中主要介绍了桑树种子繁殖方法，还提到了压条和嫁接等无性繁殖方法。收蚕种之法篇则介绍了蚕种的保存、浴蚕、蚕室和喂养小蚕的技术；育蚕之法则强调自摘种，以保证出苗整齐；用火采桑之法，提出在给蚕喂叶时，利用火来控制蚕室湿度和温度的方法，还提到了叶室的作用。簇箔和藏茧之法，介绍了簇箔的制作和收茧藏茧的方法等。这部分内容，为后来王祯的《农书》“蚕缫门”所引用，并被冠以“蚕书”或“南方蚕书”的名字。

《农书》在养牛和蚕桑部分的详细论述，反映了中国古代汉族农业科学技术到宋代已经发展到了新的水平。由于作者对黄河流域一带北方的生产并不熟悉，因而把《齐民要术》等农书，讥为“空言”“迂疏不适用”，则是他思想和实践局限性的反映。

（三）“劝课农桑、固本安民”的“农本”编辑宗旨

唐宋之际，因战乱，加之南方地区固有的自然条件及六朝至隋唐五代的经营发展，至北宋末年，农业生产已有较高水平。而宋以前若干农著皆为讲述黄河流域的农业生产技术，固于经济逐渐繁荣阶段的长江下游的水稻蚕桑地区，急需一本讲述农耕技术之农书，借以指导其农业生产。是以陈旉的《农书》成书，为我国现存最早的一部专述南方水田以种稻养蚕为中心的农书。①

“农者天下大本”，此思想多为农书编纂者秉承发展。观陈旉的《农书》，分上、中、下三卷，共12000余字。上卷乃全书主体，包括“财力”“地势”“耕耨”“天时”“六种”“居处”“粪田”“薅耘”“节用”

① 曹永森：《扬州科技史话》，广陵书社2014年版，第43页。

“稽功”“器用”“念虑”“祈报”“善其根苗”共14篇，论土地经营规划与水稻栽培技术，篇幅约占全书的2/3。中卷牛说包括“牧养役用之宜”及“医治之宜”2篇，强调牛对农业的重要性，具体记述了水牛的饲养、管理、役用和疾病防治。下卷为蚕桑专卷，包括“种桑”“收蚕种”“育蚕”“用火采桑”“簇箔藏茧”5篇，专述蚕桑生产内科学技术。①

论其重农色彩，陈旉自序始言：古者四民，农处其一。② 另如“节用之宜篇第九”除继承我国古代重农思想外，仍提倡虽农业丰收也应尚俭，盖农业生产具有明显的备荒作用。③ 固其曰“古者一年耕，必有三年之食。三年耕，必有九年之食。以三十年之通，虽有旱干水溢，民无菜色者，良有以也”④。“稽功之宜篇第十”求务农者专心致志，尽己最大力量行之，此亦对《管子》《小匡篇》中所阐发之“士农工商四民者，国之石民也，不可使杂处，杂处则其言秽，其事乱”思想的发挥。⑤

（四）盗天地之时利、遵循农业生产的“十二宜”编辑指导思想

“天、地、人”相统一的“三才”理论，为中国古代农学的指导思想。上述所提陈旉的《农书》上卷“十二宜”，是陈旉对“三才”理论的深化和具体化，乃其教育人们认识和利用客观规律经营农业总的指导思想和理论基础。“十二宜”之中，根本点和出发点仍为地势之宜与天时之宜。⑥

“天时之宜篇第四”中言：“在耕稼盗天地之时利，可不知耶?”“不先时而起，不后时而缩，故农事必知天地时宜，则生之、蓄之、长之、育之、成之、熟之，无不遂也。”⑦ 在此，陈旉指出认识自然规律是利用自然规律的基础，只有认识和利用规律，才能“不乱经营之度，定之以时，应之以数”。除却，“然则顺天时利之宜，识阴阳消长之理，则百谷

---

① 路甬祥总主编，黄世瑞著：《中国古代科学技术史纲·农学卷》，辽宁教育出版社1996年版，第24页。

② （南宋）陈旉：《农书》，中华书局1985年版，第1页。

③ 袁名泽：《〈陈旉农书〉之农史地位考》，《农业考古》2013年第3期。

④ （南宋）陈旉：《农书》，中华书局1985年版，第7页。

⑤ 袁名泽：《〈陈旉农书〉之农史地位考》，《农业考古》2013年第3期。

⑥ 张景书：《陈旉〈农书〉的农业教育思想》，《西北农林科技大学学报》（社会科学版）2004年11月第4卷第6期。

⑦ （南宋）陈旉：《农书》，中华书局1985年版，第3页。

之成，斯可必矣，古先哲王所以班朔明时者，匪直大一统也。将使斯民知谨时令，乐事赴功也”。“以建寅之月朔为始春，建巳之月朔为首夏，殊不知阴阳有消长，气候有盈缩，冒昧以作事，其克有成耶。设或有成耶，亦幸而已，其可以为常耶。”此中，结合顺天地时利之宜与阴阳消长之理，可称对“三才”理论的深化。且教育人们无固定不变的“常”，而通过“变”去准确地把握“常”。[①]

“天地人和谐统一”为陈旉《农书》三卷所遵循，道、策、术、思皆围绕此中心展开，或称“盗天地之时利”的编辑指导思想。论其“三才”理论创新之处则将农业经营管理知识纳入“十二宜”，作为人的一项重要活动系统，有别于此前农书。

（五）系统概括、环环相扣的类分体系

陈旉《农书》对完整的农学体系的追求，在上卷的内容与篇次安排上也得到了反映。上卷以“十二宜”为篇名，篇与篇之间，互有联系，有一定的内容与顺序，从而构成了一个完整的整体。“十二宜”的内容主要是：

（1）财力　生产经营规模要和财力、人力相称

（2）地势　农田基本建设要与地势相宜

（3）耕耨　整地中耕要与地形地势相宜

（4）天时　农事安排要与节气相宜

（5）六种　作物生产要与月令相宜

（6）居处　生产和生活须统筹规划

（7）粪田　用粪种类与土壤性质相宜

（8）薅耘　中耕除草　必须因时因地（势）制宜

（9）节用　消费与生产要相宜

（10）稽功　赏罚与勤惰相宜

（11）器用　物质准备要与生产相宜

（12）念虑　精神准备与生产相宜

陈旉《农书》从内容到体裁均突破了先前农书的樊篱，开创了一种

---

① 张景书：《陈旉〈农书〉的农业教育思想》，《西北农林科技大学学报》（社会科学版）2004年11月第4卷第6期。

全新的农学体系。上述十二“宜”和“祈报”“善其根苗”两篇所论的内容构成一个完整的有机体。纵观其篇章结构，内容体系完整划一，构成一有机整体。细论其谋篇布局，万国鼎是这样评价陈旉《农书》的：“《陈旉农书》不抄书，着重在写他自己的心得体会，即使引用古书，也是融会贯通在他自己的文章内，体例和《齐民要术》不同。……但他的这部《农书》，在体例上确实比《要术》谨严，出自实践的成分比《要术》多。……具有相当完整而又系统的理论体系。”①

陈旉《农书》在资料取舍、选材论述、叙述先后的安排上遵循特定的农学体系，对各项生产技术中所包含的问题与原理作系统的概括讨论。全书分上、中、下三卷，上卷可称土地经营与栽培总论的结合，中卷的牛说，在经营性质上仍属上卷农耕的一部分，下卷的蚕桑，于当时农业经营中是农耕的重要配角。上卷编次以“十二宜”为篇名，互有联系，遵循特定标准，形成了一个完整的有机体。② 不局限于分别叙述各类生产技术，而刻意追求农学体系的完整和前后贯穿。③ 陈旉自序言：“旉躬耕西山，心知其故，撰为《农书》三卷，区分篇目，条陈件别而论次之。”④ 后序又言：“故余簾述其源流，叙论其法式，诠次其先后，首尾贯穿，俾览者有条而易见，用者有序而易循，朝夕从事，有余不紊，积日累月，功有章程，不致因循苟简，倒置先后缓急之叙。虽甚情情疲怠者，且将晓然心喻志适，欲罢不能。”⑤ 由此可见，此书内容的前后贯穿与系统的农学体系。

（六）“源于实践、采掇经传、验之行事”的资料收集编辑方法

陈旉也是“平生读书，不求仕进，所至即种药治圃以自给”。所写《农书》不是“誊口空言”，他自信地说：“是书也，非苟知之，盖尝允蹈之，确乎能其事，乃敢著其说以示人！”⑥ 加之，陈旉写《农书》为的

① 万国鼎：《陈旉农书校注》，农业出版社 1965 年版，第 8 页。

② 万国鼎：《陈旉农书校注》，农业出版社 1965 年版，第 18 页。

③ 杨文衡等：《中国科学技术史话》（下册），中国科学技术出版社 1990 年 6 月版，第 106 页。

④ （南宋）陈旉：《农书》，中华书局 1985 年版，第 1 页。

⑤ （南宋）陈旉：《农书》，中华书局 1985 年版，后序第 1 页。

⑥ 董恺忱、范楚玉：《中国科学技术史·农学卷》，科学出版社 2000 年版，第 451 页。

是“有补于来世”。因此，其书有较强的实践性，在生产中行之有效。

宋儒治经，重《易》《春秋》《礼记》，而又着重在《易》中寻究哲理。同时，宋儒常以自我为中心，敢于独立思考，另立新说。陈旉受当时学术思潮影响，编辑《农书》时，从编写体例、编辑手法到编辑风格，都力求突破前代农书的格局。他认为北魏时的《齐民要术》和唐代的《四时纂要》等农书“迂疏不适用”。陈旉在书中多处引用儒家经典，或三代圣贤之言，充斥着程朱理学的色彩，反映出陈旉受当时文人士大夫阶层的“修齐治平”思想的影响颇深，如引《列子》“耕稼盗天地之时利”。同时，陈旉受道家崇尚自然，注重实践的影响，也是“平生读书，不求仕进，所至即种药治圃以自给”[①]。陈旉在“西山”等处“躬耕”过的经历，使他有了相当丰富的农业生产知识和实践经验，获得了撰写《农书》的丰富材料与知识储备。不难看出陈旉治学态度的严谨，编辑农书时，不是一味地抄写前人著作，而是着重写自己的心得体会，即使引用古人资料，也会努力融会贯通于自己的文章里。

万国鼎在评介陈旉《农书》时提及“陈旉相当博学，多年亲自参与农业经营，用心观察，直到近八十岁的高龄，因此对于农业具有很丰富的知识与实地经验”[②]。陈旉自序道：“旉躬耕西山，心知其故，撰为《农书》三卷，区分篇目，条陈件别而论次之。是书也，非苟知之，盖尝允蹈之，确乎能其事，乃敢着其说以示人。”[③] 洪兴祖后序曰：“平生读书，不求仕进，所至即种药治圃以自给。”[④] 且书中内容条目清晰、经验丰厚，谈及农业经营管理，规划、种植、技术、勤劳、节约等为其实践总结，乃乎蹈之。

以此观之，陈旉集理论与实践，验之行事，“确乎能其事”，乃成《农书》。

（七）版本的刊刻流传

陈旉《农书》的第一次刊刻与洪兴祖有着密切的关系。洪兴祖好古

---

① （南宋）陈旉：《农书》，中华书局1956年版，第1页。

② 万国鼎：《陈旉农书校注》，农业出版社1965年版，第8页。

③ 万国鼎：《陈旉农书校注》，农业出版社1965年版，第22页。

④ 万国鼎：《陈旉农书校注》，农业出版社1965年版，第63页。

博学，对《易》尤深有研究。他做过广德军（今安徽广德）和真州（今江苏仪征）的地方官，对农业生产很重视。《农书》写成后，陈旉亲自送到真州去给洪兴祖阅看，请他支持刊刻。洪兴祖很敬重陈旉，说他能贯穿出入于“六经诸子百家之书，释老氏黄帝神农氏之学”，而且“下至术数小道，亦精其能，其尤精者《易》也”；对《农书》，洪兴祖“读之三复”，并将《仪真劝农文》附于其后，命人刊刻，在所辖地区广为传播。

陈旉《农书》是以江南水田作物为主要研究对象的地方性农书。种稻养蚕是其编写的主要内容。由于其指向性较强，只论述江南水田作物的生产技术，所以它是首部专论水田农业的南方农书。在南宋，除洪兴祖首次为之刊刻外，宁宗嘉定七年（1214），绍兴余姚知事朱拔和高邮军（今江苏高邮）的汪纲，又将《农书》再次刊刻传播。朱拔和汪纲都是新安（今河南新安）人。明代以来，《农书》的刊本、抄本、单行本、合编本有多种。目前有《永乐大典》本、《四库全书》本、《函海》本、《知不足斋丛书》本，以及与《蚕书》或《耕织图诗》的合编本等。除旧有版本外，1956 年中华书局曾根据《知不足斋丛书》本排印过一次，首尾附件较完全。1965 年农业出版社出版了万国鼎的《陈旉农书校注》。

（八）历史影响

陈旉《农书》的篇幅不大（连序跋共约 12500 字），但内容比较切实，反映了中国农学许多新的发展内容。陈旉《农书》相比以往农书，有不少创见。如把农业经营管理视为生产成败的关键性因素；对江南地区的水稻栽培技术阐述详尽；用专篇讨论土地的利用。其价值与传播力影响了我国及周边国家的农业生产、研究活动。

1. 惠及后世

陈旉《农书》内容丰富、见解精辟、通俗易懂、实用性强，故而史学界称陈旉为研究我国南方农业的第一位学者。① 它在农学史上占有重要地位，甚至可与元代的三大农书一道，合称为“宋元四大农书”②。该书流传使用的地区相当广泛，对促进南方农业经济的发展有重要意义。③

---

① 曹永森：《扬州科技史话》，广陵书社 2014 年版，第 44 页。

② 曾雄生：《中国农学史》，福建人民出版社 2012 年版，第 308 页。

③ 肖克之：《农业古籍版本丛谈》，农业出版社 2007 年版，第 36 页。

该书从农业生产全局出发，结合农业经营管理和生产技术，二者并重。如“地力常新壮论”“粪药说”“因地制宜”“医治传染病”“立体的农业结构”“人工生态群落”等一系列的农业经营管理理论与长江下游地区实际的农耕实践相结合，使当时农业生产中存在的某些问题得以解决，极大地丰富了我国古代的农学理论，并促进了我国古代农耕技术的进步。该书将战国时农业生产要兼顾天、地、人三种因素的观点发展至新的阶段，为明清时代人的主观能动性被极大强调奠定了基础。[①] 其农学研究思想，对后世农书的撰著亦产生了重要的影响[②]，其中多处内容为王祯《农书》所摘[③]。我国著名农史学家万国鼎先生将其特点归纳为五点：

第一次用专篇来系统地讨论土地利用；第一次明白地提出两个杰出的对于土壤看法的基本原则；不但用专篇谈论肥料，其他各篇中也颇有具体而细致的论述，对于肥源、保肥和施用方法有不少新的创见和发展；这是现存第一部专门谈论南方水稻区农业技术的农书，并有专篇谈论水稻的秧田育苗；具有相当完善而又系统的体系。[④]

2. 传至海外

日本天野元之助在20世纪20年代发表《陈旉农书和水稻技术的开展》一文，评价其“是宋代农书中值得特笔大书的，因为它给后魏贾思勰《齐民要术》以来的农书放一异彩”[⑤]。

此书崇古色彩较浓，常引六经盲目称颂殷周之盛，并夹有《祈报篇》等迷信内容，亦有缺点。[⑥]

---

① 吴存浩：《中国农业史》，警官教育出版社1996年版，第798页。

② 曹永森：《扬州科技史话》，广陵书社2014年版，第46—49页。

③ 陈新岗、王思萍、张森：《精耕细作：中国传统农耕文化》，山东大学出版社2019年版，第317页。

④ 万国鼎：《陈旉农书校注》，农业出版社1965年版，第9页。

⑤ 李罗力等：《中华历史通鉴（第4部）》，国际文化出版公司1997年版，第3885页。

⑥ 郭文韬等：《中国农业科技发展史略》，中国科学技术出版社1988年版，第340页。

第六章

由传统农书高峰期向现代农书转型阶段的编辑实践

中国传统农学发展到元明清时期，已经达到了一个较高的历史水平。突出的表现是作为传统农学载体的古代农书的撰刊，仅在明清时期，就在数量上超过此前历代总和，有300余种，同时就内容而言也较前代更为充实完善。元朝虽短，但无论是官修农书还是私修农书都在这不到一百年间大量出现，最杰出的代表就是元司农司编辑的《农桑辑要》、农学家王祯编辑的《农书》以及农家月令体裁农书《农桑衣食撮要》。明万历至清顺治年间（16世纪后期至17世纪前期）为大型综合性农书编辑的爆发时期，全面系统地总结中国传统农学经验的综合性农书大量涌现。其最杰出的代表就是农学家徐光启撰著的《农政全书》。清朝乾嘉之世（18世纪中期至19世纪前期）地方性农书的刊刻又呈现出井喷的态势，使得中国传统农业生产技术得到深入普及。其间也出现了乾隆皇帝指令内廷词臣集体汇编的大型综合性农书《授时通考》。道光、同治年间则是以记叙专题事物为主的专业性农书大量涌现的时期。元明清时期各种类型的农书都得到了系统性总结，特别是以《农桑辑要》、王祯《农书》《农政全书》《授时通考》这四部大型综合性农书成就最大、影响力最强，中国传统农书进入了巅峰时期。然19世纪四五十年代中国的国门被西方资本主义国家的坚船利炮轰开，以实验科学为基础的现代农业生产理论也随之进入中国，使中国传统农业固有的发展模式被无情地打断，农学研究从传统的经验积累逐步向现代的科学实验转变，中国古代农书对农业生产的指导作用逐渐削弱，并逐渐被以化学、生物学等实验科学为基础的现代农书所取代。中国传统农业的典型代表——大型综合性农书的编辑自《授时通考》后完全中断，中国的传统农业就此终结，逐步向现代农业转变，中国古代农书也由高峰走向衰败并向现代农书转型。

第一节　转型阶段农书编辑的社会条件

一　专制主义中央集权的极端强化

元明清时期，君主专制得到了极端强化。元世祖忽必烈入主中原，建立起中国历史上第一个由少数民族统治的统一大帝国。君权得到了进一步强化，相权被逐渐削弱，特别是从明太祖朱元璋裁撤中书省、废除丞相制度，六部尚书直接对皇帝负责开始，一直到清康熙帝设立南书房以及雍正帝设立军机处，军国大事均由皇帝裁决，军机大臣只能跪受笔录。专制主义中央集权制度达到了顶峰，使得宋朝以前那种君臣坐而论道，共治天下的局面一去不复返。君臣关系俨然转化为了主奴关系。君权的强化，使得由政府组织编修的大型综合性农书的大量出现成为可能。

二　人口、耕地比例失调

自宋朝以降，田制不立，这就表明国家不再抑制土地兼并，允许土地自由买卖。国家税收也逐步由按人丁收取向按土地占有量收取，特别是清康熙时期规定“滋生人丁，永不加赋”，以及雍正时期的“摊丁入亩”，原产美洲产量巨大的甘薯、玉米等新作物的引进与推广，缓解了农民的吃饭问题，加之税收政策的变化使得中国人口剧增。乾隆初期人口刚刚过亿，乾隆中期就突破了2亿人，道光时期人口就达到了4亿。从康熙年间开始，全国的耕地面积始终大体维持在900万公顷左右。中国自古以来的地广人稀格局被彻底打破，人口、耕地比例严重失调，人地矛盾异常突出。增加土地的单位亩产量，成为上自统治者、下至普通耕农都迫切需要解决的问题。农书的普及成为当时社会的一种迫切需求，农书的普及又反过来促进了农业技术的发展。同时，农作物种类的增多，促使了农业技术分类更加细化，专业性农书的大量出现成为当时社会的必然趋势。

三　劳动密集型集约农业经营方式的强化

元明清时期，中国的土地虽然由于土地兼并而有日趋集中之势，但经营方式却并未向土地集中经营的方向发展，反而以小农为主的生产方式使得土地经营方式呈现出更为分散的局面。越来越多的自耕农佃农化，这种以家庭为单位的经营实体，阻碍了土地集中经营的发展，实际上是对农业生产力发展的一种制约。这就迫使农民在不增加或少增加农业经济成本投入的前提下，必须想方设法在有限的耕地上精耕细作，实行以多投入人力劳动为主的劳动密集型的集约经营方式，来提高单位面积上的产量，这种以劳动密集型为主的集约型农业经营方式得到进一步的强化，农业劳动生产率在以付出大量人力投入的前提下，还是有了一定的提高。

四　西学东渐

元明清时期，中西方文化交流其实是比较频繁的，特别是15世纪末、16世纪初新航路开辟以后，虽然明朝自郑和下西洋以后，就施行海禁政策“片板不得下海”；清朝自乾隆二十二年（1757）起“闭关锁国”。然而，广州一直是通商口岸，成为中西方文化交流的一个窗口。因此，近代中西方文化还是得到了一定的交流。特别是耶稣会的利玛窦在学习汉语后，以“西方僧侣”的身份进入中国，又采取尊孔敬祖、服儒衣冠等灵活变通的方式给自己披上了一层“西儒”外衣，结交中国的上层知识分子，达到了在华传教的目的。同时，把近代西方的天文、历算、地理等方面的知识传到中国，被誉为“西学东渐第一师”。

此后，来华之西人可考者近500人，其中不乏如汤若望、南怀仁等精通学术而为世人所知之人。这些人传入的近代科学有很多都是后来现代农学赖以发展的基础。“西学东渐”之势在明清时期已蔚然成风。

五　西方现代农学的传入与推广及中国古代传统农学的消亡

西方现代农学是建立在近代植物学与近代实验科学的基础上的，而由于当时中西方之间科学总体水平的差距，特别是工业革命以后，中国传统农学落后于西方现代农学已是不争的事实。

近代以来，当深受西方列强欺辱的中国人意识到，要引进西方科技之时，作为“农务为富国之本”的农学当然也位列其中。当这些西方现代的农书由我们的东邻日本传来以后，令中国的农业生产技术发生了质的变化，与中国古代农书相较，其优势不言自明。虽然现代农学侧重实用技术，须经实验方能推广，但它所蕴含的对生产力的巨大推动作用，已经初露锋芒。在这种巨大的冲击力下，以经验积累、精耕细作为主要特征的中国古代传统农学的消亡也只是时间问题了。作为中国传统农学知识载体的古代农书也必然走向没落，经过剧烈的阵痛后将涅槃重生向现代农书转型。

第二节　转型阶段古代农书编辑实践的特点

元代是蒙古铁骑下建立的，民族矛盾比较尖锐，为了缓和民族矛盾，稳定农业生产，彰显其对农耕文明的重视，元朝统治者对官修农书的编辑异常热衷，成果非常突出，至元二十三年（1286）元政府向所属各州县颁行了官修农书《农桑辑要》，这是现存最早的官修农书。元代初年的《农桑辑要》成书于灭宋之前，其目的是指导黄河中下游的农业生产，因此没有将陈旉《农书》中有关南方的农业生产情况收录于内。在元朝统一全国之后，《农桑辑要》这本书就不足以指导全国性农业生产，而之后的王祯《农书》便弥补了此种缺憾，书中对水田垦辟、水利设施、提水工具等南方农业生产内容进行了详细的论述，因此王祯《农书》的内容大大超过了《农桑辑要》，成为中国历史上第一部兼论南北农业技术的古代农书。尤其是元代统治者，他们在入主中原之后，渐渐意识到农业生产的重要性，他们要改变之前占农田为牧地的做法，并且由于他们原本对农桑耕作并不熟悉，因此迫切需要尽快地掌握农业生产知识，于是成立了许多专门的机构，并组织编纂农书。

作为中国传统农学知识载体的中国古代农书，其类别、体裁经过长期的演进，到了明清时期已近完备。据王毓瑚编著的《中国农学书目》记载，明清时期的农书共计329种，占整个古代农书总数的六成，仅此就足以反映明清时期的农书编辑超过前代而盛极一时。究其原因，可能与明朝中叶以后，商品经济的繁荣发展、农业手工业技术的提高以及印刷技术较前代更为发达有关。此时期出现了几部彪炳青史的综合性农学巨著，如李时珍编辑的《本草纲目》虽是公认的集本草学之大成的医学名著，但其中也包含了大量的农学知识与材料；宋应星编辑的《天工开物》是一部系统讲述各种生产技术的科技类巨著，其中除《乃粒》《乃服》等篇专讲耕作、蚕桑外，其余各篇也有大量与农业生产与技术相关的部分；至于徐光启编辑的《农政全书》更是举世闻名、影响深远的农学巨著，这部具有“农业百科全书”之称的长篇农业专著，不仅详尽地征引了历代有关农事的文献，同时还对明朝的农业生产经验进行了系统全面的总结，反映出了传统农学在其发展后期所达到的研究水平；清朝乾隆皇帝旨令内廷词臣集体汇编的大型农书《授时通考》，是中国历史上最后一部官修大型综合性古代农书。它征引文献多达3575条，来自553种典籍，并配以521幅插图。[①] 作为汇集农学文献的最后一部大型农书，其在文献学上的地位，也自有其得以传世并供人参阅的因由。

一 大型综合性农书的顶峰及转型

大型综合性农书在元明清时期发展达到顶峰，也是此时期农书编辑的核心。元代官修的《农桑辑要》与王祯《农书》均为元朝大型综合性农书的代表之作，特别是王祯《农书》是首部兼论南北农业技术的古代农书，对中国南北方农业技术的交流与发展都有巨大的推动作用，特别是对农具图谱的写作与前代相比更加完善翔实，成为后世农书记载农具的范本。

明代出现的《农政全书》，使得近300年在农书方面乏善可陈、几乎一片空白的大明王朝，在农书发展史上的地位陡然激增，备受后世重视。《农政全书》是继《齐民要术》后，中国古代农书发展史上的又一座里程碑。其不但把前代农书精华集于一身，而且大胆引入西方先进农业科学知识，囊括了提高推广农业生产所需的、当时已有的一切科学技术，是一部全国适用的大型综合性农书。《农政全书》农业技术与农政思想并重，较之前代所有的大型综合性农书都更“全”，是我国古代农书中空前绝后的旷世之作。《农政全书》是中国古代大型综合性农书发展到顶峰的

---

① （清）鄂尔泰：《授时通考》，农业出版社1991年整理本，第2页。

标志。同时，《农政全书》中记录的熊三拔口译、徐光启笔录的《泰西水法》，也是中国古代农书西学东渐的开始，可视为我国古代农书向现代农书转型的起点。

清代由乾隆皇帝组织内廷词臣编辑的《授时通考》，是我国传统大型综合性农书的绝唱。然而，这部本应是中国古代农书集大成之作的《授时通考》，只不过是这位号称"十全武功"的皇帝效法其祖父与前明争胜的农业汇编之作，其编书的目的只不过是昭告天下"圣天子效法尧舜"，重视农业而已。全书内容了无新意，在指导农业生产方面作用不大。虽引用书籍总数有427种之多，标榜3000多条索引文献"无一字无出处"，远远超过《农政全书》。这只不过是内廷词臣们为取悦这位"十全老人"，宣告"皇清"在农书方面已远超"前明"的"扛鼎之作"。

鸦片战争以后，西方近代自然科学随着列强的坚船利炮传入中国，使中国传统农业生产遭受了前所未有的冲击。西方以实验科学为基础的现代农业，与注重经验积累、精耕细作的中国传统农业之间的"代差"，使得中国传统农业的典型代表——大型综合性农书的编辑，自《授时通考》后完全中断，中国的传统农业就此终结，逐步向现代农业转变，中国古代农书也由高峰走向衰败并向现代农书转型。

二　"采摭经传、验之行事、询之老成"的编辑方法

元朝初年司农司编辑的《农桑辑要》，书中资料除标有"新标"二字出自编辑人之手，其余大部分还是从前人的论著征引而来的，但所引资料均为原书的精华，并且一一注明其出处，一些涉及迷信和荒诞的说法则大多舍弃，不予引用。《四库全书总目》评价它"详而不芜，简而有要，于农家之中最为善本"。书中所引用的资料占总篇幅的93%，而其中57%是现今已经亡佚失传的农书，如元朝初年几部以黄河流域农业生产为对象的农书，《韩氏直说》《务本新书》等精彩的部分，就是靠它的引证而被后人所知。石声汉先生曾对《农桑辑要》的文献征引进行过数据统计分析，全书共计10篇，首篇为典训篇，主要论述了重农思想；其后的9篇均为记载有关农业技术知识的资料汇总，共计572条，并一一对其出处做了分析说明。笔者在石声汉先生对《农桑辑要》的统计数据基础

之上，列表如下（见表6.1）[①]：

表6.1 《农桑辑要》农业技术资料征引统计

来源（前代农书）	征引条数（单位：条）	占比（%）
《齐民要术》	225	39.3
《务本新书》	72	12.6
《士农必用》	68	11.9
《四时纂要》	65	11.4
《博闻录》	56	9.8
《韩氏直说》	17	2.9
《农桑要旨》	11	1.9
《蚕经》	4	0.7
《野语》	4	0.7
《图经本草》	3	0.5
《岁时广记》	3	0.5
《种时直说》	2	0.4
《桑蚕直说》	2	0.4
《陈志弘》	2	0.4
新添	38	6.6
总计	572	100

《农政全书》尽可能收编前人及时贤有关方面的论述，共征引文献共计225种。《农政全书》不仅是文献的汇编，作者徐光启作为著名的科学家、农学家，他的摘编不是无的放矢、良莠不分的，而是在取其精华的同时，又以评注的形式，来阐发自己的见解，或者是匡其不逮，或者是借题发挥。除了摘编加评注外，还把自己在农业和水利方面独到的研究成果以及有关译述编入。据考证，徐光启在编辑《农政全书》中，不仅大量征引古代农业文献，而且本人以“评注”的方式共编写6.14万余言，占全书篇幅的11%以上，这就完全与文献汇编类书籍区别开来了。徐光启还非常重视亲自试验，不满足于道听途说得来的东西。他在《壅

① （元）大司农司：《农桑辑要》，农业出版社1982年整理本，第272—277页。

粪规则》中写道："天津海河上人云：'灰上田惹碱'。吾始不信，近韩景伯庄上云：'用之菜畦种中果不妙'，吾犹未信也。必亲身再三试之，乃可信耳。"这是非常宝贵的科学思想。

《授时通考》是靠文献征引汇编成书的，它征引文献达3575条之多，引自553种典籍。但是该书在文献征引取舍上是服从于全书的主旨、主题的，虽然征引繁多，但每条引文都详细注明来源。现代农学家石声汉曾评价此书："但以诏令、奏章乃至御制诗文等无实质的内容、浮词、虚文来体现皇帝的威德，终嫌其与本来意义上的农书间有差距。"[①]

三　文献征引去粗取精、广博详尽

徐光启在编辑《农政全书》的过程中，大量征引前代经典农学文献，但徐光启并不是简单地摘录，而是从中去粗取精，批判地加以继承与利用。同时，他在征引过程中，如果发现了前代农学文献中的错误或缺陷时，凭着本人严谨的治学态度，均对不实或错误之处以"玄扈先生曰"的方式进行批注。由此可知，徐光启虽然十分重视对前代农书的收集与征引，但从不简单地摘抄或盲从。

清代官修农书《授时通考》广征博引，篇幅巨大，共征引经、史、子、集农书、方志等各种古籍553种，共辑录3575条，插图512幅。它可以说是集中国历代农业文献之大成，它把中国历史上有关农业的历史文献尽可能地收集在一起，并按历史顺序，分门别类，有条有理地编排在一起。《授时通考》作为中国封建社会最后一部也是最大一部大型综合性农书，以其皇皇巨制，以其辑录文献之详备，以其兼采历代著名农书之长超胜前代。

四　类分系属体例清楚完备、便于检索

元明清时期是中国大型综合性农书发展的高峰期，出现了几部具有代表性的综合性农学巨著。综合性农书是构成中国农书的基本核心部分，大多是内容全面、体系严谨的大型著作。它把各项农业知识归纳为一定的体系，再分门别类系统地加以叙述，因而它是农业生产及社会经济发

---

① 石声汉：《中国古代农书评介》，农业出版社1980年版，第75—78页。

展到一定水平的产物。元明清时期是我国社会大一统、稳定发展的时期，经济高度发达，农业技术水平普遍较高，因此体例完备的大型综合性农书的大量出现也就不足为奇了。元代官撰大型农书《农桑辑要》，它在体例上明显优于其后的官撰农书《授时通考》。它的原刻本分为七卷十门，其内容依次是典训、耕垦播种、栽桑、养蚕、瓜菜果实、竹木药草、孳畜禽鱼，而加工制造则分见于各卷有关部分。其结构体系具有三个特点：第一，首创"典训"卷，专门论述重农思想；第二，全书没有专门设置"加工制造"卷；第三，全书的重点放在了栽桑养蚕方面，约占整部书内容的1/3。由于类分系属体例清楚而极便检索，作为颁发给各级官员的劝农手册，确可起到元朝立国之初对黄河流域农业生产的恢复和促进作用。

综合性大型农书在其叙述先后的安排及资料取舍的处理上，都与目录章节这一框架结构的设置构建有关，有的则更以序、跋或凡例对书中取材的标准和来源以及内容的布局和安排加以交代和解释。《农政全书》凡60卷12大类，书前有凡例23则，除最后两则余下的可能是在徐光启生前已经写定的，它依次就书的内容以提要钩玄的方式，就其重点、意义和取材布局加以说明。从它整体结构来看，开始的5大类可视同全书的总论，即先阐释农本观念和农政的作用，再依次申论土地、天时、水利和农具等农业生产赖以进行的基本条件。之后的7大类则相当于各论。这一体系的内在结构十分严谨，先后次序井然不乱，它既基本符合传统惯例，也同近代科学概念相近。所以它是传统农业的概括，既能体现出传统农学的特点与精髓，也同现代农业生产一脉相通，承上启下，有如"一个典型的里程碑"①。

五　力求精详的数量表达方法

宋应星在编辑科技巨著《天工开物》时，受近代西方实验科学研究方法的影响，只要是涉及度量标准方面的问题，均以精确的数据来对其进行量化分析。例如《乃粒·第一》"秧生三十日即拔起分栽，凡秧田一亩所生秧，供移栽二十五亩"。又如《粹精·第四》说到水稻的秕谷率

① 游修龄：《从大型农书的体系比较试论〈农政全书〉的特点与成就》，《中国农史》1983年第2期。

“凡稻最佳者，九穰一秕”，指出最好的稻谷，是九成实谷一成为不饱满的秕谷。《农桑辑要》中也有大量关于土壤耕作、农作物种植的准确数据记载，“做一‘卧突’，长七八尺以上，先于安突一面垒一台；比突口微低。又相去七八尺外，安一台，高五尺。或用墙，或就用木为架子。用长一丈椽二条，斜磴在二台上。二椽相去，阔一砖坯许；用砖坯泥成一卧突。二椽上，平铺砖坯一层，两边侧立，上复平盖泥了，便成一‘卧突’也”①。《农政全书》有关农业技术的记载也讲究数据的精确，“五耕五耨，必审以尽；其深殖之度，阴土必得，大草不生，又无螟蜮（虫类）；今兹美禾，来兹美麦。是以六尺之耜，所以成亩也；其博八寸，所以成甽也”②。可见，元明清时期农书编辑资料更加翔实、系统，材料引用更加完善、精确，这表明中国古代农书的编辑到此时已愈加成熟。

六　月令体农书减少

元明清时期，据《中国农学书录》记载，月令体农书仅有十种，流传至今的只有三部，即明代高濂编辑的《田家历》，戴羲编辑的《养余月令》以及清代丁宜曾编辑的《农圃便览》。为什么在综合性农书、专业性农书编辑出版的鼎盛时期，农家月令体裁的数量与规模不增反减呢？究其原因，可能是因为专门讲天时、占候等偏重于气象的，已别成专著归入他类；而“农事要须不违农时”，是以其他类型的农书把月令以时宜的形式，作为一个组成部分而加以编载收录。大型综合性农书如《农政全书》《授时通考》就参照上述体例，以农事授时和天时的形式作为一个门类而列于书中。《授时通考》在处理时宜上，对“以时系事”体例的运用最为突出，书名标以《授时通考》是为了强调其编辑的主题之所在，就其内容来看，把天时列在全书八门之首籍，以体现“盖民之大事在农，农之所重惟时”③ 的宗旨。书中天时这一门共六卷，开头两卷为总论，引用经史及百家言，阐述“授时”之起源及其重要意义，并着重讲述四时推移变化之理，二十四节气、七十二物候，及占验之法。卷三至卷六，

① （元）大司农司：《农桑辑要》，中华书局 2014 年整理本。

② （明）徐光启：《农政全书》上册，中华书局 1956 年版，第 12 页。

③ （清）鄂尔泰：《授时通考》序，农业出版社 1963 年版，第 1 页。

春、夏、秋、冬各一卷。按月叙述气候之变化及占验之法。小型地方性农书《沈氏农书》在体例处理上也有其独到的成就，书的开头“逐月事宜”部分，从本质上说是一篇以月令体裁记叙的浙西地区农家历。按一年十二个月，每月专列一条，以各月的天气变化情况分为四项内容，论述一年当中生产、加工、经营等农事活动，条分缕析详加安排。它虽只简略地列举了年内应做之事，但起着纲领的作用。之后的运田地法、蚕务等部分，则就有关问题详加论述。这样处理，使二者相辅相成、互为表里，能兼顾广度与深度，又极便于参据实行。

综上所述，可见月令体裁之应用于农书，是与农时活动须不违农时的时宜观念有关，它在历史上是经历了一系列演化过程。这一体裁可以容纳耕种、经营、礼俗、祈报等较为庞杂的多种内容。虽然月令体裁农书逐渐减少，但是月令体农书的真正价值并不是体现在这种月令体裁结构上，而是由其编辑内容来判定的。

七　“以农为本、资政重本”的重农编辑宗旨

“资政重本”即以农业为国家之根本，以期帮助治理国政，维护国家稳定，人民生活富足。纵观整个农书编辑的发展历程，不管编辑主体是在朝为官者，或是躬耕隐居的士人，他们编辑农书的最根本目的还是在于资政重本，维护社会的稳定与发展。

资本主义萌芽在元明清时期还未从封建经济的母体中脱离出来，商品经济在当时发展得还不够充分。强调“农商皆本”的思想并非当时社会的主流思想，重本抑末思想还是当时社会的主流，即“资政重本”的思想还备受推崇。例如明太祖朱元璋曾说：“若有不务耕种，专事末作者，是为游民，则逮捕之。”并于洪武十四年规定：“农民之家许穿绸纱绢布，商贾之家止穿绢布。如农民之家但有一人为商贾，亦不许穿绸纱。”可见，重本抑末思想在明朝时还根深蒂固。

元代《农桑辑要》继《齐民要术》之后，又一次对古代重农言论和思想作了系统总结，其第一卷专设“典训”总结以前历代重农思想和言论，特别是在“经史法言”和“先贤务农”两篇中，除了引用《齐民要术》所引引文之外，还作了大量补充，如：其引《汉书·食货志》曰：

“嘉谷……布帛……二者，生民之本；兴自神农之世。”① 引《潜夫论》曰：“一夫不耕，天下受其饥，一妇不织，天下受其寒。”② 通过引述表达农业为衣食之本的“农本”思想。王祯作为中国古代知识分子阶层中的一员，必然十分推崇“农本”思想，王祯说：“凡人以食为天，可不知所本耶?”③ 认为政府要把农业生产作为其施政的第一要务，从中央到地方都必须对农业生产高度重视。王祯在任地方官时，“以身率先于下”“亲执耒耜，躬务农桑”身体力行，劝课农桑，政绩斐然。王祯根据其在劝课农桑、教民耕织的过程中所积累的农业生产经验，并参阅前人所著农学文献，编辑出了中国农学史上第一部兼论南北农业的全国性《农书》。鲁明善在《农桑衣食撮要》“自序”中也强调：“农桑衣食之本，务农桑则足衣食。”④

明清农学家对农业是衣食之本也有深刻认识。马一龙指出：“农为治本，食乃民天，天畀所生，人食其力。”⑤“盖斯民之生，以食为天；而人无谷气，七日则死者，其天绝也。天之生人，必赋以资生之物，稼穑是也。物产于地，人得为食，力不致者，资生不茂矣。”⑥ 宋应星指出：“生人不能久生，而五谷生之。”⑦

徐光启认为粮食对人类生存具有特殊作用，农业是最主要的生产部门，也是百姓安身立命的根本，“农桑乃生民衣食之源”。正因为粮食与布帛如此重要，因此，在古代社会中，粮食与布帛也最能体现财富的本质。古代农学家主张农业是社会生产的主要部门，是国家财政收入的主要来源，如果农业发展了，社会财富才会增加，国库才有可靠的财富来源。徐光启在《农政全书》中提出著名的“富国必以本业”主张：“谓欲论财，计当先辨何者为财。唐宋之所谓财者，缗钱耳。今世之所谓财者，银耳。是皆财之权也，非财也。古圣王所谓财者，食人之粟，衣人

① （元）大司农司：《元刻本农桑辑要校释》，农业出版社1988年整理本，第5页。
② （元）大司农司：《元刻本农桑辑要校释》，农业出版社1988年整理本，第19页。
③ （元）王祯：《东鲁王氏农书》，上海古籍出版社2008年整理本，第1页。
④ （元）鲁明善：《农桑衣食撮要》，王毓瑚校注，农业出版社1962年整理本，第15页。
⑤ 宋湛庆：《〈农说〉的整理和研究》，东南大学出版社1990年版，第5页。
⑥ 宋湛庆：《〈农说〉的整理和研究》，东南大学出版社1990年版，第5页。
⑦ （明）宋应星：《天工开物》，广东人民出版社1976年整理本，第9页。

之帛，故曰：‘生财有大道，生之者众也。’若以银钱为财，则银钱多，将遂富乎？是在一家则可，通天下而论，甚未然也。银钱愈多，粟帛将愈贵，困乏将愈甚矣。故前代数世之后，每患财乏者。非乏银钱也。承平久，生聚多，人多而又不能多生谷也。其不能多生谷者，土力不尽也。”① 此外，徐光启还引司马迁、贾谊、王符等言论进一步论证自己的“农本”思想。明末社会的内忧外患导致农业生产遭受巨大破坏，针对这一社会现实，徐光启提出了“富国必以本业”的政治主张，首次将“政”字置于书名当中，石声汉先生指出：“《农政全书》书名中的‘政’字，代表着作者徐光启的中心思想：即以政治力量，保证农业生产和农业劳动者的生活，从这里获得国防上所需物力与人力。”②《农政全书》以论述“农本”思想开篇，彰显了徐光启的农政思想，体现了其资政目的。《农政全书》全书虽以农事为中心，但书中与之相关的政治措施，在篇幅上显然大于生产技术。为缓解民困国危的艰难局面，书中突出了屯垦、水利和荒政这三项，做到政论与生产两相结合，使它既不流于空疏，也可以避免过分烦琐。

对于众多在野的农家来说，地位低下，很少能直接参与农业管理，但也不能否认他们撰写农书也具有资政重本的重要动机。明朝农学家马一龙虽然辞官回乡“力田养母”，但其明确强调“圣人治天下，必本于农”，针对当时弃农经商之风盛行，马一龙说：“世有浮食之民，则民穷而财尽，况以供无厌之欲，而欲天下安生乐业以无叛也，得乎？”“呜呼！君以民为重，民以食为天；食以农为本，农以力为功。所因如此，而司农之官，教农之法，劝农之政，忧农之心，见诸诗书者，倦倦焉。”③

清朝平民农学家杨屾的《知本提纲》则完全依照修身、齐家、治国、平天下的要求立论，其指出：“与其逐末于难必，何若返本于正途。返本末要于王道，四农必务其大全。”杨屾从反面指出若不重农，“即有至仁

① （明）徐光启：《农政全书》，上海古籍出版社 1979 年整理本，第 399 页。

② 石声汉：《徐光启和〈农政全书〉》，载石声汉《石声汉农史论文集》，中华书局 2008 年版。

③ 宋湛庆：《〈农说〉的整理和研究》，东南大学出版社 1990 年版，第 5 页。

之德，弗止冻馁；虽以上圣之明哲，难保流亡。盖慈母尚不能顾其子，则大君更安得保其民?"[①] 虽为平民，杨屾此段论述也充分表现出资政重本倾向，并指出"农书为治平四者之首"。

清朝学者包世臣编辑的《郡县农政》，其政治目的更为明显，书中虽然总结了一些农业生产技术，但并不是为农而谈农，他在书中表明了其资政重本的编辑宗旨："以广农政之所极，庶使已仕者有所取法而该其素行，未仕者知学古人入官之不当专计筐篋以兼并农民。果有能好礼、义、信之君子出而为上，鄙仆为小人，则固仆所愿望未见而不敢辞者也。"[②] 由此论述不难发现，包世臣编辑农书，其真正目的不在"农"，而在"政"。

八　"人与天合、力足以胜天"的"三才"编辑指导思想

中国古代科技发展的最后一个高潮出现于16—17世纪。尽管在此阶段，中国在世界上领先的科技水平优势已不十分明显，但此时期却是中国学术思想史高度发展的重要时期，达到了春秋战国时期学术思想发展的同等高度。"三才"思想自从在先秦时期被确立了之后，其后各个时期的农学专家均对其内涵予以继承与发展。"三才"思想主要包含了"人与天"和"人与地"两种关系，随着"三才"思想的不断发展，人的主观能动作用被得以强化，及至元明清时期，"三才"思想所包含的两种关系，虽然仍强调要处理好人与地的关系，但人对自然所能发挥的巨大能动作用也日益得到凸显，"与天合"思想的提出，标志着"三才"思想已发展到新的高度。这种发展了的"三才"思想必定在农书编辑过程中得以充分体现，并必然成为农书编辑的指导思想。

对"三才"思想发展最大的是元代农学家王祯。王祯《农书》中对"三才"思想的重要发展在于提出了"存乎其人"的主张，"天气有阴阳寒燠之异，地势有高下燥湿之别，顺天之时，因地之宜，存乎其人"[③]。王祯的"三才"思想把天、地、人三者置于同等重要的地位，并突出强调了人的主观能动性，提出了"人与天合，物乘气至，则生养之节，不

① 王毓瑚：《秦晋农言》，中华书局1957年版，第1页。
② （清）包世臣：《郡县农政》，农业出版社1962年点校本，第1页。
③ （元）王祯：《东鲁工氏农书》，上海古籍出版社2008年整理本，第36页。

至差谬”[①] 的命题。首次将人天关系和人地关系在“三才”思想中的地位等同了起来。

明代马一龙将“三才”思想进一步向前推进。在其著作《农说》中，马一龙指出：“天之生人，必赋以资生之物，稼穑是也。物产于地，人得为食，力不至者，资生不茂矣。”[②] 这是对前代农学著作中“三才”思想的继承。马一龙在此基础上，提出了“知时为上，知土次之”[③]，这是对前代“三才”思想的一种创新，书中已明确提出“人天关系”高于“人地关系”。“力足以胜天”正是“人天关系”高于“人地关系”的具体体现。正所谓“知其所宜，用其不可弃。知其所宜，避其不可为，力足以胜天矣。知不逾力者，虽劳无功”[④]。

徐光启继承了“力足以胜天”思想，其在《农政全书》农本篇诸家杂论下征引了《农说》的全文。并把该理论运用于农业生产实践。并且用“力足以胜天”思想对“惟风土论”进行了有力的批判。“玄扈先生曰：……果若尽力树艺，殆无不可宜者。就令不宜，或是天时未合，人力未至耳。”[⑤] 充分说明徐光启对农作物生长所依靠的天地条件日趋理性，认为所谓不宜就是“天时未合，人力未至”所造成的。《农政全书》还提出了“农为政本，水为农本”的主张，表明了徐光启对农田水利的重视，他认为水利是实现人定胜天的主要武器：“凡川泽之水，必开渠引用，可及于田。考之古，有沟洫畎浍，以治田水。”

清代农家的“三才”思想基本上是对前代的继承，超越的内容不多。

九 “三宜”思想的影响

从天、地、人“三才”思想，演化为时、土、物“三宜”思想，是经过长期农业生产实践，认识也随之有所提高的结果，也是对客观事物的系统认识，进而可为主观能动地加以利用改造提供依据。在马一龙明确提出、杨屾师徒又继之全面的论述中，不仅阐明了耕作的机理，也充

---

① （元）王祯：《东鲁工氏农书》，上海古籍出版社 2008 年整理本，第 11 页。

② 宋湛庆：《〈农说〉的整理和研究》，东南大学出版社 1990 年版，第 5 页。

③ 宋湛庆：《〈农说〉的整理和研究》，东南大学出版社 1990 年版，第 7 页。

④ 宋湛庆：《〈农说〉的整理和研究》，东南大学出版社 1990 年版，第 7 页。

⑤ （明）徐光启：《农政全书》，上海古籍出版社 1979 年整理本，第 42 页。

实了农学思想，因其可推而应用到如施肥等诸多农事活动领域。仅就耕作来说，正是在认识了自然条件的复杂性，领悟了作物生育适应的多样性，从而才有可能对土壤耕作措施，贯彻运用多变机动的灵活性。

基于天、地、人三因素的“三才”思想，在这一时期衍化而成时宜、土宜和物宜的“三宜”思想，它突出强调要对农作物自身内部特性予以重视。与此相适应的是有些农书的编辑，也不限于生产技术的叙述和生产过程的解说，而是试图揭示和探讨其内在机制，用哲学术语和范畴来说明农作物的生育规律，以及田间操作等诸多技术措施的深层机理。

马一龙在《农说》中把“三才”思想与“三宜”理论杂糅在一起，提出了“合天时、地脉、物性之宜，而无差失，则事半而功倍”。论证了在农业生产中，不仅要合天时、合地脉，更要提高对物性之宜的重视程度。这一理论的提出开辟了传统农学研究的新领域，同时也促进了研究方法的转变，如果说对天时、地脉的研究主要依靠经验直观和抽象思辨相结合的方法的话，对物性的研究则要更多地应用实地观察、田间试验等现代科学方法，这对于促进传统农学向现代农业科学的进化起了重要的作用。

第三节　转型阶段代表性农书的编辑

一　现存第一部官修农书——《农桑辑要》

《农桑辑要》是元朝初年由司农司编纂的大型综合性农书。成书时恰逢元朝正在进行统一中原的战争。黄河流域战乱频仍，农业生产遭到严重破坏。该书的刊行正好用于指导农业的恢复生产，是中国历史上现存的首部官修农书。该书在元代曾被多次刊刻发行，然后世所传的版本却是由《四库全书》从《永乐大典》中辑佚出的辑佚版本。

（一）篇章结构

《农桑辑要》作为我国现存首部官修农书，全书共分为 7 卷，共计 6 万余字。该书以黄河流域的旱地农业为主要研究对象，兼顾蚕桑。《农桑辑要》是我国农业生产的系统总结，语言通俗易懂，易于被百姓接受，影响远及海外。卷一典训，论述重农思想；卷二耕垦、播种，论述与农业生产相关的各种技术，特别是土地耕作、育种与选种等；卷三栽桑；卷四养蚕；卷五瓜菜、果实；卷六竹木、药草；卷七养殖禽畜等。

（二）文献征引去粗取精

《四库全书提要》曾记载："以《齐民要术》为蓝本，芟除其浮文琐事，而杂采他书以附益之，详而不芜，简而有要，于农家之中，最为善本。当时著为功令，亦非漫然矣。"从全书的布局来看，《农桑辑要》基本上继承了《齐民要术》的内容，据粗略统计，《农桑辑要》所引《齐民要术》的内容，有2万多字，约占全书的31%，占所引农书的第一位，《农桑辑要》所省略的只是《齐民要术》中的食品和烹调部分。[①] 该书还征引了《四时纂要》以及许多现已失传的古代农书如《韩氏直说》《士农必用》等，由于这些农书现大多已失传，而只有通过《农桑辑要》的辑录，才能部分地了解其中的一些内容，因此，该书在客观上起到了保留和传播古代农业科学技术的作用。

《农桑辑要》在征引文献的过程中，虽大量征引前代农书，却能去粗取精，吸收其优秀农业文化，摒弃训诂等迷信学说。除了征引经典古农书的文献资源外，编纂者自己的见解与看法，均用"新添"标示出来。《农桑辑要》是对历代经典农学著作的继承与发展，在黄河流域旱地精耕细作技术与桑蚕养殖方面均有所建树。由于棉花的传入，书中对以棉花为代表的经济作物的栽培技术十分看重，实用性特别强。

（三）主要内容

《农桑辑要》在内容上与《齐民要术》相比，具有以下几个特点：

第一，增加了一些新的内容，如苎麻、木棉、西瓜、胡萝卜、甘蔗、养蜂等内容，都注明了"新添"。尽管新添的内容不多，仅占全书内容的7%，但这些添加的内容显然是总结经验写出的第一手材料。从中可以看出，《农桑辑要》迈出了《齐民要术》原有的研究范围，大大丰富了古代农书的内容。

第二，在内容上，第一次将蚕桑生产放在与农业同等重要的地位，这从书名就可以看出来，从篇幅来看，虽然栽桑养蚕，各占其中的一卷，但这两卷的篇幅却占全书的近1/3。同《齐民要术》相比较就更为明显了，在《齐民要术》中，养蚕没有专篇，而仅在"种桑柘"篇中作为附录，篇幅仅相当于《农桑辑要》的1/10。

---

① 董恺忱、范楚玉：《中国科学技术史·农学卷》，科学出版社2000年版，第457页。

第三，《农桑辑要》在书中还积极提倡向北方推广种植棉花和苎麻，因此在卷二后面新添了棉花和苎麻两项内容，详细记载了这两项作物的种植、管理、加工和应用的方法，并从理论上阐述向北方推广棉花和苎麻的可能性，从而发展了风土论的思想，把人的因素引进了旧有的风土观念之中，强调发挥人的主观能动性和人的聪明才智，成为农学思想史上的一个里程碑。

（四）“使民生业富乐，永无饥寒之忧”的重农编辑宗旨

“圣天子临御天下，欲使斯民生业富乐，而永无饥寒之忧；诏立‘大司农司’：不治他事，而专以劝课农桑为务。”[①] 世祖中统元年（1260），设劝农官，二年立劝农司；世祖至元七年（1270），设立司农司，以参知政事张文谦为卿，司农司专掌农桑水利，后又改司农司为大司农司。

《农桑辑要》是元朝初年由司农司编纂的大型综合性农书。成书时恰逢元朝正在进行统一中原的战争。黄河流域战乱频仍，农业生产遭到严重破坏。该书的刊行正好用于指导农业的恢复生产，是中国历史上现存的首部官修农书。《北京通史》：“《农桑辑要》曾于世祖至元十年（1273）由元官王磐作序。”[②] 元世祖至元十年正是元建都之后，百废待兴之时，《元史·食货志》中记载有：“太祖起朔方，其俗不待蚕而衣，不待耕而食，初无所事焉。世祖即位之初，首诏天下，国以民为本，民以衣食为本，衣食以农桑为本。于是颁《农桑辑要》之书于民，俾民崇本抑末。其睿见英识，与古先帝王无异，岂辽、金所能比哉。”[③] 复民生，以农桑先行，农桑兴，则民和、国旺，是民本之为。

元代初期统治者开始认识到，中原地区农业经济的稳定对增强民生国力，甚至是稳固政权的重要作用。在初期王朝经济发展的战略制定时期，便确定了传统农业在经济发展贡献中的决定性地位。值得注意的是，元初统治者并没有仅仅局限于传统耕种作业的农功发展模式，而是在我国古代重农政策中，里程碑式地强调了“农桑之业，真斯民衣食之源，有国者富强之本”的农桑共重的核心概念与指导思想，并以此为题目，

---

① （元）大司农司：《农桑辑要》，中华书局 2014 年整理本，第 1 页。

② 曹子西主编，王岗撰：《北京通史》第 5 卷，北京燕山出版社 2012 年版，第 275 页。

③ （明）宋濂等撰：《元史》，中华书局 1976 年版，第 2354 页。

醒目地作为书本封面书名。

《农桑辑要》一书的出世，成功实现了元代初期统治者对黎民生计、综合国力的前期恢复与稳定，不仅富乐百业，且兼益九州。“然则是书之出，其利益天下，岂可一二言之哉。施于家，则陶朱、猗顿之宝术也；用于国，则周成、康，汉文、景之令轨也。”①

在本书中，笔者将以石声汉先生的《农桑辑要校注》为底本，这是因为在笔者所获取到的《农桑辑要》原著书本资源中，唯石声汉先生的《农桑辑要校注》最为清晰，且原著内容完整，校注详细确实。故以此善本为底本来对《农桑辑要》进行论述研究。

《农桑辑要》共7卷，分为《典训》《耕垦、播种》《栽桑》《养蚕》《瓜菜、果实》《竹木、药草》《孳畜、禽鱼、蜜蜂》，共计186篇养殖方法与要点。其中着重辑录桑木种莳之法的卷三《栽桑》收录13篇；辑录蚕缫培取之术的卷四《养蚕》收录4篇、《蚕事预备》收录7篇、《修治蚕室等法》收录3篇、《变色生蚁下蚁等法》收录3篇、《凉暖饲养分擡等法》收录8篇、《养四眠蚕》收录1篇、《蚕室杂录》收录8篇、《簇蚕缫丝等法》收录4篇、《夏秋蚕法》收录1篇，第四卷共收录39篇，两卷共计收录52篇（见表6.2），约占整部辑要的三分之一。以此，元初统治者对于当时封建王朝桑蚕业的经济战略地位，可见一斑。

表6.2　　　　《农桑辑要》部分目录

《农桑辑要》目录（部分）	
卷三	卷四
《栽桑》	**《养蚕》**
《论桑种》	《论蚕性》
《种椹》	《收种》
《地桑》	《择茧》
《移栽》	《浴连》
《压条》	**《蚕事预备》**
《栽条》	《收干桑叶》

① （元）大司农司：《农桑辑要》，中华书局2014年整理本，第1页。

续表

《农桑辑要》目录（部分）	
卷三	**卷四**
《布行桑》	《制豆粉米粉》
《修莳》	《收牛粪》
《科斫》	《收蓐草》
《接换》	《收蒿梢》
《义桑》	《修治苫薦》
《桑杂类》	《制蚕具》
《柘》	**《修治蚕室等法》**
	《蚕室》
	《火仓》
	《安槌》
	《变色生蚁下蚁等法》
	《变色》
	《生蚁》
	《下蚁》
	《凉暖饲养分擡等法》
	《凉暖总论》
	《饲养总论》
	《分擡总论》
	《初饲蚁》
	《擘黑》
	《头眠擡饲》
	《停眠擡饲》
	《大眠擡饲》
	《养四眠蚕》
	《蚕室杂录》
	《植蚕之利》
	《晚蚕之害》
	《十体》

续表

《农桑辑要》目录（部分）	
卷三	卷四
	《三光》
	《八宜》
	《三稀》
	《五广》
	《杂忌》
	《簇蚕缫丝等法》
	《簇蚕》
	《择茧》
	《缫丝》
	《蒸馏茧法》
	《夏秋蚕法》

另外，卷二《耕垦、播种》，则为耕种、农作物种植技术的介绍，卷五《瓜菜、果实》言其市食各用，分毫不谈美观悦目之事，显其重视农功之一。卷六《竹木、药草》，辑录奇木异草、灵花妙药，同是只讲性质药理，不言观赏，显其重视农功之二。卷七《孳畜、禽鱼、蜜蜂》为饲畜牧羊之方法，且注重教授兽医兽治之法，一为重视农功，更为进步之举。综上几卷，则为农事之务的侧重，共计136篇，约占全辑2/3，鲜明地证明了传统农时在自然经济培育中的重要地位。

《农桑辑要》的"农桑共重"的指导思想，为当时大规模地推进先进农作物和农业种植技法，促升农业产量，在技术培训、推广方面有着不可忽视的贡献。同样显而易见的是，栽桑和蚕缫业得到了元代封建中央政府的大力鼓励与政策扶持，直接促进了当时纺织业的迅速发展，稳经济而为保民生，所以也同样间接维持了元代政府的政权稳固。

（五）编辑方法

1. 求古今农家、摭其切要，详而不芜

这部书基本上是辑录前人的著作而成。全书7卷，内容10篇，共186节。书中共引用的农书计16种。这16种直接引用的农书当中，最主要的当属《齐民要术》（通计186节中，引此书者凡89节，转录者尚不在内）；其次是《务本新书》（凡50节）、《四时类要》（凡33节）和《士农必用》（凡36节）等三部书；再次是《韩氏直说》（凡13节）、《博闻录》（凡20节）和《农桑要旨》（凡8节）等三部书。其他则都在3节以下。全书除去《典训》一篇不算，其余每篇都要引《齐民要术》，除《孳畜》一篇之外都引《务本新书》，除《耕垦》和《养蚕》两篇之外都要引《四时类要》，除《耕垦》和《播种》两篇之外都引《博闻录》；引《士农必用》的则有《播种》《栽桑》《养蚕》等三篇，引《韩氏直说》的有《耕垦》《播种》《栽桑》《养蚕》《孳畜》等5篇，引《农桑要旨》的有《栽桑》和《养蚕》两篇①（具体详情见表6.3）。许多现已失传的古代农书如《韩氏直说》《士农必用》等，只有通过《农桑辑要》的辑录，才能部分地被后人了解。因此，本书在客观上起到了保留和传播古代农业科学技术的作用。

表6.3　　《农桑辑要》直接引用其他农书书目

序号	书目名	引用节数
1	《齐民要术》	引89节
2	《务本新书》	引50节
3	《四时类要》	引33节
4	《士农必用》	引36节
5	《韩氏直说》	引13节
6	《博闻录》	引20节
7	《农桑要旨》	引8节

《农桑辑要》是由元朝司农司主持编写的，翰林院大学士王磐至元十年（1273）的原序中写道："……于是，遍求古今所有农家之书，披阅参考，删其繁重，摭其切要，纂成一书，目曰《农桑辑要》。"② 凭辑要古今农学大家编撰的农书农经中的精要古法汇编辑录而成。《农桑辑要》作

① 王毓瑚：《关于〈农桑辑要〉》，《北京农业大学学报》1956年12月第2卷第2期，第77—84页。

② （元）大司农司：《元刻本农桑辑要校释》，农业出版社1988年整理本，第549页。

为一部官修农书，其主要内容组成则是引文，并再加辅成以新添。本书所作的序里面用“遍求古今所有农家之书，披阅参考，删其繁重，摭其切要”几句话来概括编辑的过程。此话并不是随便说说的，书中引录古籍，确似经过一番考虑而后裁定取舍的。试以《齐民要术》为例。前面说过，讲漆的一节并没有引要术。又如蓝节引要术，但删去了“作蓝淀法”一长段，而代之以“作蓝淀”三字；这当然是因为此书只讲栽种、不谈农产品加工的缘故。还有要术于记述每种作物的前面，往往征引《尔雅》《广志》等辞书，罗列品名；这就效用来说，实在只是便于学者的考证，对于一般实践中的农民并没有什么用处，本书也都略去，自无不可。①

特别值得指出的是，要术里面引录前人的著述，中间杂有不少涉及迷信的成分，如各种作物栽种的“宜”“忌”之类，该书转录时一概没有收入。虽然书的内容基本上还是限于感性认识，但至少已然初步有意识地抛弃了完全不科学的说法。这说明当时的农学是进入了一个更高的阶段。②

2. 填新科目属，巧术优法，简而有要

该书除了引集前人的论述之外，在书中也出现了相当一部分的纪要出自编纂者的手中，且这类内容皆以“新添”二字标注。《农桑辑要》由编者“新添”的内容计 27 项，其中先引他书而后补添者 7 项：苧麻、萝卜、菠菜、银杏、松、皂荚、枸杞。不引他书全由编者新增的 20 项：瓜菜的西瓜、莴苣、同蒿（茼蒿）、人苋（苋菜）、窘笾，果树的橙、橘、栌子，树木的漆、楝、椿、苇、蒲，药草的栀子、薏苡、藤花（忍冬）、薄荷，纤维作物木棉，糖类作物甘蔗，以及动物蜜蜂（见图 6.1）。③

该书中作了新添补充的，计《播种》《果实》两篇各 4 节，《瓜菜》《竹木》两篇各 7 节，《药草》篇有 5 节，《孳畜》篇有 1 节，总共 6 篇 28 节。这在全书里面也算是占比较大的组成部分。此外《养蚕》篇的用叶节的标题下面的夹注，也像是出于编者之手。这些补充文字当中以讲

---

① 王毓瑚：《关于〈农桑辑要〉》，《北京农业大学学报》1956 年 12 月第 2 卷第 2 期，第 77—84 页。

② 王毓瑚：《关于〈农桑辑要〉》，《北京农业大学学报》1956 年 12 月第 2 卷第 2 期，第 77—84 页。

③ 毛晔翎：《〈农桑辑要〉文献研究》，硕士学位论文，华中师范大学，2018 年。

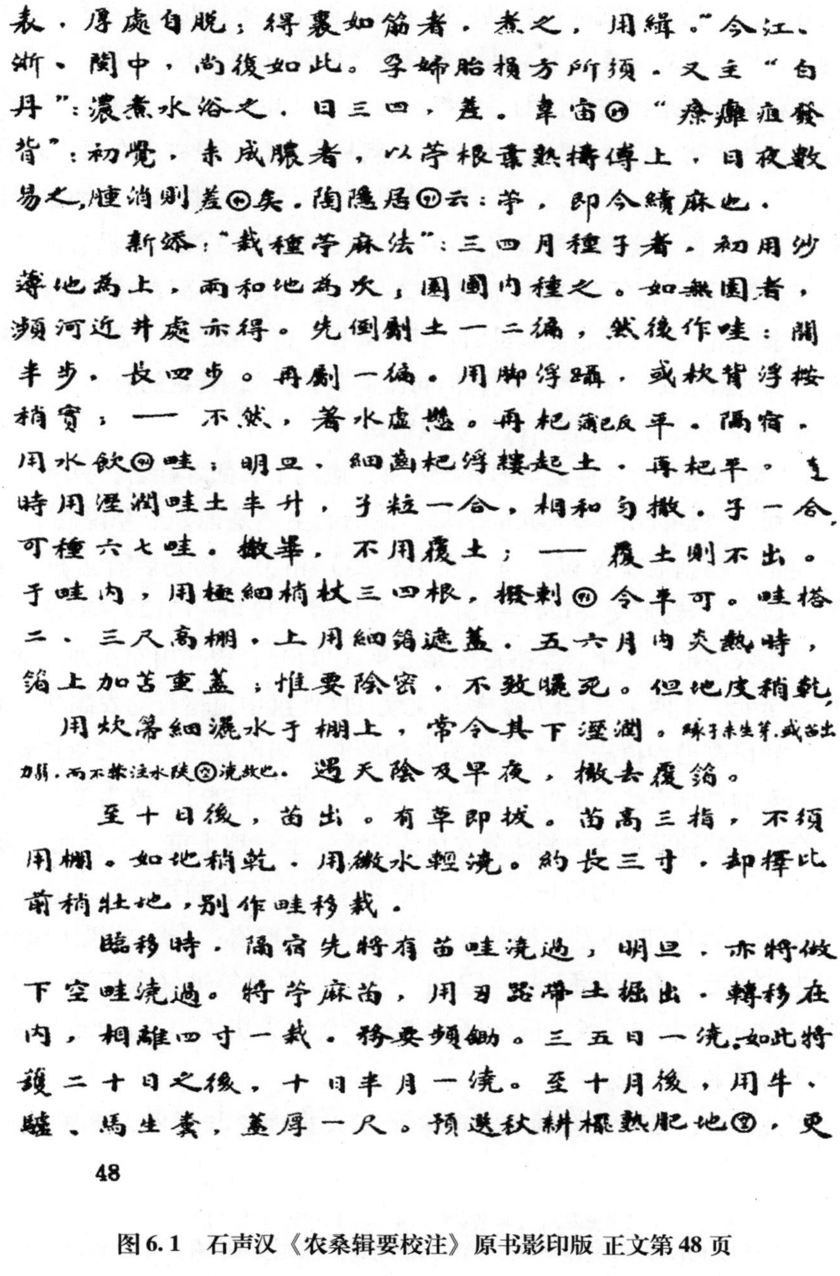

表，厚處自脫；得裹如筋者，煮之，用緝。"今江、浙、閩中，尚復如此。孕婦胎損方所須。又主"白丹"：濃煮水浴之，日三四，差。韋宙[illegible]"療癰疽發背"：初覺，未成膿者，以苧根葉熟擣傅上，日夜數易之，腫消則差[illegible]矣。陶隱居[illegible]云：苧，即今績麻也。

新添："栽種苧麻法"：三四月種子者，初用沙薄地為上，兩和地為次；園圃內種之。如無園者，瀕河近井處亦得。先倒劚土一二徧，然後作畦：闊半步，長四步。再劚一徧，用脚浮躡，或枚背浮按稍實；——不然，著水虛懸。再杷瀜反平，隔宿，用水飲[illegible]畦；明旦，細齒杷浮摟起土，再杷平。至時用溼潤畦土半升，子粒一合，相和勻撒。子一合，可種六七畦。撒畢，不用覆土；——覆土則不出。于畦內，用極細梢杖三四根，撥刺[illegible]令平可。畦搭二、三尺高棚，上用細箔遮蓋。五六月內炎熱時，箔上加苫重蓋；惟要陰密，不致曬死。但地皮稍乾，用炊箒細灑水于棚上，常令其下溼潤。緣子未生芽，或苗出力弱，而不禁注水陡[illegible]澆故也。遇天陰及早夜，撤去覆箔。

至十日後，苗出。有草即拔。苗高三指，不須用棚。如地稍乾，用微水輕澆。約長三寸，却擇比前稍壯地，別作畦移栽。

臨移時，隔宿先將有苗畦澆過，明旦，亦將做下空畦澆過。將苧麻苗，用刃器帶土掘出，轉移在內，相離四寸一栽。務要頻鋤。三五日一澆。如此將護二十日之後，十日半月一澆。至十月後，用牛、驢、馬生糞，蓋厚一尺。預選秋耕熟肥地[illegible]，更

48

图6.1　石声汉《农桑辑要校注》原书影印版 正文第48页

苧麻的一段为最长，其次则是甘蔗和木棉。木棉实际上是草棉。关于这几种作物的栽种方法，以前的人很少或没有讲到，该书里面的记述要算

是比较早的，因此也就应当特别加以重视。西瓜是五代时期才引种到中原来的，自然也无从引录古书。其他如莴苣、同蒿（茼蒿）、人苋（苋菜）、莙荙等蔬菜，则是比较后出的，故都由编者加以补充。橙、橘和栌子皆为长江流域的产物，《齐民要术》里面无其栽种方法，而蒙古人在灭宋之前，用兵川滇一带多年，显然是从当时川滇土著学习到这种技术，因而也得记载到这部书里面。要术虽然也有讲漆的一篇，但只说了漆器，没有涉及栽培，至于榅子，则更只有标目而没有文字，这在该书里面都得到了弥补，虽然文字简略，仍然是非常珍贵的。其余如楝、椿、蕈、蒲、薏苡、藤花、薄荷等饰的新添文字，详略不同，但同样是丰富了我国传统的农学。[①]

3. 修学深实行，真履躬行，切识真知

《农桑辑要》为现存最早的官撰农书，照例不著撰者姓名，只署“元大司农司”，极可能由多人共同编辑。该书的主笔是谁，至今说法不一，未有定论。根据有关文献，与《农桑辑要》相关人物先后有孟祺（约1241—1292）、畅师文（1247—1317）、苗好谦（1240—1312）。而这三人都曾从事农学事业多年。孟祺在至元七年（1270），曾任山东东西道劝农副使。至元二十四年（1287），畅师文就任陕西汉中道巡行劝农副使“置义仓，教民改进种植法”[②]。可知编者畅师文曾亲历农田，方可累积觉出自行一套的耕垦方法。苗好谦，“武宗至大二年（1309），改为淮西道廉访司佥事，献种莳之法。其法分农民为三等，上户地十亩，中户地五亩，下户地两亩或一亩，周筑垣墙，以时收采桑椹，依法种植。仁宗延祐三年（1316），以好谦所至，植桑皆有成效，仁宗赐衣一袭，并风示诸道，命以为式。后入为司农丞”[③]。“五年，大司农买住等进好谦所撰《栽桑图说》，仁宗命刊印千帙，散之民间。”[④]“文宗天历二年（1329），政府再次颁行《栽桑图说》。”[⑤]

以此观之，孟祺、畅师文、苗好谦三人集理论与实践，真履躬行，

① 王毓湖：《关于农桑辑要》，《北京农业大学学报》1956年第2期。

② 《黄河文化百科全书》编纂委员会编，李民主编：《黄河文化百科全书》，四川辞书出版社2000年版，第34页。

③ 赵德馨主编：《中国经济史辞典》，湖北辞书出版社1990年版，第477页。

④ 赵德馨主编：《中国经济史辞典》，湖北辞书出版社1990年版，第477页。

⑤ 赵德馨主编：《中国经济史辞典》，湖北辞书出版社1990年版，第477页。

切识真知，乃成《农桑辑要》。

（六）以卷分类，化碎为整的类分体系

序载：“目曰‘农桑辑要’，凡七卷；镂为版本，进呈毕。将以颁布天下，属予题其卷首。”《农桑辑要》的类分方法与《齐民要术》相比，也同是以后者为范本，以卷分类。

《农桑辑要》共七卷，总共分支下十篇。首篇“典训”多以历史文献资料，来论述其“农本思想”，可做整部农书的绪论部分看待。剩余九篇，都为实用程度极高的农功技法（见图6.2）。

農桑輯要目録

1

图6.2 石声汉《农桑辑要校注》原书影印版 目录第1页

《农桑辑要》将许多零碎农务事项，列举整合在一起，组合成为一个新的单元体系。其目的就是方便读者（主要为农民）记忆与掌握。事项即使杂多烦冗，仍旧综合为一条。例如卷四“蚕事杂录”（见图6.3），卷七“岁用杂事”（见图6.4）等。

4

图6.3 石声汉《农桑辑要校注》原书影印版 目录第4页

9

图 6.4　石声汉《农桑辑要校注》原书影印版 目录第 9 页

（七）传播与影响

《农桑辑要》为我国现存首部官修农书，以总结黄河流域旱地农业为主，同时兼顾蚕桑。影响远及海外。

1. 留存要目

《农桑辑要》是“编辑”而成的书，大部分材料都是从其他农书中辑录出的。《齐民要术》是它的主要材料来源。此外供给重要材料的，有《务本新书》《士农必用》《四时类要》《韩氏直说》《种莳直说》《博闻录》《蚕桑直说》《农桑要旨》《岁时广记》等，都是现在已佚的农书，只靠《农桑辑要》的引用，保存了一部分（见表6.4）。①

表6.4 《农桑辑要》留存已佚部分书目一览

序号	书目名
1	《务本新书》
2	《士农必用》
3	《四时类要》
4	《韩氏直说》
5	《种莳直说》
6	《博闻录》
7	《蚕桑直说》
8	《农桑要旨》
9	《岁时广记》

2. 扶农复产

《农桑辑要》的颁行，对元代农业生产产生了积极作用，使元代农业生产技术得到普遍提高，粮食产量也有较大提升。发展农业、粮食生产是最主要的内容。粮食产量的增加，是农业发展的重要标志。② 元代两淮兵革之后，荆棘遍野，昂吉儿以二万兵屯田。“岁得米数十万斛”③。余阙

① 石声汉：《元代的三部农书》，《生物学通报》1957年第10期。

② 程美明：《〈农桑辑要〉与元代经济》，《中南民族大学学报》（人文社会科学版）2003年第2期。

③ 元史《昂吉儿传》卷132。

在淮东，垦荒屯田，。“得粮三万斛”①。罗璧将两淮荒闲地给民耕垦，三年后量征其租。“岁得粟数十万斛”崔敬在济宁，招致居民军士立营屯种，“岁收得百万斛”② 举国上下，一致着力于增产粮食。以上所记主要为官田收入。尽管这些粮食生产不是同一年生产的，但是，就凭这些材料，也可看出元朝政府致力于发展农业生产，使粮食产量得以大增。北方食粮主要仰仗南方，东南地区每年运往大都、上都等处的粮食，从至元二十年（1283）的四万多石，逐年增加以至天历二年（1329）的三百五十多万石。至元三十年（1293），京师各仓皆满，粮食无处储存。③ 至元三十一年（1294），海道岁运粮百万石，“以京畿所储充足，诏止运三十万石”④。

这些材料表明全国各个地区在当地官员的指导和努力下，经济逐步复苏的情景。这种情况应该说是与《农桑辑要》有联系的，因为各地方官员有劝农之责，政府也向他们颁发了这部农书，这是他们在技术上借以指导农业生产的依据。⑤

3. 传及高丽，惠达外民

1218 年蒙古势力进入朝鲜半岛，元代政府与高丽王朝缔结了一种特殊的宗藩关系。在长达 30 年的战争后，元朝征服了高丽王朝，两国统治者达成议和，形式上保留高丽王室，其根本则为傀儡政府。高丽王朝必须派出其太子作为质子，去往元大都。元中央政府则派遣达鲁花赤（蒙古语：监守官、镇守者），对高丽进行绝对管理，可以完全无视高丽王室权力的存在。元朝与高丽王朝的政治联姻也更加促进了双方在政治、经济、文化上的密切交流。

1349 年李岩随高丽忠定王到元朝，带回《农桑辑要》，到“1414 年这部农书被译成俚语，刊行于世”⑥。它反映出高丽王朝发展建立初期迫

---

① 元史《余阙传》卷 143。

② 元史《罗璧传》卷 166。

③ 程美明：《〈农桑辑要〉与元代经济》，《中南民族大学学报》（人文社会科学版）2003 年第 2 期。

④ 元史《成宗纪（一）》卷 18。

⑤ 程美明：《〈农桑辑要〉与元代经济》，《中南民族大学学报》（人文社会科学版）2003 年第 2 期。

⑥ ［韩］金柄夏：《韩国经济思想史》，厉帆译，山西经济出版社 1993 年版，第 86 页。

切需要学习借鉴先进的中国农学技法与经验，来推动其王朝的自然小农经济的发展。此时期的高丽王朝采用的是完全照搬的方法。这也是中国农书第一次被译成朝鲜百姓通用的俚语出版，使朝鲜百姓易于接受。但是经过15年的实践，高丽王朝发现，完全照搬中国农法存在诸多问题，因为《农桑辑要》中的一些农法不切合高丽实际。以李朝世宗王要求三南各道访问有实践经验的老农，撰写调查报告。在世宗十年（1429）四月和七月，世宗王两次向三南各道监司过问调查结果。忠清、全罗、庆尚三道把访问老农的调查报告上交给崔南善，崔南善把三道的调查报告汇集成册，在1429年印出1000册颁发各地。①

于世宗十一年（1429）五月，“命总制郑昭等撰《农事直说》，下铸字所，将以颁诸中外”②。最终一部以元《农桑辑要》为底本，汇集本土农民长期积累的实践经验，并结合朝鲜自然经济发展实际的农书——《农事直说》，成功命名编辑成册，且在全国颁行。

朝鲜的《农事直说》是朝鲜农学由机械完全照抄到根据本国风土实情部分地吸收中国农学精华的转变，是朝鲜农学开始脱离中国农学自成体系的阶段，这为以后朝鲜农学发展奠定了基础。

二 首部兼及南北的全国性农书——王祯《农书》

王祯，字伯善，元代东平人，中国古代著名的农学家。元成宗时曾任县令，他为官清廉，捐俸办学，为百姓修桥铺路，改善百姓的出行，施舍医药，受到当时人们的广泛赞誉，称其为“惠民有为”。

（一）以重农思想为编辑宗旨

这一时期元朝较大规模的对外征服战争已经停止，社会相对安定，民众安居乐业，农业生产有了进一步的发展，中国南北方的文化交流空前活跃，朝廷颁布了一大批重农劝农的政策条令，劝课农桑成为一种时尚，在这种重农的氛围下，王祯《农书》成于大德二年（1298）首刊于

---

① 朴延华：《朝鲜〈农事直说〉与中国〈农桑辑要〉之比较》，《延边大学学报》（社会科学版）2001年第3期。

② 吴晗辑：《朝鲜李朝实录中的中国史料》卷5，《世宗庄宪大王实录二》，中华书局1980年版，第349页。

皇庆二年（1313），王祯充分发挥自己在南方为官的优势，“亲执耒耜，躬务农桑”，并把教民耕织、种植、养畜所积累的丰富经验，结合前人的论述，上升为理论，尝试对广义上的农业生产进行研究总结，第一次兼论了当时的中国北方及南方的农业生产技术，对南北方农业的异同进行了分析比较，促进了南北方农业生产技术的交流。[①] 关于农桑之用，王祯深有感触：“农，天下之大本也”，“农桑，衣食之本”，“一夫不耕，或授之饥；一女不织，或授之寒；乃若一夫耕，众人坐而食之，欲民之无饥，不可得也。一女蚕，众人坐而衣之，欲民之无寒，不可得也”[②]。

（二）以“三才”思想为编辑指导思想

中国哲学“天人合一”思想的影响，在先秦时代就已形成农业要兼顾天、地、人的思想。《荀子·天论》曰：“夫天有其时，地有其财，人有其治，是谓之能参。”当时人们将天、地、人看作一个系统，强调三者的各自作用，即只有各尽其职相互配合才能达到正常的效益，但在传统农业的发展过程中，三者之间的相互作用在人们的意识中仍是不断变化的。[③]《农书》中的顺应农时、因地制宜、重视农林牧副渔各业发展、积肥用肥保持地力、合理用水的理念均体现了“三才”思想。

在顺应农时和因地制宜方面，王祯《农书》把“天时、地宜”贯穿全书之中，认为，虽然“天气有阴阳寒燠之异，地势有高下燥湿之别”，但是“顺天之时、因地制宜、存乎其人”。意思是说尽管自然本身有其客观的规律，但认识和利用客观规律是由人力所为的，所阐发的思想正是“天地人”的和谐与统一，寓意就是人们的各项农事活动都要和自然规律相吻合，要使农作物的生长发育和阴阳二气的进退消长的规律相适应。[④] 王祯《农桑通诀·授时篇》还说：“四季各有其务，十二月各有其宜。先时而种，则失之太早而不生；后时而艺，则失之太晚而不成。故曰，虽有智者，不能冬种而春收。”先时、后时，或者没有在适宜时期进行某种

① 王建平：《劝农教化情境下的元代农书》，《农业考古》2020 年第 6 期。

② 潘云、姚兆余：《从元代王祯〈农书〉中透视农业生态思想》，《安徽农学通报》2007 年第 3 期。

③ 潘云：《王祯〈农书〉农业生态思想研究》，硕士学位论文，南京农业大学，2007 年。

④ 潘云：《王祯〈农书〉农业生态思想研究》，硕士学位论文，南京农业大学，2007 年。

相应的农业措施，都会招致损失，甚至完全失败。[①]

王祯《农书》中把“授时”放在第一篇，创作了“授时指掌活法之图”，把季节、物候、农业生产程序灵活紧密地结合为一体，简称“授时图”。王祯《农桑通诀·授时篇》中说：“盖二十八宿周天之度，十二辰日月之会，二十四气之推移，七十二候之变迁，如环之循，如轮之转，农桑之节，以此占之。”[②] 此外，王祯所说的：“九州之内，田各有等，土各有差，山川阻隔，风气不同，凡物之种，各有所宜。故宜于冀兖者，不可以青徐论；宜于荆扬者，不可以雍豫拟，此圣人所谓‘分地之利’者也。”人们在农业生产中只有遵循农业生物和环境条件是一个统一体的基本原理，在不同的环境条件下，种植适宜的物种，并采取相应的农业技术措施，协调农业生物和环境条件的关系才能取得理想的结果。[③]

在重视农林牧副渔各业发展方面，王祯在《农桑通诀·种植篇》中，首先引用司马迁《货殖传》中的话：“山居千章之楸，安邑千树枣，燕秦千树栗，蜀汉江陵千树橘，齐鲁千树桑，此其人皆与千户侯等。”王祯认为，这段话充分说明了“种植之利博矣！”王祯为了推动植树造林的发展，还大力宣传历代“种材木果核”致富的典型实例。[④]

在积肥用肥保持地力方面，《王祯农书·粪壤篇》说“耕农之事，粪壤之急。粪壤者，所以变薄田为良田，化硗土为肥土也”[⑤]，指出积肥用肥在保持土壤品质方面的重要性。

在合理用水方面，王祯《农书·灌溉篇》提到“俱可利泽，或通为沟渠，或蓄为陂塘，以资灌溉”，他认为中国的自然条件很好，只要尽量兴修农田水利工程，就可以不愁干旱，地无遗利，充分利用这些资源对

① 潘云、姚兆余：《从元代王祯〈农书〉中透视农业生态思想》，《安徽农学通报》2007年第3期。

② 潘云、姚兆余：《从元代王祯〈农书〉中透视农业生态思想》，《安徽农学通报》2007年第3期。

③ 潘云、姚兆余：《从元代王祯〈农书〉中透视农业生态思想》，《安徽农学通报》2007年第3期。

④ 潘云、姚兆余：《从元代王祯〈农书〉中透视农业生态思想》，《安徽农学通报》2007年第3期。

⑤ 潘云、姚兆余：《从元代王祯〈农书〉中透视农业生态思想》，《安徽农学通报》2007年第3期。

农业、对国家都是极为有利的[①]，同时还说："庶灌溉之事，为农务之大本，国家之远利"，体现了王祯非常重视农田水利建设。

（三）编辑方法

1. 广征博引扩大范围

"搜辑旧闻"，广泛参考古代农书和史书中关于农事的记载，又总结当代农业生产的新技术、新经验和他本人对农业生产知识考察、研究、实践的成果。[②] 书中南北贯通，对整个农业系统包括季节、气候、水利、土壤等条件的不同，以及农具、生产技术等诸多方面进行了较系统全面的分析，涉及的地域包括南北方17个省区，规模宏大，范围广博。[③] 在《农书》中多次对比南北农业生产的异同。例如，在《垦耕篇第四》中，王祯详细叙述了南北方垦耕的特征，并指出："自南向北，习俗不同，曰垦曰耕，做事亦异。"[④]

2. 巧用图谱详细解说

《农器图谱》是王祯《农书》中的一大特色，用生动的图样来记录古代农业机械和工具。王祯在前人的基础上，将《农器谱》和《耕织图》结合起来，形成自己的《农器图谱》，把农器划分为20门，每门下又分作若干项，每一项都附有图，一共300多件图，并加以文字说明，为后世农书记载农器提供范本[⑤]，首次将农具列为综合性整体农书的重要组成部分[⑥]。

王祯《农书》具有前后农书所没有的两大特点：第一是除文字解说外，又为每件农具配绘了插图；第二是为每件农具配了诗词。[⑦] "田制"一门，为王祯新增，主要叙述的是土地利用形式。田制并不属于农器的范围，王祯以此开篇，解释说："农器图谱首以田制命篇者，何也？盖器

---

① 潘云、姚兆余：《从元代王祯〈农书〉中透视农业生态思想》，《安徽农学通报》2007年第3期。

② 宋静：《王祯〈农书〉的数字化研究》，硕士学位论文，南京农业大学，2008年。

③ 宋静：《王祯〈农书〉的数字化研究》，硕士学位论文，南京农业大学，2008年。

④ 曾雄生：《中国农学史》，2008年版，第452页。

⑤ 宋静：《王祯〈农书〉的数字化研究》，硕士学位论文，南京农业大学，2008年。

⑥ 杨雨主编：《国学知识问答录下历史哲学学术卷》，湖南教育出版社2017年版，第116页。

⑦ 周昕：《中国农具通史》，中国建材工业出版社2010年版，第603页。

非田不作，田非器不成”[①]，强调了田地和农具相辅相成、紧密联系的关系。

（四）类分系属结构明确

王祯《农书》完成于1313年。全书正文共计37集，371目，约13万字。分《农桑通诀》《百谷谱》和《农器图谱》三大部分，最后所附《杂录》包括了两篇与农业生产关系不大的“法制长生屋”和“造活字印书法”。

从该书编辑的整体性和系统性来看，《农书》也超过《齐民要术》。《齐民要术》还没有明确的总论概念，属于这方面的内容只有《耕田》和《收种》两篇。而王祯《农书》中的《农桑通诀》则相当于农业总论，首先对农业、牛耕、养蚕的历史渊源作了概述；其次以“授时”“地利”两篇来论述农业生产根本关键所在的时宜、地宜问题；再就是以从“垦耕”到“收获”等7篇来论述开垦、土壤、耕种、施肥、水利灌溉、田间管理和收获等农业操作的共同基本原则和措施。《百谷谱》很像栽培各论，先将农作物分成若干属（类），然后一一列举各属（类）的具体作物。分类虽不尽科学，更不能与现代分类相比，但已具有农作物分类学的雏形，比起《齐民要术》尚无明确的分类要进步。《农器图谱》是全书重点所在，插图306幅，计20集，分为20门，261目。另外，在《农桑通诀》《百谷谱》和《农器图谱》三大部分之间，也相互照顾和注意各部分的内部联系。《百谷谱》论述各个作物的生产程序时就很注意它们之间的内在联系。《农器图谱》介绍农器的历史形制以及在生产中的作用和效率时，又常常涉及《农桑通诀》和《百谷谱》。同时根据南北地区和条件的不同，而分别加以对待。既照顾了一般，又注重了特殊。

（五）内容丰富，涉及南北农业

王祯《农书》在前人著作的基础上，第一次对广义农业生产知识作了较全面系统的论述，提出中国农学的传统体系。《吕氏春秋·上农》等4篇只是保存先秦有关农业政策、用地、整地和掌握农时的4篇农学论文。汉代的《氾胜之书》只残存了3000余字，不能见其全貌。现存最

① 胥瑾：《知识、趣味与经验——〈农器图谱〉初探》，硕士学位论文，中国美术学院，2011年。

早最完整的综合性整体农书，只有成书于6世纪的《齐民要术》。与王祯《农书》相比较，《齐民要术》内容虽包括了粮食作物、蔬菜和果树栽培、畜牧、兽医、农产品加工以及烹饪等，最后还附有非中国产的一些栽培植物，范围十分广泛。但占了很大篇幅的烹饪显然是不属于农业生产范围的。王祯《农书》则明确表明广义农业包括粮食作物、蚕桑、畜牧、园艺、林业、渔业，而把《齐民要术》中的酿造、腌藏、果品加工、烹饪、饼饵、饮浆、制糖，以及煮胶、制笔等农产品加工的内容都去掉了。

将农具列为综合性整体农书的重要组成部分是从王祯《农书》开始的，也是该书一大特点。我国传统农具，到宋、元时期已发展到成熟阶段，种类齐全，形制多样。宋代已出现了较全面论述农具的专书，如曾之瑾所撰的《农器谱》3卷，又续2卷。可惜该书已亡佚。王祯《农书》中的《农器图谱》在数量上是空前的。《氾胜之书》中提到的农具只有十多种，《齐民要术》谈到的农具也只有30多种，而《农器图谱》收录的却有100多种，绘图306幅。在做这部分工作时，王祯花费精力最多，不仅搜罗和形象地描绘记载了当时通行的农具，还将古代已失传的农具经过考订研究后，绘出了复原图。

"授时指掌活法之图"和"全国农业情况图"也是王祯《农书》的首创。后图的原图已佚失，无法知其原貌。现在书中看到的一幅是后人补画的。"授时指掌活法之图"是对历法和授时问题所作的简明小结。该图以平面上同一个轴的八重转盘，从内向外，分别代表北斗星斗杓的指向、天干、地支、四季、十二个月、二十四节气、七十二候，以及各物候所指示的应该进行的农事活动。把星躔、季节、物候、农业生产程序灵活而紧凑地联成一体。这种把"农家月令"的主要内容集中总结在一个小图中，明确、经济、使用方便，不能不说是一个令人叹赏的绝妙构思。

《农书》附录中的"造活字印书法"，虽然与农业生产无关，但是却是对印刷排字技术的一大贡献。

（六）历史地位

1. 总结知识促南北交汇

王祯《农书》在中国古代汉族农学遗产中占有重要地位。它兼论了当时的中国北方汉族农业技术和南方汉族农业技术。王祯《农书》在中国古代汉族农学遗产中占有重要地位，研究区域取得突破。以王祯《农书》为标志，首次将眼光放在全疆域，对中国的广义农业进行总结，这种空前的举动在此前是没有学者能做到的。开创南北方农业生产知识交汇的先河。在前人著作的基础上，第一次对所谓的广义农业生产知识作了较全面系统的论述，兼论了当时中国的北方农业技术和南方农业技术，对南北方的异同进行了分析和比较。[①] 王祯言："今并载之，使南北通知，随宜而用，使无偏废，然后治田之法，可得论其全功也。"[②]

王祯是山东人，在安徽、江西两省做过地方官，又到过江浙一带，所到之处，常常深入农村作实地观察。因此，王祯《农书》里无论是记述耕作技术，还是农具的使用，或是栽桑养蚕，总是时时顾及南北的差别，致力于其间的相互交流。如垦耕，书中就详述了南北的特点，并说："自北至南，习俗不同，曰垦曰耕，作事亦异。"（《垦耕篇第四》）又常把几种作用相同、形制相异的农具放在一起加以叙述，以便于人们比较采用，说："今并载之，使南北通知，随宜而用，无使偏废。"（《耙耢篇第五》）养蚕方面，采撷南北养蚕方法加以叙述，并指出各自的优缺点，目的是"择其精妙，笔之于书，以为必效之法"（《蚕缫篇第十五》）。可以说，在王祯《农书》以前所有的综合性整体农书，像《氾胜之书》《齐民要术》《农桑辑要》等，都只记述了北方的农业技术，没有谈及南方，更没有注意南北技术的交流。

2. 推广技术促农业发展

王祯《农书》对元朝初年农业发展起了一定的促进作用，元朝初期的一些统治者鉴于社会的压力和自身发展经济的需要，采取了一些鼓励发展农业政策的法令，王祯《农书》在这样的历史条件下诞生。[③] 它促进农业知识技术的推广，大量收录"农器图谱"，更易被劳动群众接受[④]，利于农业知识的推广。

---

① 杨雨主编：《国学知识问答录（下）》，湖南教育出版社 2017 年版，第 116 页。

② 贺耀敏：《中国古代农业文明》，江苏人民出版社 2018 年版，第 172 页。

③ 周昕：《中国农具通史》，中国建材工业出版社 2010 年版，第 603 页。

④ 贺耀敏：《中国古代农业文明》，江苏人民出版社 2018 年版，第 172—173 页。

3. 巧用绘图开系统纪元

在“农器图谱”中，不仅记载了历史上已有的各种农具，包括已经失传了的农具和器械，且对宋元时期出现的新农具作了介绍，还记载了当时在印刷和纺织机械方面的贡献。[①] 此外，王祯的图学思想和大量绘图实践使得中国古代农学研究迈向系统性与科学性的新纪元[②]。王祯《农书》对农器图谱的创造，开创了整体性农书附图的先例。[③] 书末附有王祯的《造活字印书法》，是目前所知的系统叙述木活字版印刷术的最早文献。[④]

三　古代农书的巅峰——《农政全书》

《农政全书》作者是明代著名政治家、农学家徐光启。徐光启作为中国历史上一流的科学家，他在壮年之后，主要潜心致力于各种自然科学。在继承中国古代固有的科学知识的同时，对西方近代自然科学也多有涉猎，并通过自己的努力，较系统地把近代西方科学知识介绍到中国，如徐光启通过熊三拔的口述，自己整理出《泰西水法》一文，并全文录入《齐民要术》。

（一）成书背景

传统生物学的发展。传统农学是以经验性的农业生产技术为对象，从而有别于以科学原理作指导的现代农业科学。即便如此，而同为农学，在各种农业生产技术应用上，却均以生物有机体为对象，所以阐明生命运动规律的生物学，就应该是构成其相关基础学科的一个重要分支，传统农学限于其所处的历史条件，从总体上还不能实现这一要求，达到应有的水平，但随着生产经验的积累和操作技术的汇集，在对其疏理总结时，就会要求从更深的层次来阐释说明，从而促使相关基础学科的一些资料和素材，经过归纳加以著录成为必要和可能。《农政全书》就是这一

---

① 尹百策：《人间巧艺夺天工》，北京工业大学出版社 2013 年版，第 54—55 页。

② 王瀹生主编，杨常伟编著：《农业史话》，上海科学技术文献出版社 2019 年版，第 23 页。

③ 阎万英、尹英华：《中国农业发展史》，天津科学技术出版社 1992 年版，第 441 页。

④ 杨雨主编：《国学知识问答录（下）》，《历史哲学学术卷》，湖南教育出版社 2017 年版，第 116 页。

方面的典型代表。

（二）以重农思想为编辑宗旨

1. 以农为本、富国强民

《农政全书》著书于明清之际的封建社会大动荡时代，阶级矛盾、民族矛盾尖锐复杂。专制统治腐朽，吏治腐败，商品经济发展，出现“民既厌农，天下趋商”①。“唐宋以来，国不设农官，官不庀农政，士不言农学，民不专农业，弊也久矣。”② 因此，明末农业发展异常艰难。基于此，徐光启提出当政者应从思想上认识到农业的重要性，朝廷必须有“司农之官，教农之法，劝农之政，忧农之心”③。徐光启以“富国必以本业，强国必以治兵”④ 为要，编纂《农政全书》，并将《农本》三卷位于书首：其中《经史典故》引经据典阐明农业是立国之本；《诸家杂论》是引诸子百家的言论证明农业的重要性；并收冯应京的《国朝重农考》，借明朝历代皇帝的农业政策和措施，告诫当时的皇帝和官吏应重视农业生产和农业生产者。⑤

2. 减赈备荒，突出农政

徐光启重视农事农学，常言：“至于农事，尤所用心。盖以为生民率育之源，国家富强之本。”⑥ 《农政全书》相较于《农书》《齐民要术》，最突出的特色即着眼于“农政”。徐光启认为“欲民务农，在于贵粟。粟者，王者大用，政之本务”⑦。其非唯重农业，而论农政、农事制度。“明代共历二百七十六年，而灾害之烦，则竟达一千零十一次之多”⑧。明朝自然灾害频发，农业减产，百姓受苦，是以徐光启越发重视荒政思想。

---

① （清）查继佐撰：《罪惟录》，《经济诸臣列传·徐光启传》，上海涵芬楼 1936 年影印版。

② 崔铣：《政议十篇之一》，本末，皇明经世文编，卷 153。

③ （明）徐光启：《徐光启集》，上海古籍出版社 1984 年版，第 8 页。

④ 石声汉：《农政全书校注·农本·诸家杂论（下）》，上海古籍出版社 1985 年版，第 44 页。

⑤ （明）徐光启撰，石声汉校：《农政全书校注·出版说明》，上海古籍出版社 1979 年版，第2 页。

⑥ （明）徐光启撰，陈焕良、罗文华注解：《农政全书》（上册），岳麓书社 2002 年版，第 17 页。

⑦ （明）徐光启撰，石声汉校注：《农政全书校注·荒政·备荒总论》，（台北）明文书局股份有限公司 1981 年版，第 51 页。

⑧ 邓云特：《中国救荒史》，商务印书馆 1993 年版，第 5 页。

全书用 18 卷，25 余万言以详明徐光启之荒政思想，占全书内容之 1/3。徐光启以为备荒、救荒要以“预弭为上，有备为中，赈济为下”。所谓“预弭”即“浚河筑堤，宽民力，祛民害”[①]，重视农业灌溉与排水，“即今水患稍弭，人无垫溺之忧，田有丰稔之望”[②]；“有备”即“尚蓄积，禁奢侈，设常平，通商贾”[③]，提倡在丰年之时进行蓄积，不仅是蓄积粮食，更是蓄积民力，安定民生；禁止奢侈，崇尚节俭，在大力发展生产的基础上能够做到“有备”，而非挥霍浪费[④]；“赈济”即“给米煮糜，计户而救”[⑤]。徐光启曾亲尝各种植物，并将其记录于书中，书言：“余所经尝者：木，独榆可食。枯木叶，独槐可食且嘉味。在地下则燕莒、铁荸皆甘可食；在水中，则藕、菰米；在山间，则黄精、山茨菇、蕨、苎、薯、萱之属尤众；草实，则野稗、黄茴、蓬蒿、苍耳，皆谷类也；又南北山中，橡实甚多，可淘粉食，能厚肠，令人肥健不饥。”[⑥] 在备荒方面，徐光启还提出了树木备荒。“古人云：木奴千，无凶年。木奴者，一切树木皆是也：自生自长，不费衣食，不忧水旱；其果木材植等物，可以自用；有余，又可以易换诸物。若能多广栽种，不惟元凶年之思，抑亦有久远之利焉。”[⑦] 其认为树木生命力旺盛，益处多多，日常可多种植，来预防灾年，使农民种植不再只局限于传统的作物，可向种植种类拓宽。

《农政全书》以农为本，注重民命，以土地开垦，兴修水利，减赈备荒为要，书中皆为便民、利民之措。

3. 重视农技，引进技术

徐光启破除生产守旧思想，反对保守，变通运用“风土说”。其认为：“王祯所谓‘悠悠之论，率以风土不宜为说。’呜呼！此言大伤民事，有力

---

① （明）徐光启撰，石声汉校注：《农政全书校注 · 水利 · 东南水利（中）》，（台北）明文书局股份有限公司 1981 年版，第 399 页。

② 石声汉：《农政全书校注 · 凡例》，上海古籍出版社 1985 年版，第 4 页。

③ 石声汉：《农政全书校注 · 种植》卷 37，上海古籍出版社 1985 年版，第 1024—1025 页。

④ 夏菁：《〈农政全书〉的编辑特色研究》，硕士学位论文，华中农业大学，2017 年。

⑤ 石声汉：《农政全书校注 · 种植》卷 37，上海古籍出版社 1985 年版，第 1024—1025 页。

⑥ （明）徐光启撰，陈焕良、罗文华注解：《农政全书》（上册），岳麓书社 2002 年版，第 391 页。

⑦ 石声汉：《农政全书校注 · 种植》卷 37，上海古籍出版社 1985 年版，第 1024—1025 页。

本良农轻信传闻。捐弃美利者多矣。计根本者，不可不力排其妄也。”[①] 徐光启曾力推甘薯种法，将本在福建沿海一带种之甘薯成功引进中原。文中描述：“吾东南边海高乡，多有横塘纵浦。潮沙淤塞，岁有开濬（同‘浚’），所开之土，积于两崖，一遇霖雨，夫归河身，淤积更易。若城濠之上，积土成丘，是未见敝而代筑距堙也。”[②] 其言：“若谓土地所宜，一定不易，此则必无之理……古来蔬果如颇、安石榴、海棠、蒜之属，自外国来者多矣。今姜、荸荠之属，移栽北方，其种特盛，亦向时所谓土地不宜者也。凡地方所无，皆是昔无此种，或有之，而偶绝。果若尽力树艺，殆无不可宜者。就令不宜，或是天时未合，人力未之耳。试为之，无事空言抵捍也。”[③] 其次则向外学先进之科学。与传教士利玛窦之交，徐光启向其学西方科学技术与先进思想，二人合力将西书译为中文，供世人翻阅。且将作物之要领与先进耕具之用录于《农政全书》，指导实践并用于农事。其“尝躬执耒耜之器，亲尝草木之味，随时采集，兼之访问”[④]，事无大小，悉以咨民。正如梁启超所说：“中国人从之游且崇尚信其学者颇多而李凉庵（即李之藻）、徐元扈（即徐光启）为称首。”[⑤]

（三）编辑方法

1. 杂采众家，兼出独见

《农政全书》乃采前人之作而改，加以评注阐释观点。书中大量引用《齐民要术》《氾胜之书》《农桑辑要》《四民月令》《群芳谱》等众多古代农学著作的部分内容。例如：书中援引《汉书·艺文志》：“农九家百四十一篇。农家者流，盖出农稷之官，播百谷，劝耕桑，以足衣食”[⑥]，

① （明）徐光启撰，陈焕良、罗文华注解：《农政全书》（上册），岳麓书社 2002 年版，第 437 页。

② （明）徐光启撰，石声汉校注：《农政全书校注》，上海古籍出版社 1979 年版，第 691 页。

③ 石声汉：《农政全书校注·农本·诸家杂论（下）》，上海古籍出版社 1985 年版，第 42 页。

④ 陈子龙：《农政全书·凡例》，徐光启撰，陈焕良、罗文华注解《农政全书》（上册），岳麓书社 2002 年版，第 17—18 页。

⑤ 梁启超：《中国近三百年学术史》，山西古籍出版社 2001 年版，第 321 页。

⑥ （明）徐光启撰，石声汉校注：《农政全书校注·农本》，（台北）明文书局股份有限公司 1981 年版，第 2 页。

用以劝民耕桑，丰衣足食。又援引《礼·王制》篇："国无九年之蓄，曰不足；无六年之蓄，曰急；无三年之蓄，曰国非其国也。三年耕，必有一年之食；九年耕，必有三年之食。以三十年之通，虽有凶旱水溢，民无菜色"①，阐述农业生产为国家之本。虽引大量农学著作，但徐光启则去粗取精，去伪存真，谓其为精选，有所选而谓所选之材而注，便于读者之读与解。其诸史文之注，众皆以"玄扈先生曰"字，于此数字之下，则为其广泛查证之独特见解。且以"评注"者共作6.14万余言，占全书篇幅之11%以上。王祯的《农桑通诀》田制篇中关于沙田的叙述后面附有他写的"赞"，其中有"……易胜畦埂，肥积苔华，普宜稻林，可殖桑麻……"等句。徐光启在摘录后随即指出："肥积苔华此四字勿轻诵过，是粪壤法也。今滨湖人挽取苔华，以当粪蜜，甚肥，不可不知。王君既作赞，而粪壤篇又不尽著其法，此为不精矣。"② 徐光启并未一味地摘录内容，而是加入自己的所思所想，以及真正作为一名读者去阅读文章，由此指出王祯未曾详细介绍用苔华做绿肥的方法，此为不严谨。

2. 图文并茂，数字精准

首先，《农政全书》除文字外，又增添图片。无论读书人，抑或田妪，垂髫小儿，皆可以图片来知书义。如：《救荒本草》中详解400余种植物，并配上图片，更好地使民分辨异物，以防误食中毒。在桑蚕卷中含有《桑事图谱》；在农器卷中，引用王祯的《农器图谱》中的图片，使一些抽象、晦涩难懂的专业词汇变得丰富生动，更易理解。其次，《农政全书》中引用众多数词，使内容更具说服力。"五耕五耨，必审以尽；其深殖之度，阴土必得，大草不生，又无螟蜮（虫类）；今兹美禾，来兹美麦。是以六尺之耜，所以成亩也；其博八寸，所以成甽也。"③ "薯每二三寸作一节，节居土上，即生枝节，居土下，即生根。种法，待延蔓时，须以土密雍其节，每节可得三五枚，不得土，即尽成枝叶，层叠其上，

① 姜吉林：《徐光启与〈农政全书〉的编辑》，《兰台世界》2010年第15期。

② 姜吉林：《徐光启与〈农政全书〉的编辑》，《兰台世界》2010年第15期。

③ （明）徐光启：《农政全书》（上册），中华书局1956年版，第12页。

徒多无益也。”[①] 数字的运用，展现了农业生产的精耕细作，同时将每个种植步骤细化，能够更好地指导农业，为农业服务，达到富民的作用。

（四）类分体系

《农政全书》共70余万字，是《齐民要术》的7倍、王祯《农书》的6倍，引用文献229种。全书共分12门，分别为讲述传统重农思想的“农本”、叙述土地利用方式的“田制”、记述耕作与气象的“农事”以及水利、农器、树艺、桑蚕广类、种植、牧养、制造、荒政等共60卷。各门之下又分若干子目，田制2卷，论述区田、围田、柜田、梯田等土地利用方式；农事6卷，论述土地屯垦、农事季节、气候条件；水利9卷，论述水利的重要性，西北和东南的水利建设，以及西方的水利方法、器械；农器4卷，介绍耕作、播种、收获和加工工具；树艺6卷，介绍果树与作物的栽培方法；蚕桑4卷，为种桑养蚕之事；蚕桑广类2卷，论述棉、麻、葛等纤维作物的栽培和加工技术；种植4卷，叙述经济林木、特用作物和药用作物的栽培技术；牧养1卷，叙述家禽、家畜、鱼、蜂的饲养管理和中兽医技术；制造1卷，叙述农产品贮藏加工、房屋建造及日常生活常识；荒政8卷，综述历代有关备荒的议论和政策，分析各种救荒措施的利弊，最后附《救荒本草》和《野菜谱》全文[②]（见表6.5）。全书的重点在于有关垦辟、水利以及荒政，此三部分约占全书的一半。《农政全书》已不再像《齐民要术》、王祯《农书》那样，此二书虽以重农思想为编辑宗旨，但重点还是在生产技术与知识，可以说是纯技术性的农书，而《农政全书》的出发点不是技术而在于“农政”。徐光启认为，水利是农业生产的根本保证，水利不兴则农田废弛。他曾在天津进行过垦殖试验，旨在探索在北方垦辟荒地，提高北方的粮食产量以扭转自宋朝以来南粮北调的局面。全书采用总论—分论，先总述其农本思想，再分述农业发展之条件。分类引用古代相关农事文献，以及与农业有关的政策、制度、措施等，兼有农政与农事相结合，涉及广大，内

---

① （明）徐光启撰，石声汉校注：《农政全书校注》，上海古籍出版社1979年版，第691页。

② 姜吉林：《徐光启与〈农政全书〉的编辑》，《兰台世界》2010年第15期。

容丰富，谓之中国17世纪工艺百科全书。

表6.5　《农政全书》篇章目录

类目	卷数	主要内容
农本	3	专谈农业之重要
田制	2	土地利用方式
农事	6	论述种植事宜
水利	9	水利重要性
农器	4	介绍农业器具
树艺	6	树木栽培
桑蚕	4	种桑养蚕
桑蚕广类	2	纤维作物的栽培与加工
种植	4	作物的栽培技术
牧养	1	动物的饲养管理与中兽医技术
制造	1	农产品贮藏加工，房屋，建造及日常生活知识
荒政	8	备荒政策及其利弊

（五）内容创新

《农政全书》主要分为农政措施和农业技术两大内容。同《齐民要术》、王祯《农书》只是单纯地记载农业技术不同，《农政全书》的重点在于农政措施方面，是全书的总纲，农业技术只是实现农政措施的工具。全书论述土地垦辟、兴修水利、减赈备荒的内容占到了全书篇幅的一半，是对前代大型综合性农书内容的新发展。以减赈备荒为例，之前的大型综合性农书对其记载只有寥寥数言而已，备荒作物的介绍也不过一两种之多。就连首部兼辑南北的大型综合性农书——王祯《农书》中的“备荒论”，对减赈备荒的描述也不过两千字而已。然《农政全书》仅“荒政”一门，就有十八卷之多，篇幅居全书十二门之首，这在农书发展史上是绝无仅有的。

《农政全书》几乎囊括了明代以前农业生产、生活各方面的技术知识，同时“农政”思想是贯穿于全文的主旨，是对《农政全书》之前所有农学经典著作的系统总结与新发展。

（六）“采据经传、验之行事、询之老成”的编辑方法

徐光启在编辑《农政全书》时，尽可能多地收编前代农学家及时贤有关方面的文献资料，本书共计征引文献 225 种，比《齐民要术》和王祯《农书》征引文献的数量要多很多。《农政全书》不仅是文献的汇编，作者徐光启作为著名的科学家、农学家，他的摘编不是无的放矢、良莠不分的，而是在取其精华的同时，又以评注的形式，来阐发自己的见解，或者是匡其不逮，或者是借题发挥。除了摘编加评注外，还把自己在农业和水利方面独到的研究成果以及有关译述编入。据考证，徐光启在编辑《农政全书》中，不仅大量征引古代农业文献，而且本人以“评注”的方式共编写 6.14 万余言，占全书篇幅的 11% 以上，这就完全与文献汇编类书籍区别开来了。徐光启还非常重视亲自试验，不满足于道听途说得来的东西。他在《壅粪规则》中写道：“天津海河上人云：‘灰上田惹碱’。吾始不信，近韩景伯庄上云：‘用之菜畦种中果不妙’，吾犹未信也。必亲身再三试之，乃可信耳。”① 这是非常宝贵的科学思想。又如当徐光启听到闽越一带有甘薯的消息后，便从莆田引来薯种试种，并取得成功。随后便根据自己的经验，写下了详细的生产指导书《甘薯疏》，用以推广甘薯种植，用来备荒。后来又经过整理，收入《农政全书》。甘薯如此，对于其他一切新引入、新驯化栽培的作物，无论是粮、油、纤维，也都详尽地收集了栽种、加工技术知识，精彩程度不下棉花和甘薯。《农政全书》成了一部名副其实的农业百科全书。

（七）传播与历史影响

《农政全书》是中国农书史上的扛鼎之作，它系统总结了前代农业政策、技术等多方面的农学知识，体系完备，内容非常丰富。《农政全书》首次把“农政”以专目形式进行系统研究，并占了整部农书的 1/3 篇幅，是整部农书结构体系当中最为重要的组成部分；《农政全书》还借鉴了西方近代实验科学的研究方法，重视实验验证，重视数据的统计分析，徐光启将之运用于农业生产当中，取得了显著的成效；《农政全书》还批评了“唯风土论”的被动、消极劳作观点，提倡种植新品种，

① 翟乾祥：《徐光启在天津的农事活动》，《徐光启研究论文集》，学林出版社 1986 年版，第 119 页。

推广新技术；《农政全书》还总结了当时处于领先地位的农业科技知识，如棉花、甘薯等的栽培技术等，同时，徐光启重视科学实验，他的书中记载的很多材料都来自其本人通过试验获得的第一手资料，为后世农学家所珍视。

1. 农业发展，国富民强

《农政全书》阐述农业发展之事与农政措施，将农事与国家政治大事结合起来，更好地表现了其“农为本要”的思想。同时在书中徐光启将农业之事细分，不仅涉及田制、农事、农器等基础概念，还详细阐释了救荒措施与政策，对国家影响深远。乾隆帝颁布谕令：“据明兴奏，陆燿于山东臬司任内，曾刻有《甘薯录》……朕阅陆燿所着《甘薯录》颇为详晰，着即钞录寄交刘峨、毕沅，令其照明兴所办，多为刊布传钞，使民间共知其利，广为栽种，接济民食，亦属备荒之法。”[①]《甘薯录》以《农政全书》为基础，指导农业，助推农业技术发展。徐光启认为，“西北之地，夙号沃壤，皆可耕而食也。惟水利不修，则旱涝无备。旱涝无备，则田里日荒……臣闻陕西河南，故渠废堰，在在有之。山东诸泉，可引水成田者甚多。今且不暇远论。即如都城之外，与畿辅诸郡邑，或支河所经，或涧泉所出，可皆引之成田”[②]。只要兴修水利，确保田地用水之事得当，都可以引水成田。增加田地面积，可使农民有地耕，有食吃，有钱交税，这样国库充盈，也可以提前预防灾年。另外，徐光启破除守旧思想，驳斥“唯风土论”，“余谓风土不宜，或百中间有一二；其他美种不能彼此相通者，正坐懒慢耳。凡民既难虑始，仍多坐井之见；士大夫又鄙不屑谈，则先生之论，将千百载为空言耶？且辗转沟壑者何罪焉！余故深排风土之论。且多方购得诸种，即手自树艺；试有成效，乃广播之。倘有俯同斯志者，盍敕图焉。凡种，不过一二年，人享其利；即亦不烦劝相耳”[③]。同时引进西方先进技术，注重言与行合，使我国农业生产有了显著成效。

---

① 《清高宗实录》卷1236，乾隆五十年八月庚辰条，中华书局1985年影印版，第611页。

② （明）徐光启撰，石声汉校注：《农政全书校注》，上海古籍出版社1979年版，第287页。

③ （明）徐光启撰，石声汉校注：《农政全书校注》，（台北）明文书局股份有限公司1981年版，第628页。

2. 流传海外，影响深远

见引之《农政全书》，日本学者细密研究，更甚为之注释。据不完全统计，《农政全书》在 1712 年、1735 年、1751 年、1754 年、1849 年、1880 年曾先后多次被引入日本。《农政全书》在日本促进了农业发展，还促进了本草学家学术研究工作。松冈玄达于《农政全书》中“荒政”思想研究时见其谓日本农甚便，尝于享保元年（1712）将书中《野菜谱》《救荒本草》加“训点”并详注后行。不幸者，天明八年（1788）书于日本京都化为灰烬。由著名本草家小野兰山重加校订而成《正教荒本草、救荒谱》于 1799 年刊行。《农政全书》曾被用作日本近代农业生产活动的指导书籍[①]。除日本外，此书还传于欧美等国。例如，1735 年，法国神父杜赫德编辑出版了 18 世纪重要的汉学著作之——《中华帝国全志》，此书之第二卷以法文摘译《农政全书·蚕桑》，成为此后 100 余年里欧洲了解中国重要的资料来源之一；1849 年，肖氏（C. Shaw）在《中国丛报》第 18 卷第 9 期上发表《农政全书》第 35 卷《木棉》，为中国古籍西传做了突出贡献；1984 年，《中国科学技术史》中，英国白馥兰教授（Francesca Bray）在该册第 64—70 页首次用英语比较全面地介绍了《农政全书》，首次用英语比较全面详细地介绍了徐光启。[②]《农政全书》的西传，不仅为当地的农民提供农业经验、农业技术，更让世界了解中国，促进了中西方文化交流与沟通。《农政全书》中涉及的农业制度、农业政策，即使对今天社会，也有深远的意义和影响。

四　官修农书之绝唱——《授时通考》

《授时通考》是在清乾隆二年（1737），由鄂尔泰、张廷玉奉旨率四十余人共同开始编辑，它是中国历史上最后一部大型综合性官修农书。《授时通考》收录了大量历代经典农学文献有关农事的记载，编辑过程历时 5 年，于乾隆七年（1742）完成。

---

① 夏菁：《〈农政全书〉的编辑特色研究》，硕士学位论文，华中农业大学，2017 年。

② 李海军：《18 世纪以来〈农政全书〉在英语世界译介与传播简论》，《燕山大学学报》（哲学社会科学版）2017 年第 18 卷第 6 期。

（一）结构体系规范系统

全书共78卷，计98万字。据《授时通考》序文和凡例所载，该书是从农本的观点出发编辑而成的，其中提到“敬授民时”的观点，即把适宜的耕种时令、时节告知于大众。因此，全书的篇章结构安排是依次序展开的，依次分为天时、土宜、谷种、功作、劝课、蓄聚、农余和蚕桑八门。“天时”排在第一位，“土宜”排在第二位，表明二者是农业之根本；“谷种”排在第三，是因为编辑者认为五谷是上天所恩赐，接下来才轮到显示人的能动力量的“功作”门。

八门的每一门都是由“汇考”（即汇总考证历代的有关文献）和“分目”（即征引历代农学文献中相关的生产经验和诏令等）组成。天时门又分为分论和总论及春、夏、秋、冬6卷，详细论述了农家一年四季的农业生产活动。土宜门共12卷，被分为辨方、物土、田制、田制图说、水利等篇目。谷种门包括粮食作物（稻、稷、黍、粟、麦类、豆类及麻类）的名称、来源等。全书技术性最强的部分是功作门，系将农作物的栽培过程分为耕垦、耙耢、播种、淤荫（即施肥）、耘耔、灌溉、收获、攻治（即贮藏、加工）8个环节共8卷进行叙述。在灌溉卷后附泰西水法1卷，介绍当时传入的西洋灌溉工具。最后还附牧事1卷，叙述耕畜的饲养。劝课门收诏令、章奏、官司、祈报、敕谕、祈谷以及御制诗文（2卷）、耕织图（2卷）共12卷，以耕织图较有价值。蓄聚门4卷，专载常平仓、社仓、义仓及有关的图式，记述积谷备荒的制度和政令。农余门则是篇幅最大的一门，共14卷，其内容庞杂，包括蔬类4卷、果类4卷、木类2卷、杂植1卷，另有畜牧2卷等；这些部分被统称为农余，是当时统治者片面重视粮食生产的反映。蚕桑门共有7卷，前5卷讲蚕的饲养、分箔、入蔟、择茧、缫丝、织染及桑政；后2卷桑余，叙述清代业已大为发展的棉花种植及其他纤维作物等。棉花被称作桑余是受了“农桑并重”的传统影响。

该书的不足之处是没有清初的农业生产技术资料，也看不到编纂者对农业的见解。

（二）文献征引丰富、翔实、严谨

《授时通考》是靠文献征引汇编成书的，它征引文献达3575条之多，引自553种典籍（具体征引情况详见表6.6）。但是此书在文献征引取舍上是服从于全书的主旨、主题的，虽然征引繁多，但每条引文都详细注明来源。现代农学家石声汉曾评价本书："但以诏令、奏章乃至御制诗文等无实质的内容、浮词、虚文来体现皇帝的威德，终嫌其与本来意义上的农书间有差距。"①

表 6.6 《授时通考》文献征引汇总

来源文献	征引文献数目（单位：条）	征引字数（单位：万字）
《齐民要术》	244	3
《农政全书》	231	4
《群芳谱》	117	数据不详
《本草纲目》	151	数据不详
专科类农书	30	数据不详
《说文》	238	数据不详
《尔雅》	238	数据不详

从表 6.6 不难看出，《授时通考》是古代农书中征引文献最多的一部。其体例严谨，每一处征引都注明出处，查阅检索十分方便。

（三）历史影响

《授时通考》一书，在结构体系、编辑手法、研究对象等方面，均有创新。它以我国浩如烟海的经典古籍、古代农学文献为资料来源，系统总结了我国几千年来农业生产与农业科技所积累的农学科技知识，被称为"中国古代农学百科全书"，也并非过言。《授时通考》成书年代较晚，加之是清乾隆皇帝命令编辑的，有诏书命令各省刊刻复印，传播范围非常广泛。同时，由于当时政府同西方国家有所联系，所以在海外、国际上也颇有声名。

中国古代农书从传统高峰期向现代农书转型时期就出现于清朝。自《授时通考》刊刻发行后，中国大型综合性农书的编辑就宣告结束了。除了地方性和专业性农书的编辑工作仍在开展外，其他大型农书的编辑都日趋衰退，到了清朝光绪年间，在《农学丛书》出版前后，中国古代农书便向现代农书转型了。

① 石声汉：《中国古代农书评介》，农业出版社 1980 年版，第 75—78 页。

第七章

中国古代农书编辑实践发展总结

第一节　以重农思想为编辑宗旨的内涵与发展

中国自古“以农立国”，几千年来，“重农”思想既是中国传统社会的基本国策，也是中国传统社会中的“普世价值观”。自春秋战国始，“重农”思想就是诸子百家构建其学说体系的理论基础和主要目的。“为神农之言”的农家学派，更是以“播百谷，功耕桑，以足衣食”的特点有别于其他诸子学说。《汉书·艺文志》载：“农家者流，盖出于农稷之官。播百谷，功耕桑，以足衣食。故《八政》一曰食、二曰货。孔子曰：‘所重民食。’此其所长也。”[①] 可见“重农”思想是农家学派的主旨思想与基本主张。他们认识到农业是维系民生的源泉，是确保国家长治久安的物质基础，甚至有可能成为国家兴替、政权更迭的关键。因此，这些最早编写农书之人，从“农者天下大本”出发，对前世与今世的农业生产技术进行系统性总结，以“重农”思想为编辑宗旨，自其产生始就备受重视，从而成为几千年来中国古代农书编辑绵延不绝的传统，为后世农书编辑者们所继承和发展。以“农本”思想与“资政重本”思想为核心的“重农”编辑宗旨，成为后世农学家编写农学著作的理论基础与主要目的。

现将四大农书编辑过程中所遵循的重农思想编辑宗旨加以梳理，便会发现农书愈来愈重视实践运用，服务于人民生产生活。

---

① （东汉）班固：《汉书》，中华书局1964年版，第1743页。

一 《氾胜之书》——资政重本，劝课农桑

《氾胜之书》是西汉晚期一部重要的农学著作，一般被认为是中国最早的一部农书。我国自战国以后，黄河流域进入大规模开发的新阶段，耕地大为扩展，沟洫农田逐渐废弃，干旱又成为农业生产中的主要威胁。在氾胜之从事劝农活动的关中地区，情况更是这样。这里降水量不多，分布又不均匀，旱涝交替发生，尤以旱的威胁最大。灌溉工程虽有较大发展，但旱地毕竟是大多数，需要尽可能地接纳和保持天然的降水，包括每年西北季风送来的冬雪。总之，这是一个典型的旱农区；这种自然条件在很大程度上制约着农业技术发展的方向。

氾胜之生活的时代，还向农业生产和农业科技提出了一些新的问题和新的要求。一是人口的迅速增加。据《汉书·地理志》所载，汉平帝时在籍民户为1200多万户，口数为5900多万人，这是汉代人口的最高峰。对粮食的需求量也因此越来越大。二是西汉中期以后，土地兼并日益发展，大量农民丧失土地，社会上出现严重的流民问题。成帝时，虽然“天下无兵革之事，号为安乐”（《汉书·食货志》），但更大的社会危机也在酝酿之中。汉朝统治者面临一个如何安置无地或少地农民、稳定和发展农业生产的问题。

该书是他对西汉黄河流域的农业生产经验和操作技术的总结，主要内容包括耕作的基本原则，播种日期的选择，种子处理，个别作物的栽培、收获、留种和贮藏技术，区种法等。就现存文字来看，以对个别作物的栽培技术的记载较为详细。这些作物有禾、黍、麦、稻、稗、大豆、小豆、麻、瓜、瓠、芋、桑等十余种。区种法（即区田法）在该书中占有重要地位。此外，书中还提到了溲种法、耕田法、种麦法、种瓜法、穗选法、调节稻田水温法、桑葡中复习法等，如适时播种方面，书中“早种则虫而有节，晚种则穗小而少实”① 便是这方面的例子。作者认为只有适时播种才能保证作物果实大又多且不易被害虫破坏。另外，书中有关作物种植有忌日的记载虽融入了阴阳五行，内容带有迷信色彩，但这也从侧面说明播种要适时的重要性。

---

① 万国鼎：《氾胜之书辑释》，农业出版社1980年版。

同是桑篇的“种桑法，五月取梅著水中，即以手溃之，以水灌洗，取子阴干”①。这里是用水灌洗桑根并获取种子的内容，而桑子在水中被取出，很有可能当时人们已不经意间发现淘洗种子可以剔除混杂在种子间的杂物。可以说当时或许已有了现代意义上的比重汰除法的萌芽。这些都不同程度地体现了科学的精神。

石声汉先生与万国鼎先生的《氾胜之书》辑佚出的3000余字中，资政重本，劝课农商的编辑动机清晰可见。《氾胜之书》载：“神农之教，虽有石城汤池，带甲百万，而无粟者，弗能守也。夫谷帛实天下之命。卫尉前上蚕法，今上农事，人所忽略，卫尉勤之，可谓忠国忧民之至。”②从上述引文中不难看出，粮食是天下之本，是统治者统治天下的命脉。文中对“卫尉前上蚕法”极力称赞，将这一做法视为忠君爱民之举，也表明了作者的态度和编辑动机。

二　《齐民要术》——食为政首，教民致富

《齐民要术》(533—544)，是北朝北魏时期，南朝宋至梁时期，中国杰出农学家贾思勰所著的一部综合性农学著作，也是世界农学史上的专著之一，是中国现存最早的一部完整的农书。全书10卷92篇，系统地总结了6世纪以前黄河中下游地区劳动人民农牧业生产经验、食品的加工与贮藏、野生植物的利用，以及治荒的方法，详细介绍了季节、气候，和不同土壤与不同农作物的关系，被誉为“中国古代农业百科全书”。

《齐民要术》的“食为政首”思想首先体现在其序中：“盖神农为耒耜，以利天下；尧命四子，敬授民时；舜命后稷，食为政首；禹制土田，万国作乂；殷周之盛，《诗》《书》所述，要在安民，富而教之。”③ 生民之本，兴自神农之世。“斫木为帮，燥木为来，来辨之利以教天下”，而食足；“日中为市，致天下之民，聚天下之货，交易而退，各得其所”，而货通。食足货通，然后国实民富，而教化成。黄帝以下“通其变，使民不倦”。尧命四子以“敬授民时”，舜命后稷以“黎民祖饥”，是为政

① （明）徐光启撰，石声汉校注：《农政全书校注》，上海古籍出版社1979年版。

② 万国鼎：《氾胜之书辑释》，中华书局1957年版，第169页。

③ （北魏）贾思勰：《齐民要术译注》，上海古籍出版社2009年版。

首。禹平洪水，定九州，制土田，各因所生远近，赋入贡棐，茂迁有无，万国作乂。殷周之盛，《诗》《书》所述，要在安民，富而教之。①

贾思勰首次对前代的“食为政首”思想作了系统总结：“神农为耒耜，以利天下；尧命四子，敬授民时；舜命后稷，为食政首。”② 贾思勰在《齐民要术》序中的重农思想虽大部分是引述前代农书的内容，但也给予其高度的评价：“诚哉言乎！”

《齐民要术》的重农思想与春秋战国时期的农本思想一脉相承，且有了重大发展，但该书的重农思想并不只是停留在理论上，而是通过对历代农业发展经验的总结，加上作者本人的实践，对农业生产产生实际的指导作用。《齐民要术》还具有重视实践、主张革新，不盲从前代农学经典的特点，对能提高生产力的新生产工具及其发明推广者推崇备至。

《齐民要术·序》举了大量例子论证“教民”对于“致富”的意义：“猗顿，鲁穷士，闻陶朱公富，问术焉。告之曰：‘欲速富，畜五牸。’乃畜牛羊，子息万计。九真、庐江，不知牛耕，每致困乏。任延、王景，乃令铸作田器，教之垦辟，岁岁开广，百姓充给。炖煌不晓作耧犁；及种，人牛功力既费，而收谷更少。皇甫隆乃教作耧犁，所省庸力过半，得谷加五。又炖煌俗，妇女作裙，挛缩如羊肠，用布一匹。隆又禁改之，所省复不赀。茨充为桂阳令，俗不种桑，无蚕织丝麻之利，类皆以麻枲头贮衣。民惰窳羊主切，少粗履，足多剖裂血出，盛冬皆然火燎炙。充教民益种桑、柘，养蚕，织履，复令种纻麻。数年之间，大赖其利，衣履温暖。今江南知桑蚕织履，皆充之教也。五原土宜麻枲，而俗不知织绩；民冬月无衣，积细草，卧其中，见吏则衣草而出。崔寔为作纺绩、织纴之具以教，民得以免寒苦。安在不教乎？”③ 以上引文中的猗顿是通过向陶朱公学习“畜五牸”之后才得以致富的，而任延、王晶、皇甫隆、茨充、崔寔等人向百姓传授农业科技知识之后，更是造福一方。据此，《齐民要术》认为，要使人民富裕起来，“安在不教乎”？所以，《齐民要术》主张通过教化以使人民富起来的“教民致富”思想实际上是儒学

---

① （东汉）班固撰，赵一生点校：《汉书》，浙江古籍出版社2000年版，第428页。

② 缪启愉校释：《齐民要术校释》，农业出版社1982年版，第1页。

③ 缪启愉、缪桂龙：《齐民要术译注》，上海古籍出版社2009年版。

“富而教之”思想在农业生产中的具体运用。“教民致富”包含两部分的内容：向农民传授农业生产技术知识和生产经营知识。

三　王祯《农书》——农，天下之大本也

元明清时期有中国历史上第一部真正意义上兼论南北的全国性农书，即王祯的《农书》。到了元朝，较大规模的对外征服战争已经停止，社会相对安定，民众安居乐业，农业生产有了进一步的发展，中国南北方的文化交流空前活跃，朝廷颁布了一大批重农劝农的政策条令，劝课农桑成为一种时尚，在这种重农的氛围下，王祯《农书》成于大德二年（1298）首刊于皇庆二年（1313），王祯充分发挥自己在南方为官的优势，“亲执耒耜，躬务农桑”，并把教民耕织、种植、养畜所积累的丰富经验，结合前人的论述，上升为理论，尝试对广义上的农业生产进行研究总结，第一次兼论了当时的中国北方及南方的农业生产技术，对南北方农业的异同进行了分析比较，促进了南北方农业生产技术的交流。王祯《农书》开篇自序中也明确指出：“农，天下之大本也。”一方面，“农桑，衣食之本”，“一夫不耕，或授之饥；一女不织，或授之寒；乃若一夫耕，众人坐而食之，欲民之无饥，不可得也。一女蚕，众人坐而衣之，欲民之无寒，不可得也”[①]。另一方面，“古先圣哲，敬民事也，首重农。其教民耕、织、种植、畜养，至纤至悉”。因此，重视农业生产、关注农民生活是国家亟须解决的至重之务。王祯《农书》各卷目都不断强调劝导百姓务农的重要性。

王祯《农书》亦非常重视农政的实施。“时君世主，亦有加意于农桑者，大则营田有使，次则劝农有官”，又“国家累降诏条：如有勤务农桑、增置家业、孝有之人，从本社举之，司县察之，以闻于上司，岁终则稽其事；或有游惰之人，亦从本社训之，不听，则以闻于官而别征他役：此深得古先圣人化民成俗之意”，但在广阔的国土上，“田野未尽辟，仓廪未尽实，游惰之民，未尽归农”，究其原因，便是国家在劝助农桑方面的工作仍停留在表面上，“上之人作无益以防农事，敛无度以困民力，般乐怠傲，不能以身率先于下”，所任官吏虽“以‘劝农’署衔”，但

---

① （元）王祯：《王祯农书》，上海古籍出版社2008年版，第25页。

“农作之事，已犹未知”，又“借曰‘劝农’，比及命驾出郊，先为移文，使各社各乡，预相告报，期会赍敛，只为烦扰耳”，“徒示之以虚文，而未施之以实政”。因此，王祯《农书》，尤其是在《农桑通诀》部分反复申说官府对农桑工作应该“加实意、行实惠、验实事、课实功”，在政策制定层面，“更其宿弊，均其惠利，但具为教条，使相勉励，不期化而自化矣”[①]。

关于农桑之用，王祯深有感触：“农，天下之大本也”，“农桑，衣食之本”，“一夫不耕，或授之饥；一女不织，或授之寒；乃若一夫耕，众人坐而食之，欲民之无饥，不可得也。一女蚕，众人坐而衣之，欲民之无寒，不可得也”[②]。王祯的《农书》概括了中华文明存在和发展的物质基础，历朝历代，上至官府，下至平民，都十分重视农业生产技术经验的总结和推广。

四　《农政全书》——以农为本，突出农政

明清之际，是封建社会大动荡时代，阶级矛盾、民族矛盾尖锐复杂。专制统治腐朽，吏治腐败，商品经济发展，“民既厌农，天下趋商”。基于此，徐光启提出当政者应从思想上认识到农业的重要性，朝廷必须有“司农之官，教农之法，劝农之政，忧农之心”。但“唐宋以来，国不设农官，官不庀农政，士不言农学，民不专农业，弊也久矣”。是以，轻视农业生产致使明末时期农业发展艰难。徐光启以“富国必以本业，强国必以正兵”为要，将《农本》三卷位于书首，其中《经史典故》引经据典地阐明农业是立国之本；《诸家杂论》是引诸子百家的言论证明农业的重要性；并收冯应京的《国朝重农考》，借明朝历代皇帝的农业政策和措施，告诫当时的皇帝和官吏应重视农业生产和农业生产者，将本书的农业提高到富国、治国的高度。

徐光启重视农事农学，常言：“至于农事，尤所用心。盖以为生民率育之源，国家富强之本。”[③]《农政全书》相较于王祯《农书》《齐民要

---

① 刘启振、王思明：《崇本尚利：从三部农书管窥元代重农营农思想》，《山东农业大学学报》（社会科学版）2015 年第 1 期。

② （元）王祯撰，缪启愉、缪桂龙译注：《东鲁王氏农书译注》，上海古籍出版社 2008 年版。

③ （明）徐光启撰，陈焕良、罗文华注解：《农政全书》（上册），岳麓书社 2002 年版，第 17 页。

术》，最突出的特色即着眼于“农政”其非唯治农工，而论农政，农事制度。①“明代共历二百七十六年，而灾害之烦，则竟达一千零十一次之多”。明朝自然灾害频发，农业减产，百姓受苦，是以徐光启越发重视荒政思想。全书用18卷，25余万言以详明徐光启之荒政思想，占全书内容之1/3。徐光启以为备荒、救荒要以“预弭为上，有备为中，赈济为下”。所谓“预弭”即“浚河筑堤，宽民力，祛民害”②，重视农业灌溉与排水，“即今水患稍弭，人无垫溺之忧田有丰稔之望”③。“有备”即“尚蓄积，禁奢侈，设常平，通商贾”，提倡在丰年之时进行蓄积，不仅是蓄积粮食，更是蓄积民力，安定民生；禁止奢侈，崇尚节俭，在大力发展生产的基础上能够做到“有备”，而非挥霍浪费。“赈济”即“给米煮糜，计户而救”④。徐光启曾亲尝各种植物，并将其记录于书中，书言：“余所经尝者：木，独榆可食。枯木叶，独槐可食且嘉味。在地下则燕莒、铁荸皆甘可食；在水中，则藕、菰米；在山问，则黄精、山茨菇、蕨、苎、薯、萱之属尤众；草实，则野稗、黄茴、蓬蒿、苍耳，皆谷类也，又南北山中，橡实甚多，可淘粉食，能厚肠，令人肥健不饥。”⑤

《农政全书》可以大致分为农政措施和农政技术两个方面，并且基本上概括了古代农业生产和人民生活的各个方面，作者徐光启根据多年从事农书试验的经验，极大地丰富了古农书的农业技术内容（见表7.1）。

表7.1　　四大农书特点及地位汇总

时间	作者	成就	世界地位	特点
西汉	氾胜子	《氾胜之书》	是中国最早的一部农书	推广先进的农业科学技术作为发展农业的重要途径

① 邓云特：《中国救荒史》，商务印书馆1993年版，第5页。

② （明）徐光启撰，石声汉校注：《农政全书校注·水利·东南水利（中）》，（台北）明文书局股份有限公司1981年版，第399页。

③ （明）徐光启撰，石声汉校注：《农政全书校注》，上海古籍出版社1985年版，第4页。

④ （明）徐光启撰，石声汉校注：《农政全书校注·水利·东南水利（中）》，（台北）明文书局股份有限公司1981年版，第399页。

⑤ （明）徐光启撰，陈焕良、罗文华注解：《农政全书》（上册），岳麓书社2002年版，第391页。

续表

时间	作者	成就	世界地位	特点
南北朝	贾思勰	《齐民要术》	是世界上最早、最具价值的名著，是一部综合性农书，也是世界农学历史上最早的专著，是中国现存的最完整的农书	总结前人经验，自己亲自实践体验，总结涉及面极广
元朝	王祯	《农书》	是中国历史上第一部真正意义上的兼论南北的全国性农书	将农具列为综合性农书的重要组成部分
明朝	徐光启	《农政全书》	达到了传统农业科学的顶峰	基本上囊括了古代农业生产和人民生活的各个方面，同时贯穿着徐光启的治国治民的“农政”思想

第二节　以“三才”思想为编辑指导思想的发展过程

人与天、地、万物的和谐统一是自古便被各个学派所肯定的。所谓“三才”思想就是要求人与天、地、万物和谐共存。“三才”思想不仅最早出现于农家学派的学说中，其作为宇宙观与方法论，是古代儒、道、法、名、墨等各家学派所共有的思想理念。农学者认为，“三才”思想是在人类长期从事农业生产实践中逐渐形成的，它在形成后又反过来推动和促进我国传统农业科学技术的发展。[①] 这就充分表明了“三才”思想的形成与发展与农学有着密切的关系。“三才”思想作为农业

① 李根蟠：《从“三才”理论看中国传统农学的特点》，《华夏文明与传世藏书——中国国际汉学研讨会论文集》，中国社会科学出版社 1996 年版。

生产的指导思想早在先秦时期就已被确立，经过后世农学专家对其内涵的不断升华与发展，“三才”思想最终成为中国传统农学的核心思想，也成为古代农书编辑过程中的指导思想。综观农业“三才”思想的发展过程，其经历了由强调“人地关系”逐步发展为强调“人天关系”的过程。

根据笔者对古代农书编辑的系统研究，认为“三才”思想作为编辑指导思想的发展过程，从“人天关系”和“人地关系”的发展来看，经历了从先秦时期的“时至而作，渴时而止”，到魏晋时期的“顺天时，量地利”，再到宋朝的“盗天地之时利”，及至元朝发展为“人与天合：存乎其人”，最后到明清时期便形成了能充分反映人的主观能动性的“力足以胜天”（其发展过程参阅图 7.1）。这一过程反映了“三才”思想的发展与成熟，人们从对天的过分依赖，转变为积极主动地干预自然界，充分体现了人作为农业活动主体的能动作用，这也是中国古代农书所体现的重要思想成果。

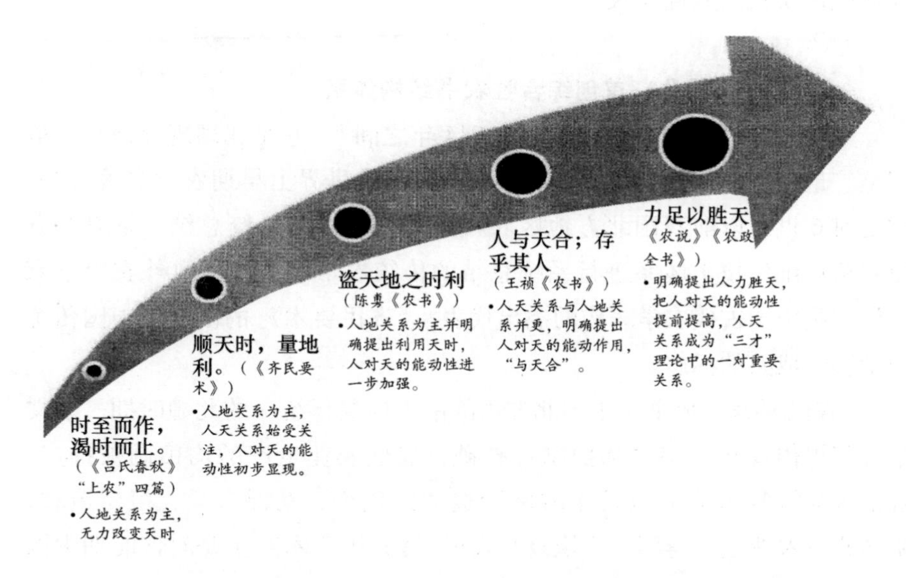

图 7.1 “三才”思想中“人天关系”与“人地关系”的演进①

① 熊帝兵：《中国古代农家文化研究》，博士学位论文，南京农业大学，2010 年。

第三节 大型综合性农书结构体系不断完善

中国古代农书每一个发展阶段最具代表性、传播影响最高的农学著作，基本上都是大型综合性农书。大型综合性农书是构成中国古代农书的基本核心部分，它们体系严谨、内容丰富，同时把各项农事活动归纳为一定体系，并分门别类地详加论述，可称为全书型或知识大全型农书，它们是农业生产与社会经济发展到一定程度的产物。而大型综合性农书结构体系的不断发展完善也是农书编辑工作不断进步的具体表现。大型综合性农书在其资料的取舍、叙述先后的安排上，都与其篇章结构体系的布局与安排有着密切的关系。一般情况下，农书篇章结构体系以及资料来源、取材标准等都会在该著作的序、跋或凡例中加以论述和交代。

本书从农书历史演进过程中出现的具有代表性意义的大型综合性农书入手，挖掘、归纳出大型综合性农书结构体系编辑的演变过程及其对农业生产实践的共性反映。

一 《齐民要术》首创综合性农书结构体系

《齐民要术》大概成书于533—544年之间①，它是我国现存最早、最完整、最系统的古代农业科学著作，同时也是世界上早期农学名著之一。它是对6世纪以前我国北方地区农牧业生产技术的系统总结，是对北方旱农精耕细作技术体系进行系统总结的传统农学经典，国内外农史学家公认它是中国古代农学著作的杰出代表，《齐民要术》的出现是中国传统农学臻于成熟的标志。

《齐民要术》成书于中国北方由战乱走向局部统一的北魏时期，孝文帝改革提倡汉化，宗主都护制被打破，提倡农业生产的均田制被推广，统治者为恢复黄河流域长年战乱所造成的创伤，劝课农桑、植树造林，中国北方农业生产得到全面恢复与发展。《齐民要术》正是对该时期中国北方农业的系统总结。

《齐民要术》是我国现存最早最完整的大型综合性农书，全书11.5

---

① 梁加勉：《有关〈齐民要术〉若干问题的再探讨》，农业出版社1982年版。

万余字，共10卷92篇，该书以卷分类，卷下设篇，以类相从，卷断而篇连。卷一为耕田、收种、种谷三篇；卷二，豆、麻、瓜、芋等十三篇；卷三，种葵、蔓菁等各论十二篇；卷四，园篱、栽树（园艺总论）各一篇及果树十二篇；卷五，栽桑养蚕、伐木各一篇，竹、榆、白杨及染料作物等十篇；卷六，畜牧、家禽及养鱼六篇；卷七，货殖、涂瓮（酿造总论）各一篇及酸造四篇；卷八、九，酱、醋酿造，乳酪、食品烹调和存储二十二篇，又煮胶、擎墨各一篇；卷十，五谷果蓏菜茹非中团物产者一篇，以备利用。总观之，前五卷为种植业，第六卷为畜牧业，第七卷至第九卷为农副产品，第十卷为“非中国物产者”，涵盖农、林、牧、渔、副各面，均为“资生之道”也。农林、畜牧、农副产品铺排层层递进，以关乎百姓日化为据，农林为本，再为畜牧，农副产品加工为辅，内容占比亦如此。观卷下篇，各有侧重，如卷一耕田、收种、种谷三篇，耕田为重；卷六牛、马、羊、猪等，养马为重，详至相马、护马。全书篇章结构基本一致、层次分明、结构严谨、内容丰富、自成一体。

《齐民要术》对6世纪以前中国古代黄河流域积累近千年的农学知识进行了系统性总结，特别是保存了汉代以铁犁牛耕为核心的农业技术知识，并对北方旱地农业新出现的技术、经验予以归纳总结。《齐民要术》的出现标志着中国北方旱地农业技术已经成熟，在其问世后的一千多年中，北方旱地农业耕作技术基本上都在《齐民要术》所总结的范围之内，再无“质”的飞跃，为后世农书编辑开辟了可以遵循的途径。

二　陈旉《农书》编辑体系结构更趋完整

陈旉《农书》是首部系统论述中国南方地区汉族农事的综合性农书。其前代农书多是对北方黄河流域汉族农业经验的总结，该书为第一部反映南方水田农事的专著。陈旉《农书》成书的时代，正值中国经济重心南移基本完成，江南“泽农”逐渐取代北方“旱农”，成为中国主要经济来源的两宋时期。江南地区气温较高，无霜期较长，雨水较多，相对湿度较大，地下水位一般较高；加之地形复杂，河流湖泊密布，港汊纵横，黄河流域的农业经营方式不再适用，前代反映北方“旱农”生产情况的农书显然不能满足当时的农业生产实践。陈旉《农书》正是对江南地区农业生产实践的具体反映和系统总结。

陈旉《农书》全书3卷，22篇，1.2万余字。上卷论述农田经营管理和水稻栽培，是全书重点所在；中卷叙说养牛和牛医；下卷阐述栽桑和养蚕。陈旉《农书》对完整的农学体系的追求，主要反映在对上卷内容与篇次的安排上。上卷以“十二宜”为篇名，篇与篇之间，互有联系，有一定的内容与顺序，从而构成了一个完整的整体。“十二宜”的内容为：（1）财力，生产经营规模要和财力、人力相称；（2）地势，农田基本建设要与地势相宜；（3）耕耨，整地中耕要与地形地势相宜；（4）天时，农事安排要与节气相宜；（5）六种，作物生产要与月令相宜；（6）居处，生产和生活须统筹规划；（7）粪田，用粪种类与土壤性质相宜；（8）薅耘，中耕除草，必须因时因地（势）制宜；（9）节用，消费要与生产相宜；（10）稽功，赏罚与勤惰相宜；（11）器用，物质准备要与生产相宜；（12）念虑，精神准备与生产相宜。陈旉《农书》从内容到体裁都突破了先前农书的樊篱，开创了一种新的农学体系。上述十二“宜”“祈报”和“善其根苗”两篇所论的内容构成一个完整的有机体。

陈旉《农书》对江南农业生产实践的详细论述，反映了中国古代汉族农业科学技术到宋代已经发展到了新的水平。但由于作者对黄河流域一带北方生产并不熟悉，因此把《齐民要术》等农书，讥为“空言”“迂疏不适用”，则是他思想和实践局限性的反映。

三 王祯《农书》类分系属结构明确

王祯《农书》完成于1313年，在中国古代汉族农学遗产中占有重要地位，是首部兼论中国南、北方汉族农业技术与交流的综合性整体农书。元朝的统一结束了自五代十国以来南北对峙的局面，政治上的统一，使王祯能在前人著作基础上，第一次对全国范围内的广义农业生产知识作出较全面系统的论述，并提出中国农学的传统体系。

全书正文共计37集，371目，约13万字。分《农桑通诀》《百谷谱》和《农器图谱》三大部分，最后所附《杂录》包括了两篇与农业生产关系不大的“法制长生屋”和“造活字印书法”。

从该书编辑的整体性和系统性来看，《农书》也超过《齐民要术》。《齐民要术》还没有明确的总论概念，属于这方面的内容只有《耕田》和《收种》两篇。而王祯《农书》中的《农桑通诀》则相当于农业总论，首先对农业、牛耕、养蚕的历史渊源作了概述；其次以“授时”“地利”两篇来论述农业生产根本关键所在的时宜、地宜问题；再次以从“垦耕”到“收获”等7篇来论述开垦、土壤、耕种、施肥、水利灌溉、田间管理和收获等农业操作的共同基本原则和措施。《百谷谱》很像栽培各论，先将农作物分成若干属（类），然后一一列举各属（类）的具体作物。分类虽不尽科学，更不能与现代分类相比，但已具有农作物分类学的雏形，比起《齐民要术》尚无明确的分类要进步。《农器图谱》是全书重点所在，插图306幅，计20集，分为20门，261目。另外，在《农桑通诀》《百谷谱》《农器图谱》三大部分之间，也相互照顾和注意各部分的内部联系。《百谷谱》论述各个作物的生产程序时就很注意它们之间的内在联系。《农器图谱》介绍农器的历史形制以及在生产中的作用和效率时，又常常涉及《农桑通诀》和《百谷谱》。同时根据南北地区和条件的不同，分别加以对待。既照顾了一般，又注重了特殊。

四　《农政全书》篇章结构庞大系统

《农政全书》是中国古代农书发展的又一座里程碑。其在吸取前代农书精华的基础上，大胆引进西方先进科学知识，是明代西学东渐大背景下对西方农业科学知识引进的一次大胆尝试。《农政全书》兼顾中国北方旱地与南方水田，是一部适用于指导全国农业生产实践的大型综合性农书，比中国历代大型综合性农书结构都更为系统庞大，是中国古代大型综合性农书的巅峰之作。

《农政全书》开篇“引经据典”阐述农业是国家之本，再以“诸家杂论”阐明农业从古至今都是国家之重，以此引起统治者的重视。《农政全书》与《齐民要术》、王祯《农书》那样纯技术性的农书不同，其在总结农业技术的基础上更强调“农政”。

《农政全书》共70余万字，60卷12大类，书前有凡例23则，分为总论和分论两部分。农本、田制、农事、水利、农器属于《农政全书》体系中的总论部分。首先，总论中“农本”部分从思想上确立和强调了农业生产在国计民生中的重要地位。其中，“经史典故”引经据典阐明农业为立国之本，讲明农业的重要性；“诸家杂论”引诸子百家之言来证明古来以农为重；收录冯应京《国朝重农考》，其意亦在“重农”①。其次，依次对农业生产和经济活动所赖以维持的四个基本要素进行详细论述。树艺、蚕桑、蚕桑广类、种植、牧养、制造、荒政属于分论部分。不同的农业部门分门别类进行针对性的详细阐述，便于读者查找。

《农政全书》的内容设置：一至三卷为农本；四至五卷为田制；六至十一卷为农事；十二至二十卷为水利；二十一至二十四卷为农器；二十五至三十卷为树艺；三十一至三十四卷为桑蚕；三十五至三十六卷为桑蚕广类；三十七至四十卷为种植；四十一卷为牧养；四十二卷为制造；四十三至六十卷为荒政。

全书采取“总—分”结构，类有类名，卷设专名。读者在浏览全书的目录时不仅可以了解到每一卷的编号，还可以通过类名、卷名迅速直观地区分内容，便于查阅，同时降低了阅读难度，有利于《农政全书》的传播。

《农政全书》既是中国古代传统农学知识的系统总结，又是中国古代农书西学东渐的开始，《农政全书》收录了熊三拔口译、徐光启笔录的《泰西水法》，可视为我国古代农书向现代农书转型的起点。

五　《授时通考》结构体系规范系统

《授时通考》是清乾隆年间，由朝廷词臣组织编写的中国历史上最后一部大型综合性官修农书。以收录历代农学文献经典为主，编撰过程历时 5 年，是我国传统大型综合性农书的绝唱。

全书共 78 卷，计 98 万字，篇章结构按照天时、土宜、谷种、功作、劝课、蓄聚、农余和蚕桑 8 门依次序展开。8 门又细分为 66 目，每一门均由“汇考”（即汇总考证历代的有关文献）和“分目”（即征引历代农学文献中相关的生产经验和诏令等）组成。其中，天时、土宜、谷种为其主体部分。《授时通考》虽体系结构规范，体量庞大，但基本属于对中国历代农业文献的一次官方汇总，较《农政全书》而言，并无实质性的突破，承古有余、创新不足。

鸦片战争以后，随着西方文化强势侵入，中国传统农业在以实验科

---

① 夏菁：《〈农政全书〉的编辑特色研究》，硕士学位论文，华中农业大学，2017 年。

学为基础的西方现代农业面前，遭到了毁灭性打击，同时宣告了中国传统农业的终结。作为中国传统农业文化的载体，大型综合性农书的编撰自《授时通考》后完全中断，中国古代农书也必将走上向现代农书转型的涅槃之路。

六　大型综合性农书篇章结构

通过前面相关内容的具体论述，在此对大型综合性农书结构体系的发展进行归纳总结（见表7.2）。

表7.2　　大型综合性农书篇章结构

书名	篇章结构	涉及农业的内容	字数
《齐民要术》（北魏）	10卷92篇（每卷前有目录）	农艺、园艺、蚕桑、畜牧、造林、兽医、配种、酿造、烹饪、储备以及治荒（主要论述北方农业）	10万字左右
陈旉《农书》（南宋）	分上、中、下三卷。上卷分量最大（占全书的大半）；中卷3篇；下卷5篇	上卷：水稻；中卷：水牛；下卷：蚕桑（主要论述南方农业）	1万多字
《农桑辑要》（元代）	共计7卷10门，开篇首设“典训”专卷，蚕桑部分较为突出，占全书1/3篇幅	典训、耕垦播种、栽桑、养蚕、瓜菜果实、竹木药草、孳畜、禽鱼、加工制造	6.5万字
王祯《农书》（元代）	由《农桑通诀》（6集19篇）、《百谷谱》（11集11篇）及《农器图谱》（20集）三个部分组成，共37卷371目	农具（占全书2/3篇幅）、粮食作物、蚕桑、畜牧、园艺、林业、渔业（涉及南北农业）	13.6万字
《农政全书》（明代）	60卷12大类，书前有凡例23则	农本3卷、田制2卷、农事6卷、水利9卷、农器4卷、树艺6卷、蚕桑4卷、蚕桑广类2卷、种植4卷、牧养1卷、制造1卷、荒政18卷（纯技术性农书）	70余万字
《授时通考》（清代）	共78卷，依次分为8门，8门又细分为66目	天时、土宜、谷种（前三种占主体地位）、功作、劝课、蓄聚、农余、农桑	98万字

第四节 综合性农书文献征引广博详尽

中国古代大型综合性农书在文献征引时，大多力求详尽规范，而直接从生产中总结的第一手资料相对较少，有些农书就是关于历代农业典籍的资料汇编。在文献征引取舍标准上及引文的校勘处理上，几部具有代表性的大型综合性农书也是有一些差异的，之所以出现征引上的差异，归根结底是它们编辑目的和实际用途不同。笔者通过对几部具有代表性的大型综合性农书的系统爬梳，按照时间先后顺序对其在文献征引方面存在的差异予以归纳总结。

一 《齐民要术》开创了中国古代农书收集历史文献资料的先河

《齐民要术》成书的魏晋南北朝时期，虽社会动荡、战乱频仍，然重农思想在这乱世之秋更为人们所重视，同时由于铁犁牛耕这种先进的农业生产方式在黄河流域的普及，使得该时期农业生产力并没有倒退，农业生产工具仍在进一步发展，农业生产的内容更加丰富。贾思勰，在魏晋南北朝动乱时局下，不受当时玄学空谈之风影响，坚持以农为本的理念，收集整理历代以及当时农业生产知识，亲自参加农牧业生产实践，以期改善人民的生活，向广大劳动人民传授农业生产技术，《齐民要术》在编辑过程中的文献征引都是围绕这一原则进行的。

据贾思勰在自序中所言“采捃经传，爰及歌谣，询之老成，验之行事”，其取材既有对前代农学经典的引用，又有自身对农业生产实践经验的总结，充分做到了理论联系实际，既有继承又有发展。“采捃经传”就是从历史文献中广泛收集有关农业科技知识的材料。贾思勰非常重视征引古农书以及与其同时代的有关农学的文字记录，开创了中国古代农书系统收集历史文献资料的先河，这种做法也为后世农书编辑提供了方法借鉴。书中援引古籍或当时著作200余种，据近人胡立初考证：其中包括经部30种（实际为37种）、史部65种、子部41种、集部19种，共计155种（实际为162种）。而且对所引的每一句话都标明出处，《齐民要术》以严谨负责的态度对古代经典文献进行征引，不随意篡改，较好地保存了古代经典文献的原貌，这就为古代经典文献的考据提供了可靠的佐证。由于《齐民要术》

的广征博引，使今已散佚的古代农书如《氾胜之书》《四民月令》等得以保存至今，为后人留下了珍贵的农业文化遗产；“爰及歌谣”就是引用农者在农业生产实践中所形成的农谚俚语。农谚具有生动活泼、言简意赅、容易流传的特点，作者对其非常重视，全书共引农谚30余条，使得其农业技术与理论更易被广大劳动人民所接受；“询之老成”是作者向有农业生产经验的人请教，请教的人中既有田野间的老农，也有善于总结农业生产经验的知识分子；“验之行事”就是作者深入农业生产第一线进行细致的调查与研究，从而达到对前人农业结论的验证。这四个方面共同构成了《齐民要术》编辑时取材的基本原则，从而做到了理论与实际相结合。

二 《农桑辑要》文献征引详而不芜、简而有要

《农桑辑要》是元朝初年由司农司编纂的大型综合性农书，其目的是指导黄河中下游的农业生产。《农桑辑要》编辑时期，元朝尚未完成全国的统一，黄河流域战乱频仍，农业生产遭到严重破坏，该书刊行的目的是指导农业的恢复生产。它是中国历史上现存的首部官修农书。由于官修农书的编辑者多为高级知识分子，因此在文献征引方面可以做到“详而不芜、简而有要”。

《四库全书提要》曾记载：“以《齐民要术》为蓝本，芟除其浮文琐事，而杂采他书以附益之，详而不芜，简而有要，于农家之中，最为善本。当时著为功令，亦非漫然矣。”从全书的布局来看，《农桑辑要》基本上继承了《齐民要术》的内容，据粗略统计，《农桑辑要》所引《齐民要术》的内容，有2万多字，约占全书的39%，占所引农书的第一位，《农桑辑要》所省略的只是《齐民要术》中的食品和烹调部分。[①] 书中所引用的资料占总篇幅的93%，而其中57%是现今已经亡佚失传的农书，如元朝初年几部以黄河流域农业生产为对象的农书，《韩氏直说》《务本新书》等精彩的部分，就是靠它的引证而被后人所知。石声汉先生曾对《农桑辑要》的文献征引进行过数据统计分析，全书共计10篇，首篇为典训篇，主要论述了重农思想。其后的9篇均为记载有关农业技术知识的资料汇总，共计572条，并一一对其出处作了分析说明。

---

① 董恺忱、范楚玉：《中国科学技术史·农学卷》，科学出版社2000年版，第457页。

《农桑辑要》“新添”资料并不是很多，全书大部分的资料均是“博采经史诸子”，承袭了过去几部重要的农书资料。征引了《氾胜之书》《四民月令》《齐民要术》《四时纂要》中所有有用的资料，还征引了《琐碎录》《博文录》《岁时广记》《士农必用》等宋金时期的农书。由于这些农书现大多已失传，而只有通过《农桑辑要》的辑录，才能部分地了解其中的一些内容，因此，本书在客观上起到了保留和传播古代农业科学技术的作用。

《农桑辑要》并没有引用陈旉《农书》的资料，因为元朝境内，用水牛和种水稻的地方非常有限，陈旉《农书》中记载的南方耕作技术与经验对当时的农田耕作并不具有借鉴的意义。《农桑辑要》所引用的资料，一律标明出处，这一点，它很好地继承了《齐民要术》的优良传统。同时，《农桑辑要》中的各项文献都严格地按照时间顺序予以排列，使读者能够方便地掌握从北宋到元朝初年这一期间内，各种农业技术知识的演进过程及出现过的各种农书。

《农桑辑要》在征引文献的过程中，虽大量征引前代农书，却能去粗取精，吸收其优秀农业文化，摒弃训诂等迷信学说。除了征引经典古农书的文献资源外，编辑者自己的见解与看法，均用“新添”标示出来。《农桑辑要》是对历代经典农学著作的继承与发展，在黄河流域旱地精耕细作技术与桑蚕养殖方面均有所建树。由于棉花的传入，书中对以棉花为代表的经济作物的栽培技术十分看重，实用性特别强。

三 《农政全书》文献征引有的放矢，并以“评注”方式进行升华

《农政全书》作者是明代著名政治家、农学家徐光启。徐光启作为中国历史上一流的科学家，他在壮年之后，主要潜心致力于各种自然科学。在继承中国古代固有的科学知识的同时，对西方近代自然科学也多有涉猎，并通过自己的努力，较系统地把近代西方科学知识介绍到中国。因此，《农政全书》在文献征引方面，更加注重材料的准确性，并以“评注”方式对所征引文献进行科学分析。

徐光启在编辑《农政全书》时，尽可能多地收编前代农学家及时贤有关方面的文献资料，共计征引文献 229 种[①]，比《齐民要术》和王祯

① 石声汉：《石声汉农史论文集》，中华书局 2006 年版，第 396 页。

《农书》征引文献的数量要多很多。其中全部按照原书的顺序予以录入，有徐贞明的《潞水客谈》、马一龙的《农说》、朱橚的《救荒本草》、王磐的《野菜谱》及熊三拔的《泰西水法》五种农书，其他如《齐民要术》及《农桑辑要》等则是分散引用其中的相关部分。《农政全书》不仅是文献的汇编，作者徐光启作为著名的科学家、农学家，他的摘编不是无的放矢、良莠不分的，而是在取其精华的同时，又以评注的形式，来阐发自己的见解，或者是匡其不逮，或者是借题发挥。除了摘编加评注外，还把自己在农业和水利方面独到的研究成果以及有关译述编入。据考证，徐光启在编辑《农政全书》中，不仅大量征引古代农业文献，而且本人以“评注”的方式共编写 6.14 万余言，占全书篇幅的 11% 以上，这就完全与文献汇编类书籍区别开来了。徐光启还非常重视亲自试验，不满足于道听途说得来的东西。他在《壅粪规则》中写道：“天津海河上人云：‘灰上田惹碱’。吾始不信，近韩景伯庄上云：‘用之菜畦种中果不妙’，吾犹未信也。必亲身再三试之，乃可信耳。”这是非常宝贵的科学思想。又如当徐光启听到闽越一带有甘薯的消息后，便从莆田引来薯种试种，并取得成功。随后便根据自己的经验，写下了详细的生产指导书《甘薯疏》，用以推广甘薯种植，用来备荒。后来又经过整理，收入《农政全书》。甘薯如此，对于其他一切新引入、新驯化栽培的作物，无论是粮、油、纤维，也都详尽地收集了栽种、加工技术知识，精彩程度不下棉花和甘薯。《农政全书》成了一部名副其实的农业百科全书。

四　《授时通考》文献征引丰富、翔实、严谨

《授时通考》是由清代乾隆皇帝组织内廷词臣编辑的一部官修大型综合性农书。其编辑的主要目的，是这位号称“十全武功”的皇帝效法其祖父，昭告天下“圣天子效法尧舜”。编辑者多为内廷词臣，掌握大量古籍文献，因此该书在文献征引方面，内容丰富、翔实、严谨，引用书籍总数有 553 种之多，标榜 3000 多条索引文献“无一字无出处”。它以我国浩如烟海的经典古籍、古代农学文献为资料来源，系统总结了我国几千年来农业生产与农业科技所积累的农学科技知识，被称为“中国古代农学百科全书”。

由鄂尔泰、张廷玉奉旨率词臣 40 余人编撰的《授时通考》是靠文献

征引汇纂成书的，它征引文献有3575条之多，共征引经、史、子、集农书、方志等各种古籍553种（具体征引情况详见表7.3），插图512幅。《授时通考》是以中央为主导，倾全国之力对中国历代农业文献进行收集、整理，并由精英知识分子按照历史顺序对其进行分门别类、有条有理地编排，其以辑录文献之详备，兼采历代著名农书之长超胜前代。该书在文献征引取舍上是服从于全书的主旨、主题的，虽然征引繁多，但每条引文都详细注明来源。

《授时通考》是古代农书中征引文献最多的一部。其体例严谨，每一处征引都注明出处，查阅检索十分方便。

五　大型综合性农书文献征引汇总表

通过以上内容的梳理、归类，现将中国古代大型综合性农书的文献、插图征引予以总结（见表7.3）。

表7.3　　大型综合性农书文献征引汇总①

书名	文献征引数目	典籍来源	插图
《齐民要术》	数据不详	共计160余种，主要来自：《氾胜之书》《四民月令》《孟子》《史记》《汉书》《诗经》《尔雅》《说文》《毛诗草木疏》《山海经》《博物志》等	无
《农桑辑要》	572条	具体数据不详，主要来自：《齐民要术》《务本新书》《士农必用》《四时纂要》《博闻录》《韩氏直说》《农桑要旨》《蚕经》《野语》《图经本草》《岁时广记》《种时直说》《桑蚕直说》《陈志弘》等农学著作	306幅

① 因陈旉《农书》所载材料，大部分是经过作者亲身实践及在生活中当时口传所得，所以在文献征引部分不再予以总结；王祯《农书》所引文献差误较多，有的不标出处、有的张冠李戴、有的断章取义或以偏概全，虽瑕不掩瑜，并不影响本书的历史价值，但在文献征引总结部分也不予归纳分析。

续表

书名	文献征引数目	典籍来源	插图
《农政全书》	具体数据不详	229 种	具体数据不详
《授时通考》	3575 条	553 种	521 幅

综上所述，中国古代大型综合性农书的文献征引与编排，均是遵循编辑者的编辑意图和目的。《齐民要术》《农政全书》其编辑目的是直接指导农业生产，它们所征引的文献及其编排更贴近农业生产实际，对农业生产具有现实的指导作用；《农桑辑要》《授时通考》等官修大型综合性农书，其编辑目的除直接指导农业生产外，还有彰显统治者“文治武功”的政治色彩，因此在文献征引方面更注重征引数量及征引的规范与准确性。

结　语

本书通过编辑学、农学、历史学、哲学、文献学等知识的运用，分析了古代农书发展的四个阶段，以及各个发展阶段的政治、经济、文化、科技、农业政策等方面对古代农书编辑实践发展的推动作用，同时总结出各个发展阶段古代农书编辑实践的特点，并从编辑学角度详细、系统地分析了各阶段的代表性农书的篇章体系、内容、文献征引等编辑学内容。最后，从整体上对中国古代农书的编辑实践发展过程进行了归纳分析。通过分析论述，更加深刻地感悟到中华民族优秀的农书文化。同时，通过对中国古代农书编辑实践活动的分析与总结，对于指导我们现代农业科技图书的编辑出版工作也具有重要的指引作用。本研究基本达到了预期目标，但由于时间紧迫，在农书编辑实践的系统总结方面、对外的传播互动方面及农书的专题研究方面还显不足，后期还会不断完善，完成预期目标。

参考文献

专著类：

（春秋）管仲：《管子集校》，郭沫若等校注，科学出版社 1956 年版。

（战国）吕不韦：《吕氏春秋·诸子集成第六册》，中华书局 1956 年版。

（战国）吕不韦：《吕氏春秋》（插图本），凤凰出版社 2013 年版。

（战国）孟子：《孟子》，东篱子译注，时代华文书局 2014 年版。

（西汉）氾胜之：《氾胜之书辑释》，万国鼎辑释，农业出版社 1952 年版。

（西汉）氾胜之：《氾胜之书今释》，石声汉释，科学出版社 1956 年版。

（西汉）刘安：《淮南子·诸子集成第七册》，中华书局 1956 年版。

（西汉）司马迁：《史记》，中华书局 1982 年版。

（西汉）司马迁：《史记》，时代华文书局 2014 年版。

（东汉）班固：《汉书》，中华书局 1978 年版。

（东汉）班固：《汉书艺文志序译注》，中州古籍出版社 1990 年版。

（东汉）班固：《汉书》，团结出版社 1996 年版。

（东汉）崔寔：《四民月令校注》，石声汉校注，中华书局 1965 年版。

（东汉）崔寔：《四民月令辑释》，缪启愉辑释，农业出版社 1981 年版。

（北魏）贾思勰：《齐民要术今释》，石声汉校释，科学出版社 1957 年版。

（北魏）贾思勰：《齐民要术校释》，缪启愉校释，农业出版社 1982 年版。

（唐）韩鄂：《四时纂要校释》，缪启愉校释，农业出版社 1981 年版。

（唐）李世民：《帝智：李世民成就霸业十大权术》，博文编译，内蒙古人民出版社 2002 年版。

（南宋）陈旉：《陈旉农书集注》，农业出版社 1965 年版。

（元）大司农司：《农桑辑要校注》，石声汉校注，农业出版社 1982 年版。
（元）鲁明善：《农桑衣食撮要》，王毓瑚校注，农业出版社 1962 年整理本。
（元）王祯：《王祯农书》，王毓瑚校，农业出版社 1981 年版。
（明）徐光启：《农政全书校注》，石声汉校注，上海古籍出版社 1979 年版。
（清）鄂尔泰：《授时通考》，农业出版社 1991 年整理本。
（清）鄂尔泰、张廷玉等：《授时通考校注》，马宗申校注，姜羲安参校，农业出版社 1991 年版。
（清）纪昀：《四库全书总目提要》，河北人民出版社 2000 年版。
（清）张履祥辑补：《补农书校释》，陈恒力校释，王达参校增订，农业出版社 1983 年版。
曹之：《中国古籍编辑史》，武汉大学出版社 1999 年版。
陈志坚：《诸子集成》（第三册），北京燕山出版社 2008 年版。
董恺忱、范楚玉：《中国科学技术史 · 农学卷》，科学出版社 2000 年版。
冯天瑜、何晓明、周积明：《中华文化史》，上海人民出版社 1990 年版。
郭穆庸：《四书经纬》，九州出版社 2010 年版。
郭文韬：《中国传统农业思想研究》，中国农业科技出版社 2010 年版。
国风：《中国农业的历史源流》，经济科学出版社 2006 年版。
黄世瑞：《中国古代科学技术史纲——农学卷》，辽宁教育出版社 1997 年版。
惠富平：《史记与中国农业》，陕西人民教育出版社 2000 年版。
惠富平：《中国传统农业生态文化》，中国农业科学技术出版社 2014 年版。
姜聿华、宫齐：《中国文化述论》，广东教育出版社 2014 年版。
邝士元：《中国经世史 · 国史论衡系列》，生活 · 读书 · 新知三联书店 2013 年版。
梁家勉：《徐光启年谱》，上海古籍出版社 1981 年版。
梁家勉：《中国农业科学技术史稿》，农业出版社 1989 年版。
罗紫初：《出版学基础研究》，山西人民出版社 2005 年版。
缪启愉：《陈旉农书选读》，农业出版社 1981 年版。

缪启愉、缪桂龙:《齐民要术译注》,古籍出版社 2006 年版。
倪根金:《梁家勉农史文集》,中国农业出版社 2002 年版。
石声汉:《从〈齐民要术〉看中国古代的农业科学知识》,科学出版社 1957 年版。
石声汉:《辑徐衷南方草物状》,农业出版社 1990 年版。
石声汉:《两汉农书选读》,农业出版社 1962 年版。
石声汉:《石声汉农史论文集》,中华书局 2008 年版。
石声汉:《中国古代农书评介》,农业出版社 1980 年版。
石声汉:《中国农学遗产要略》,农业出版社 1981 年版。
石声汉、康成懿:《便民图纂校注》,农业出版社 1959 年版。
史念海:《中国国家历史地理·史念海全集》第六卷,人民出版社 2013 年版。
唐长孺:《魏晋南北朝隋唐史三论》(第 2 版),武汉大学出版社 2013 年版。
唐任伍:《中外经济思想比较研究》,陕西人民出版社 1996 年版。
王毓瑚:《先秦农家言四篇别释》,农业出版社 1981 年版。
王毓瑚:《中国农学书录》,中华书局 1957 年版,农业出版社 1964 年修订出版。
王云五:《农说·沈氏农书·耒耜经》,商务印书馆 1936 年版。
吴楚材、吴调侯:《古文观止》,万卷出版公司 2014 年版。
吴次芳、宋戈:《土地利用学》,科学出版社 2009 年版。
吴平:《编辑本论》,武汉大学出版社 2005 年版。
夏纬瑛:《〈管子·地员〉篇校释》,农业出版社 1981 年版。
夏纬瑛:《〈吕氏春秋〉上农等四篇校释》,农业出版社 1961 年版。
夏纬瑛:《〈诗经〉中有关农事章句的解释》,农业出版社 1981 年版。
夏纬瑛:《夏小正经文校释》,农业出版社 1981 年版。
夏纬瑛:《〈周礼〉书中有关农业条文的解释》,农业出版社 1979 年版。
徐喜辰、斯维至、杨钊(白寿彝总主编):《中国通史第 3 卷·上古时代》(下册),上海人民出版社 2013 年版。
杨金廷、范文华:《荀子史话》,人民出版社 2014 年版。
阴法鲁:《中国古代文化史》,北京大学出版社 1991 年版。

尹百策:《人间巧艺夺天工·发明创造卷》，北京工业大学出版社 2013 年版。

曾雄生:《中国农学史（修订本)》，福建人民出版社 2012 年版。

曾雄生:《中国农学史》，福建人民出版社 2008 年版。

周昕:《中国农具发展史》，山东科学技术出版社 2005 年版。

[日] 天野元之助:《中国古农书考》，彭世奖、林广信译，农业出版社 1992 年版。

Shi Shenghan, *A Preliminary Survey of the Book Ch'i Min Yao Shu*（《齐民要术概论》)，科学出版社 1958 年版。

Shi Shenghan, *On Fan Sheng-Chih Shu*（《汜胜之书研究》)，科学出版社 1959 年版。

论文类:

陈宏喜:《浅议〈农政全书〉成书之社会环境》，《西安电子科技大学学报》（社会科学版）1999 年第 1 期。

陈宏喜:《浅议〈农政全书〉成书之社会环境》，《西安电子科技大学学报》1999 年第 2 期。

陈晓利、王子彦:《论徐光启〈农政全书〉中的农业生态哲学思想》，《科学技术哲学研究》2012 年第 29 卷第 5 期。

渡部武:《天野元之助的中国古农书研究》，《古今农业》2004 年第 1 期。

方蓬:《从中国古代农书看农事信仰》，《青岛农业大学学报》（社会科学版）2011 年第 29 卷第 1 期。

冯风:《明清陕西农书及其农学成就》，《中国农史》1990 年第 4 期。

古代农学家和农书编写组:《古代农学家和农书》，《江西农业大学学报》1986 年第 8 卷第 2 期。

郭文韬:《试论徐光启在农学上的重要贡献》，《中国农史》1983 年第 3 期。

郭文韬:《试论中国古农书的现代价值》，《中国农史》2000 年第 19 卷第 2 期。

何兆武:《论徐光启的哲学思想》，《清华大学学报》1987 年第 1 期。

胡道静:《徐光启农学三书题记》，《中国农史》1983 年第 3 期。

胡光清:《论“辨章学术”——中国古代编辑思想史论之三》,《编辑之友》1959 年第 5 期。

胡光清:《论编辑主体》,《出版发行研究》1985 年第 1 期。

胡光清:《中国古代编辑活动和编辑思想的一般特点（上)》,《编辑之友》1989 年第 1 期。

胡光清:《中国古代编辑活动和编辑思想的一般特点（下)》,《编辑之友》1989 年第 2 期。

胡光清:《论“述而不作”——中国古代编辑思想史论之二（上)》,《编辑之友》1989 年第 3 期。

胡光清:《论“述而不作”——中国古代编辑思想史论之二（下)》,《编辑之友》1989 年第 4 期。

胡光清:《论“部次条别”——中国古代编辑思想史论之四》,《编辑之友》1989 年第 6 期。

胡光清:《论“沉思瀚藻”——中国古代编辑思想史论之五》,《编辑之友》1990 年第 1 期。

胡光清:《论“举撮机要”——中国古代编辑思想史论之七》,《编辑之友》1990 年第 2 期。

胡光清:《论“以类相从”——中国古代编辑思想史论之六》,《编辑之友》1990 年第 2 期。

胡光清:《论“编次之纪”——中国古代编辑思想史论之八》,《编辑之友》1990 年第 4 期。

胡光清:《论“经世应务”——中国古代编辑思想史论之九》,《编辑之友》1990 年第 5 期。

胡光清:《论“互注别裁”——中国古代编辑思想史论之十》,《编辑之友》1990 年第 6 期。

胡行华:《经学方法与古代农书的编纂——以〈齐民要术为〉例》,《河北农业大学学报》（农林教育版）2006 年第 8 卷第 4 期。

胡尊让、刘昊:《〈农政全书〉的水利建设思想》,《西北农业大学学报》1998 年第 4 期。

惠富平:《中国传统农书整理综论》,《中国农史》1997 年第 16 卷第 1 期。

惠富平：《二十世纪中国农书研究综述》，《中国农史》2003 年第 1 期。
姜吉林：《徐光启与〈农政全书〉的编辑》，《兰台世界》2010 年第 8 卷上。
金薇薇：《试论陈子龙的编辑思想及文化传承》，《黑龙江教育学院学报》2008 年第 27 卷第 7 期。
康君奇：《略论中国古代农书及其现代价值》，《陕西农业科学》2007 年第 6 期。
李长年：《徐光启的农政思想——纪念徐光启逝世 350 周年》，《中国农史》1983 年第 3 期。
李凤岐：《徐光启与风土说》，《中国农史》1983 年第 3 期。
李凌杰：《中国古代农书校勘考略》，《农业考古》2009 年第 6 期。
李三谋、闵宗殿：《明清农书概述》，《古今农业》2004 年第 2 期。
李泽周：《〈农政全书〉评介》，《图书情报论坛》1996 年第 3 期。
李志坚：《试论徐光启的荒政思想》，《农业考古》2004 年第 1 期。
刘明：《论徐光启的重农思想及其实践——兼论〈农政全书〉的科学地位》，《苏州大学学报》2005 年第 1 期。
刘明：《徐光启农本思想成因探微》，《江南大学学报》2006 年第 10 期。
刘毓瑔：《我国古代的农书》，《读书月报》1956 年第 9 期。
芦珊珊、吴平：《补时之阙纠史之偏——试论中国编辑思想史的研究意义》，《出版科学》2010 年第 18 卷第 2 期。
陆宜新：《〈齐民要术〉的编辑特色》，《商丘师范学院学报》2004 年第 20 卷第 1 期。
马宗申：《中国古代农学百科全书——〈授时通考〉》，《中国农史》1989 年第 4 期。
倪根金：《〈齐民要术〉农谚研究》，《中国农史》1998 年第 4 期。
彭世奖：《略论中国古代农书》，《中国农史》1993 年第 12 卷第 2 期。
钱祥财：《中国古代农业管理思想述论》，《中国农史》1984 年第 2 期。
邱志诚：《宋代农书考论》，《中国农史》2010 年第 3 期。
唐秋雅：《魏晋南北朝农史研究述评》，《中山大学研究生学刊》（社会科学版）2006 年第 27 卷第 1 期。
桑润生：《略论徐光启的重农行实——学习徐公有关农学思想的体会》，

《上海农业经济》1983 年第 4 期。
盛伯飙：《〈氾胜之书〉哲学思想浅析》，《西北农林科技大学学报》（社会科学版）2002 年第 2 卷第 6 期。
石声汉：《二千年前的中国旱农——〈氾胜之书〉初步整理分析》，1956 年 4 月 9 日在北京自然科学史讨论会宣读。
石声汉：《介绍〈氾胜之书〉》，《生物学通报》1956 年第 11 期。
石声汉：《以"盗天地之时利"为目标的农书——陈旉〈农书〉的总结分析》，《生物学通报》1957 年第 5 期。
石声汉：《元代的三部农书》，《生物学通报》1957 年第 10 期。
石声汉：《介绍〈便民图纂〉》，《西北农学院学报》1958 年第 1 期。
石声汉：《试论中国古代农书的运用》，《中国农业科学》1963 年第 10 期。
孙绣华：《古农书在历代目录学著作中的收载及归类研究》，《农业考古》2007 年第 6 期。
万国鼎：《论〈齐民要术〉——我国现存最早的完整农书》，《历史研究》1956 年第 1 期。
万国鼎：《〈齐民要术〉所记农业技术及其在中国农业技术史上的地位》，《南京农学学报》1956 年第 1 期。
万国鼎：《〈氾胜之书〉的整理和分析，兼和石声汉先生商榷》，《南京农学学报》1957 年第 2 期。
万国鼎：《〈吕氏春秋〉的性质及其在农学上的价值》，《农史研究集刊》1959 年。
万国鼎：《〈吕氏春秋〉中的农学》，《中国农报》1962 年第 1 期。
万国鼎：《氾胜之书》，《中国农报》1962 年第 2 期。
万国鼎：《吕氏春秋》，《中国农报》1962 年第 2 期。
万国鼎：《崔寔〈四民月令〉》，《中国农报》1962 年第 3 期。
万国鼎：《贾思勰〈齐民要术〉》，《中国农报》1962 年第 4 期。
万国鼎：《韩鄂〈四时纂要〉》，《中国农报》1962 年第 5 期。
万国鼎：《陈旉〈农书〉》，《中国农报》1962 年第 6 期。
万国鼎：《元司农司〈农桑辑要〉》，《中国农报》1962 年第 7 期。
万国鼎：《王祯〈农书〉》，《中国农报》1962 年第 8 期。

万国鼎:《鲁明善〈农桑撮要〉》,《中国农报》1962 年第 9 期。
万国鼎:《邝璠〈便民备纂〉》,《中国农报》1962 年第 11 期。
万国鼎:《徐光启〈农政全书〉》,《中国农报》1962 年第 12 期。
王潮生:《明清时期的几种耕织图》,《农业考古》1989 年第 1 期。
王福昌:《中国古代农书的乡村社会史料价值——以〈齐民要术〉和〈四时纂要〉为例》,《北京林业大学学报》(社会科学版)2013 年第 12 卷第 3 期。
王晓燕:《古代月令体农书渊源考》,《安徽农业科学》2011 年第 39 卷第 32 期。
王真真:《中国古代农业文献综述》,《安徽农业科学》2011 年第 39 卷第 26 期。
吴平:《论古籍编辑活动中的编辑思想》,《河南大学学报》(社会科学版)2012 年第 52 卷第 3 期。
尹北直:《农为政本,水为农本——〈农政全书·水利卷〉与科技实学》,《中国农业大学学报》2009 年第 4 期。
游修龄:《从大型农书体系的比较试论〈农政全书〉的特色和成就》,《中国农史》1983 年第 3 期。
袁新芳:《古代农书目录学渊源考》,《安徽农业科学》2011 年第 39 卷第 23 期。
曾令香:《语言学视角下的古代农书研究》,《安徽农业科学》2011 年第 39 卷第 20 期。
张红英:《浅谈徐光启的水利思想》,《中州今古》2002 年第 2 期。
张玲:《中国古代农书的编目发展源流》,《农业图书情报学刊》2008 年第 20 卷第 8 期。
张齐政:《从古代农书看公元前一世纪西汉与罗马的农业生产水平》,《中国农史》1999 年第 18 卷第 2 期。
张五钢:《略论儒家社会历史观与〈齐民要术〉农学思想》,《黄河科技大学学报》2008 年第 10 卷第 5 期。

学位论文:

程先强:《三才论视域下〈农政全书〉哲学思想研究》,硕士学位论文,曲阜师范大学，2011 年。
康丽娜:《秦汉农学文献研究》，硕士学位论文，河南大学，2009 年。
李乐:《宋代书籍编辑思想研究》，博士学位论文，武汉大学，2009 年。
熊帝兵:《中国古代农家文化研究》，博士学位论文，南京农业大学，2010 年。
袁定坤:《明清科技图书编辑出版研究》，博士学位论文，华中师范大学，2009 年。
曾令香:《元代农书农业词汇研究》，博士学位论文，山东师范大学，2012 年。